U0209829

地球大数据科学论丛　郭华东　总主编

境外产业园区地球大数据监测与分析

邬明权　牛　铮等　著

科学出版社

北　京

内 容 简 介

境外产业园区是我国企业境外投资的重要发展平台。为及时、准确地了解我国境外产业园区状况，本书利用遥感等地球大数据技术，对我国境外产业园区周边的自然生态环境状况和建设进度进行监测和排名，总结已建园区的特点，为我国相关部门管理政策的制定和投资企业投资决策的拟定提供数据支撑，降低我国企业境外投资风险。

本书可供各级政府相关管理人员、从事境外产业园区相关研究的学者、投资境外产业园区的企业和银行等相关单位从业人员参考阅读。

审图号：GS(2022)893号

图书在版编目(CIP)数据

境外产业园区地球大数据监测与分析/邬明权等著. —北京：科学出版社，2023.6
(地球大数据科学论丛 / 郭华东总主编)
ISBN 978-7-03-075617-6

Ⅰ. ①境…　Ⅱ. ①邬…　Ⅲ. ①工业园区-地质遥感-数据处理-世界
Ⅳ. ①P627

中国国家版本馆 CIP 数据核字(2023)第094769号

责任编辑：董　墨/责任校对：郝甜甜
责任印制：吴兆东/封面设计：蓝正设计

科学出版社 出版
北京东黄城根北街16号
邮政编码：100717
http://www.sciencep.com
北京中科印刷有限公司 印刷
科学出版社发行　各地新华书店经销
*
2023年6月第　一　版　开本：720×1000　B5
2023年6月第一次印刷　印张：17 1/4
字数：405 000

定价：169.00元
(如有印装质量问题，我社负责调换)

“地球大数据科学论丛”编委会

作者名单

邬明权　牛　铮　高许淼　李世华　宁湘宇

李祐梅　蒋　瑜　贾战海　田定慧　尹富杰

肖建华　朱洪臣　何　泽　李　旗　欧胜亚

“地球大数据科学论丛”序

第二次工业革命的爆发，导致以文字为载体的数据量约每 10 年翻一番；从工业化时代进入信息化时代，数据量每 3 年翻一番。近年来，新一轮信息技术革命与人类社会活动交汇融合，半结构化、非结构化数据大量涌现，数据的产生已不受时间和空间的限制，引发了数据爆炸式增长，数据类型繁多且复杂，已经超越了传统数据管理系统和处理模式的能力范围，人类正在开启大数据时代新航程。

当前，大数据已成为知识经济时代的战略高地，是国家和全球的新型战略资源。作为大数据重要组成部分的地球大数据，正成为地球科学一个新的领域前沿。地球大数据是基于对地观测数据又不唯对地观测数据的、具有空间属性的地球科学领域的大数据，主要产生于具有空间属性的大型科学实验装置、探测设备、传感器、社会经济观测及计算机模拟过程中，其一方面具有海量、多源、异构、多时相、多尺度、非平稳等大数据的一般性质，另一方面具有很强的时空关联和物理关联，具有数据生成方法和来源的可控性。

地球大数据科学是自然科学、社会科学和工程学交叉融合的产物，基于地球大数据分析来系统研究地球系统的关联和耦合，即综合应用大数据、人工智能和云计算，将地球作为一个整体进行观测和研究，理解地球自然系统与人类社会系统间复杂的交互作用和发展演进过程，可为实现联合国可持续发展目标(SDGs)做出重要贡献。

中国科学院充分认识到地球大数据的重要性，2018 年年初设立了 A 类战略性先导科技专项“地球大数据科学工程”(CASEarth)，系统开展地球大数据理论、技术与应用研究。CASEarth 旨在促进和加速从单纯的地球数据系统和数据共享到数字地球数据集成系统的转变，促进全球范围内的数据、知识和经验分享，为科学发现、决策支持、知识传播提供支撑，为全球跨领域、跨学科协作提供解决方案。

在资源日益短缺、环境不断恶化的背景下，人口、资源、环境和经济发展的矛盾凸显，可持续发展已经成为世界各国和联合国的共识。要实施可持续发展战略，保障人口、社会、资源、环境、经济的持续健康发展，可持续发展的能力建设至关重要。必须认识到这是一个地球空间、社会空间和知识空间的巨型复杂系统，亟须战略体系、新型机制、理论方法支撑来调查、分析、评估和决策。

一门独立的学科，必须能够开展深层次的、系统性的、能解决现实问题的探究，以及在此探究过程中形成系统的知识体系。地球大数据就是以数字化手段连接地球空间、社会空间和知识空间，构建一个数字化的信息框架，以复杂系统的思维方式，综合利用泛在感知、新一代空间信息基础设施技术、高性能计算、数据挖掘与人工智能、可视化与虚拟现实、数字孪生、区块链等技术方法，解决地球可持续发展问题。

“地球大数据科学论丛”是国内外首套系统总结地球大数据的专业论丛，将从理论研究、方法分析、技术探索以及应用实践等方面全面阐述地球大数据的研究进展。

地球大数据科学是一门年轻的学科，其发展未有穷期。感谢广大读者和学者对本论丛的关注，欢迎大家对本论丛提出批评与建议，携手建设在地球科学、空间科学和信息科学基础上发展起来的前沿交叉学科——地球大数据科学。让大数据之光照亮世界，让地球科学服务于人类可持续发展。

郭华东

中国科学院院士

“地球大数据科学工程”专项负责人

2020年12月

序

产业园区建设是我国经济发展的重要成功实践，在改善区域投资环境、引进资金、促进产业转型升级和发展地区经济等方面发挥着积极的示范和带动作用，被称为“城市经济腾飞的助推器”。目前，我国境外产业园区发展迅猛，成了实现我国产业结构调整和全球产业布局的重要承接平台，也是国际产能合作的重要载体，我国超过 1/3 的境外企业分布在各国产业园区，在促进所在国产业升级、增加就业和税收等方面发挥了重要作用。

由于我国企业走出去的经验少，为促进境外产业园区健康发展、降低我国境外企业投资风险，我国相关部门相继出台了一些措施来引导我国企业境外园区的建设。评估境外投资环境、及时掌握我国境外产业园区建设状况，成了我国境外投资企业和我国相关部门的迫切需求之一。2018 年，中国科学院正式启动了“地球大数据科学工程”A 类战略性先导科技专项，迅速将这一国家重要需求列为专项重点工作之一。该书便是专项两年多来在境外产业园区监测方面的系统性理论与应用实践总结。

该书基于地球大数据技术，围绕境外产业园区这一我国对外投资的重要平台，系统研究了境外产业园区投资环境、生态环境和工程建设进度等方面的大数据监测与评估方法；在此基础上，对我国境外 35 个重点园区的建设进度进行了综合排名；对重点产业园区从生态环境影响和建设进度两个角度逐一进行了遥感监测；最后较为全面地分析了影响园区建设的各种关键因素和风险。该书内容系统全面，技术方法先进，选题紧跟国家重大需求，代表了国内在相关领域的最高水平，也是商务部首次采用地球大数据技术进行境外产业园区监测的成功应用案例，对拓展地球大数据技术应用领域具有重要的意义。在祝贺该书成功出版之际，也期望本书作者邬明权博士继续面向国家重大需求和学科空白领域，潜心研究，勇攀高峰，为我国产业园区建设贡献力量。

中国科学院院士
2023 年 3 月

前 言

产业园区是我国经济建设发展的重要成功经验之一，是我国工业企业的主要汇集地。我国产业园区的 GDP 占全国 GDP 近 1/4，工业总产值占全国工业总产值超过 1/3。发展产业园区这一重要的经济发展理念被众多国家所接受。境外产业园区成了我国企业对外投资的重要合作平台，超过 1/3 的我国境外企业分布在各国产业园区。

境外产业园区的建设进展受到了商务部等我国相关部委的高度关注。受商务部国际贸易经济合作研究院委托，在中国科学院“地球大数据科学工程”A 类战略性先导科技专项项目资助下，中国科学院空天信息创新研究院重大工程遥感监测团队参与了《境外经济贸易合作区建设成效和政策效果第三方评估》项目，首次采用遥感技术开展了境外产业园区的建设进度、分布格局和生态环境影响遥感监测，本书是双方合作的重要成果之一。同时为了厘清境外产业园区建设和投资过程中的自然环境风险，进一步开展了境外产业园区的自然环境综合排名分析。

为给我国相关部门管理政策制定和境外投资企业投资决策提供数据支撑、降低我国企业境外投资风险，中国科学院空天信息创新研究院重大工程遥感监测团队编写了本书。具体的章节安排和分工如下。

第 1 章，绪论，作者邬明权、肖建华，主要介绍研究背景、研究目标、总体框架等。

第 2 章，境外产业园区投资环境综合排名，作者李祜梅、蒋瑜、贾战海、田定慧本章主要从经济发展潜力、资源环境潜力、风险因素和其他因素 4 个方面对各个境外产业园区进行监测和排名，评价各个园区的投资环境状况。

第 3 章，境外产业园区建设进度遥感监测，作者李旗、蒋瑜本章以 35 个重点海外园区为对象，采用道路建设进度、建筑建设进度、施工建设进度以及园区灯光指数等指标来评价园区的综合建设进度。

第 4 章，境外园区生态环境影响监测，作者尹富杰本章主要介绍 35 个重点海外园区自然生态环境状况和园区建设对生态环境的影响。

第 5 章，典型案例遥感监测，作者肖建华、李世华、何泽本章在 35 个境外产业园区遥感监测基础上，总结已建设完成园区的特点。

第 6 章，园区建设影响因素分析，作者邬明权、蒋瑜、朱洪臣。本章在园区建设进度监测的基础上，重点分析影响园区建设状况的各种因素，为园区建设投资提供风险提示和参考。

第 7 章，结论与建议，作者邬明权、贾战海。本章总结全书内容，并提出建议。

本书框架结构设计与技术指导为邬明权、牛铮；统稿、校订、图件统一与修改等工作由邬明权、牛铮、高许淼、宁湘宇、欧胜亚共同完成。

本书由中国科学院“地球大数据科学工程”A 类战略性先导科技专项子课题“‘一带一路’重大工程生态环境影响评价”资助。

在项目实施过程中，商务部国际贸易经济合作研究院和各境外产业园区管理单位给予了大量的帮助，在此予以感谢。

本书是试图采用地球大数据技术来解决境外投资环境评估、境外产业园区建设进度监测和生态环境影响监测等问题。受数据和技术成熟度等因素的影响，这些方法本身还有很大的提升空间，特别是在境外投资环境评估方面，可能考虑不够全面，有待进一步深入研究。希望通过本书的探索，抛砖引玉，能有更多的学者参与地球大数据监测与分析这一新兴研究方向。我们也将继续深化相关方法的研究，以期促进地球大数据技术的业务化应用。

作　者

2023 年 2 月

目 录

第1章 绪　论

1.1　背景与意义

党的十八大以来，全球化进程飞速发展，世界政治、经济格局发生深刻变化，在此环境下，我国社会经济发展进入一个前所未有的新时代。

境外产业园区在改善区域投资环境、引进资金、促进产业转型升级、发展地区经济等方面发挥着积极的示范和带动作用，也因此被称为“城市经济腾飞的助推器”。境外产业园区正在成为我国实现产业结构调整和全球产业布局的重要承接平台，是国际产能合作的重要载体，超过 1/3 的我国境外企业分布在各国产业园区（商务部，2019）。境外产业园区的建设有利于对外介绍、推广“中国经验”，是构建人类命运共同体的中国智慧与中国方案，有利于全球经济发展。

目前，我国境外产业园区建设扎实推进、成果丰硕。为了便于境外产业园区建设方和国内相关部门及时、准确地了解境外产业园区状况，对我国境外产业园区建设的现状、进展和影响情况进行遥感监测与分析显得十分重要。然而从现有的研究现状来看，国内外研究大多偏重对某一具体产业园区建设进行报道，为此，本书试图从全局角度利用遥感监测技术方法对境外产业园区的建设现状、建设进展和生态环境影响情况进行综合的监测分析，为境外产业园区建设方和国内相关部门进行境外产业园区监管提供新技术、新手段和新方法，为境外产业园区的建设提供强有力的数据支持。

1.2　研究框架

1.2.1　研究对象

本书以 127 个境外产业园区为研究对象。这些园区是采用网络爬虫技术从商务部、对外经贸协会、各境外项目承担企业、境外项目媒体等单位和机构的网站或公众号的新闻报道中提取出来的，完整版的境外产业园区名录信息可参见《1992—2018年中国境外产业园区信息数据集》（李祜梅等，2019）。

1.2.2 研究目标

建立境外产业园区投资环境状况评估的指标体系，开展境外产业园区投资环境排名分析；探索境外产业园区生态环境影响和建设进度的遥感监测方法，对重点境外产业园区进行建设进度排名，监测境外产业园区生态环境影响。

1.2.3 研究内容

(1) 分析各境外产业园区周边自然资源环境、基础设施状况、经济等对园区建设和发展有重大影响的因素，构建境外产业园区投资环境评价体系，进行投资环境状况的排名，以为我国境外产业园区的投资提供参考，降低境外投资风险。

(2) 选取重点境外产业园区，开展典型园区建设的遥感监测，探索境外产业园区生态环境影响和建设进度遥感监测的方法，构建境外产业园区建设进度和生态环境影响的遥感监测指标体系，进行园区建设进度遥感监测的综合排名，评估各园区建设的生态环境，为园区运营状况和生态风险的防控提供遥感监测方法和手段。

1.2.4 数据和方法

本书在总结现有研究报道状况基础上，重点围绕我国境外产业园区，收集了园区区域政治、经济、灾害等社会经济数据以及中高空间分辨率遥感数据，采用遥感、GIS等大数据分析方法，以六大经济廊道为主要框架，重点分析了在“一带一路”倡议下我国境外产业园区建设的现状、进展及生态影响等情况。通过对目前我国境外产业园区的监测与分析，力求为境外园区建设的发展规划提供中长期的前景预测，为“一带一路”倡议实施提供科学、有价值的信息支撑。

本书在前期通过收集境外园区建设状况的报道材料，汇总各方面园区数据信息，编制127个境外产业园区信息目录和境外产业园区总体分布格局分析基础上，重点对影响境外产业园区建设的因素进行了监测与分析，包括经济发展潜力、资源环境潜力、生态环境风险等，并且对各个影响因素进行排名，以此分析境外产业园区的投资潜力，为我国企业境外投资的风险管控提供数据支撑。

本书还利用遥感技术监测了我国境外产业园区的总体建设状况和建设速度，

以此来分析园区建设的进展状况，并根据评价指标对园区建设进度进行综合排名，评价指标包括园区建筑面积、施工面积、道路长度、最大灯光指数等。本书还对影响产业园区建设的政策、生态环境等风险因素以及生态空间占用、敏感因素等进行了分析，监测分析了我国境外产业园区建设的生态环境影响情况，以为境外产业园区的建设提供数据支持，降低境外投资风险，为相关部门境外产业园区监管提供新技术、新方法和新手段。

第 2 章 境外产业园区投资环境综合排名

2.1 园区投资价值综合排名

2.1.1 影响园区投资的因素

中国在海外建设的园区受多方面因素的影响，本书通过收集资料与实地调查，发现影响中国在国外投资建设园区的因素主要有以下四个：经济发展潜力、资源环境潜力、风险因素和其他因素。

经济发展潜力是指园区所在地的经济发展水平和未来发展潜力。园区所在地的地理位置、技术和劳动力水平、周边交通状况、经济和金融市场情况等均会对园区的建设与发展产生重要的影响。影响我国海外园区的建设经济发展潜力的指标具体包括国家经济发展水平、工业化水平、教育发展水平、园区交通便利性、经济稳定性、经济规划及税收优惠政策等。

资源环境潜力是指在一定的时期和一定的区域范围内，在区域资源结构符合持续发展需要，区域环境功能仍具有维持其稳态效应能力的条件下，区域资源环境系统所提供给人类各种社会经济活动所需要资源的潜力。充分的资源有利于园区未来发展，影响我国海外园区的资源环境潜力指标具体包括水资源、土地资源、矿产资源和能源状况等。

风险因素是指不能事先加以控制的因素。因为事物的演变并非决策者所能全部掌握或加以预料。一个投资行动常会出现多种结果，为此，决策者选择任何一个方案都会承担一定的风险。这类风险的存在是由决策者所不能控制的那些因素造成的。例如，人的心理和自然界的变化等。影响我国海外园区的风险因素具体包括地形复杂性、灾害发生频率(干旱、滑坡、洪水、火山、地震)、工会强大程度、敏感区域等。

其他因素是指影响园区在海外投资建设和发展的其他因素。中国在海外建设园区的其他因素指标具体包括：国内对其了解程度和距离中国的远近等。总体影响因素如图 2-1 所示。

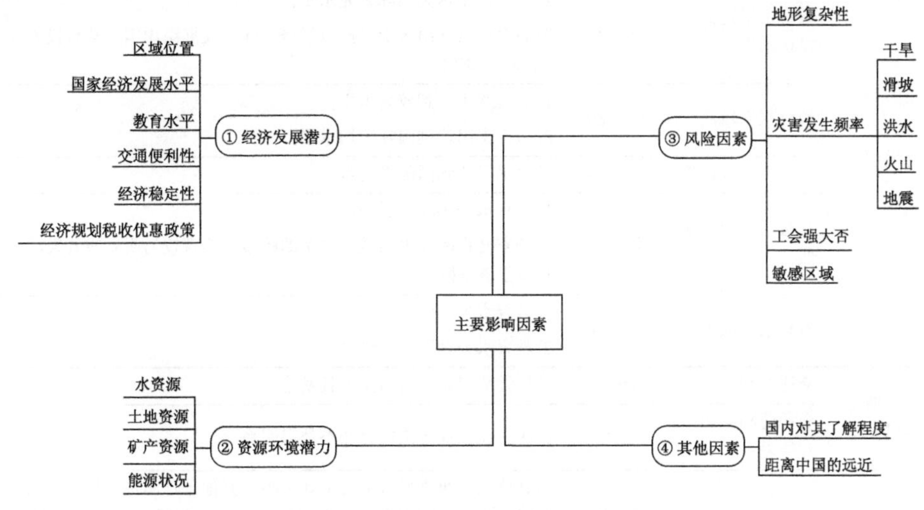

图 2-1　境外产业园区影响因素图

本书中涉及的国家 GDP、GDP 增速、国民收入、人均 GNI、人口等涉及经济发展潜力评估的数据来源于新浪财经的全球宏观经济数据；涉及园区周边区域各类型地类面积的资源环境潜力评价数据基于全球土地利用数据集统计得到；涉及园区的海拔数据为通过对该地的遥感影像统计得到。

2.1.2　因素评分标准

表 2-1～表 2-5 为园区各因素的评分准则。

表 2-1　经济发展潜力因素评分准则

类型	评分等级	分值	说明
国家经济发展水平、工业化水平	高收入国家(负债少)	80～100	1)年人均收入大于 4 万美元； 2)工业化水平达到国际领先水平
	高收入国家	60～80	年人均收入大于 10000 美元(该条件因素因工业化水平而有所调整)
	中高等收入国家	40～60	年人均收入大于 5000 美元，小于 10000 美元
	中低等收入国家	20～40	年人均收入大于 1000 美元，小于 5000 美元
	低收入国家	0～20	年人均收入低于 1000 美元；工业化水平低下，原料靠外来进口；工业 GDP 占总 GDP＜10%

续表

类型	评分等级	分值	说明
教育发展水平	教育水平达到发达水平	80～100	1)教育水平达到国际领先水平; 2)教育经费支出大于(等于)经济合作与发展组织国家教育投入5.2%的平均水平
	教育水平较高	60～80	1)教育水平达到较高水平; 2)教育支出达到国际平均水平
	教育水平偏中等	40～60	教育水平达到国际平均水准
	教育水平中、偏低	20～40	1)教育水平仍较为低下; 2)国家文盲率经本国教育改革的政策实施有较为明显的效果,文盲率显著下降
	教育水平低下	0～20	1)教育水平基础差; 2)教育水平世界排名垫底
园区交通便利性	交通便利	50～100	区位优势明显,路网完善且发达
	交通便利性相对较差	0～50	园区所在位置区位优势并不是很明显
经济稳定性	经济稳定性强	60～100	该分值档位通货膨胀率位于0～3%,其他条件满足正相关加相应分值,例如,人均国民总收入(GNI)呈上升趋势,满足该条件加1分,不满足不加分
	经济稳定性较差	30～60	GDP呈增长趋势,但通货膨胀率增幅介于(3%～5%、0～3%,实际加减分值按具体数值加减分数),一般人均GNI呈上升趋势,国家总储备较上一年上升或下降
	经济稳定性很差	0～30	GDP呈增长(下降)趋势,但通货膨胀率远大于5%(即CPI涨幅>5%)或人均GNI呈下降趋势,国家总储备较上一年下降(分值比重3∶5∶1∶1)
经济规划及税收优惠政策	经济规划完善,对当地经济促进作用很大	90～100	国家重点关注该项目,并列为国家重点合作项目,对当地经济的促进作用明显且持久,入驻企业竞争性较大,优惠税收政策体系完善
	园区项目对本地区经济发展作用明显且大	80～90	园区的建设对拉动当地经济具有重要作用,并且园区经济规划完善,政府大力支持,吸金能力强
	经济规划对当地经济促进作用明显	70～80	国家出台的经济政策对当地的经济发展有更为显著的促进作用,园区的建设更加具有投资价值,政府大力推出投资优惠税收政策
	经济规划一般为短期,效果不明朗,税收制度不完善	60～70	国家出台相应的经济规划,在短期内经济略有改善,但无根本性改变。短期内可促进当地经济发展,国家推出相应的优惠政策,大部分依靠外资企业投资所做税收进行优惠调整
	经济规划不完善,优惠税收政策烦琐复杂	50～60	国家出台相应的经济规划并积极实施,但效果不明朗且为短期内计划,可变动性强,易受外界因素干扰;国家推出相应的优惠政策,但过程烦琐复杂。针对方向片面,对经济影响较大

表 2-2　资源环境潜力因素评分准则

类型	评分等级	分值	说明
水资源	很大优势	80～100	园区位于大江大河入海口，水系发达，水资源丰富，具备大型海运和内陆水运能力
	较大优势	60～80	园区位于大江大河湖泊旁或海边，水系发达，水资源丰富，具备较强的水运能力
	一般	40～60	园区及周边分布有河流湖泊，水资源较为丰富，具备一定的水运能力
	较弱	20～40	园区周边有小型河流湖泊，水资源不丰富，不具备水运能力
	较差	0～20	园区及周边水资源贫乏
矿产资源	很大优势	70～100	园区周边分布有大型采矿场，矿产资源储量非常丰富
	较大优势	30～70	园区周边地区有小型采矿场，具备比较大的矿产资源
	一般优势	10～30	园区周边地区有一定量矿产资源分布，但储量不是很丰富
	没有优势	0	园区周边地区没有矿产资源
土地资源	很大优势	80～100	园区所在地区位于热带或温带，热量充足，雨水丰富，气候条件优良，如热带雨林气候、热带季风气候、亚热带季风气候；园区及周边所在地土地利用类型以耕地、林地等生态资源为主，生态资源丰富
	较大优势	60～80	园区所在地区位于温带，热量比较充足，雨水比较丰富，气候条件优良，如亚热带季风气候、温带海洋性气候、地中海气候；园区及周边所在地以耕地、林地等生态资源为主，生态资源丰富
	一般	40～60	园区所在地区位于温带纬度相对较高地区，热量较为充足，雨水相对丰富，气候条件比较好，如温带季风气候；园区及周边地区耕地、林地等生态资源较为丰富
	较弱	20～40	园区所在地区位于温带纬度较高地区或高原山地，热量不足，气候条件较差，如温带草原气候、高原山地气候；园区及周边地区生态资源较差
	较差	0～20	园区所在地区位于热带沙漠、温带沙漠等气候条件恶劣地区，雨水资源匮乏，如热带沙漠气候、温带沙漠气候；园区及周边所在地生态资源匮乏，以荒漠等裸地为主
能源现状	丰富	60～100	园区所在地区或国家能源丰富，不但能满足本国的生产建设需要，还可以向国外有一定出口量
	一般	30～60	园区所在地区或国家能源基本上能满足本国生产建设需要，只需向国外进口一定数量能源，对外能源依赖度不是很高
	匮乏	0～30	园区所在地区能源短缺，无法满足生产建设需要，需要从国外进口，对外能源依赖度很高
能源未来潜力	潜力很大	70～100	园区所在地区能源储量特别丰富，石油、天然气和水电等资源开发潜力巨大
	潜力较大	20～70	园区所在地区有一定的能源储量，能源未来的开发潜力较大
	没有潜力	0～20	园区所在地区能源匮乏，未来没有开发潜力

注：(1)矿产资源分布情况只在资源开发型的园区排名时作为影响因素加以考虑。在园区综合排名中不作为考虑因素。

(2)能源现状和能源未来潜力因素，在园区资源环境潜力中视为能源加分项，其中能源现状占比 0.7，能源未来潜力占比 0.3。能源评分=能源现状×0.7+能源未来潜力×0.3。

(3)资源环境潜力中土地资源因素评分要考虑园区所在地区气候等因素的影响，需要对其进行气候因素校正，土地资源气候校正值=园区所在地区气候评分×0.7，土地资源评分=土地资源气候校正值+园区所在地区土地利用类型评分×0.3。

表 2-3　土地资源因素评分的气候校正值

气候类型		气候特点	评分	校正值
季风气候	热带季风气候	降水丰沛，雨热同期，利于发展种植业，多为水稻，一年两熟到三熟。 不利：多旱涝灾害	92	64.4
	亚热带季风气候	降水丰沛，雨热同期，平原发展种植业，多为水稻，一年两熟；山地丘陵发展林业(主要为亚热带常绿阔叶林) 不利：多旱涝灾害；冬春季降水相对较少，且受低温影响	87	60.9
	温带季风气候	雨热同期，利于发展种植业(小麦、玉米)，两年三熟、一年一熟。 不利：多旱涝灾害；降水相对较少，冬春季缺水；热量相对不足，且冬春季受低温、寒潮(冻害)的影响	82	57.4
温带大陆性气候	温带落叶阔叶林气候	气候四季分明，夏季炎热多雨，冬季寒冷干燥。年降水量 500～1000 mm。落叶阔叶带的气候比较温和，冬季时间较短，雨量全年分布比较均匀。以产冬小麦、玉米为主	70	49
	温带草原气候	温带草原气候也是一种大陆性气候，是森林到沙漠的过渡地带，气候呈干旱半干旱状况，土壤水分仅能供草本植物及耐旱作物生长。气温冬冷夏热，气候温和，降水偏少，水资源短缺。生态环境脆弱，土地沙漠化严重	45	31.5
	温带沙漠气候	气温日较差、年较差均较大。夏季炎热，冬季寒冷，太阳辐射能强，自然植物以沙生植物为主。不利：气候干旱，降水稀少(干旱是典型特征，多为荒漠)，适宜发展畜牧业。在人工灌溉条件下，可种植棉花、小麦、葡萄及瓜类	18	12.6
地中海气候		优势：　夏季光、热充足，昼夜温差大，有利于蔬菜、水果和花卉等时鲜业(园艺业)作物的生长；冬季温和多雨，有利于作物越冬。 劣势：夏季降水少，蒸发量大，雨热不同期，灌溉水源缺乏；有效措施是大力兴修水利工程，发展节水型农业，如兴修水库、跨流域调水、种植耐旱作物等	87	60.9
温带海洋性气候		优势：　全年降水均匀，气温变化不大，有利于多汁牧草生长，可发展乳畜业。 劣势：光热不足，不利于谷物生长、成熟	83	58.1
热带雨林气候		全年高温、多雨、温差小。水热充足，适宜种植水稻和热带经济作物，也适宜发展林业	98	68.6
热带沙漠气候		优势：光热充足，在有水源地区适宜发展灌溉农业。 劣势：全年干旱。典型：　A 以色列的节水农业，滴灌技术；　B 埃及的棉花种植，长绒棉	10	7
热带草原气候		适宜发展畜牧业；光、热、水较充足，可合理发展种植业，但干湿两季的特点易带来旱涝灾害	55	38.5
亚寒带针叶林气候		不利影响：冬季长而寒冷，不利于农业生产，粮食生产不稳定	20	14
高原山地气候		高原畜牧业；光照充足，昼夜温差大，如青藏高原河谷种植青稞。 不利：热量不足	35	24.5
亚热带沙漠气候		其基本特点与热带沙漠气候相似，也是全年干旱少雨，夏季高温炎热，　但因纬度稍高，冬季气温比热带沙漠气温低	10	7
亚热带海洋性气候		春天温暖，夏天炎热，秋天凉爽，冬天阴冷，全年雨量适中，季节分配比较均匀。总而言之，温和湿润，四季分明	85.71	60

表 2-4　土地资源评分中园区所在地区土地利用类型评分标准

园区所在地区土地利用类型	很大优势	80～100	园区及周边地区以耕地、林地等生态资源为主，占比超过 65%
	较大优势	60～80	园区及周边地区以耕地、林地等生态资源为主，占比超过 50%
	一般优势	40～60	园区及周边地区耕地、林地等生态资源较为丰富，占比超过 30%
	较弱优势	20～40	园区及周边地区耕地、林地等生态资源较少，占比低于 20%，裸地等面积较大，占比达到 30%
	较差优势	0～20	园区及周边地区生态资源匮乏，以荒漠等裸地为主，裸地面积占比风险因素评分准则超过 35%

表 2-5　其他因素评分准则

类型	评分等级	分值	说明
国内对其了解程度	了解程度很高	72.5～100	国内新闻报道频繁，对其开发进度有跟踪报道，中国官方对其关注度很高
	了解程度较高	50～72.5	国内新闻报道较多，关注度较高
	了解程度一般	25～50	国内有相关新闻报道，但报道数量不频繁，了解程度不高
	了解程度很低	0～25	国内相关新闻报道很少，基本上对其没有什么了解
与中国的距离远近	距离很远	0～25	园区所在地基本上跟中国不在一个大洲，与中国距离遥远，距离中国超过 10000 km
	距离较远	25～50	园区所在地跟中国距离较远，距离中国约 7500 km 左右
	距离适中	50～72.5	园区所在地距离中国比较近，与中国位于一个大洲，距离中国约 3000 km
	距离很近	72.5～100	园区所在国家与中国接壤，距离中国非常近

2.1.3　园区投资价值排名

通过分析各因素对园区建设和投资发展的影响程度得到各园区的得分情况如表 2-6 所示。

表 2-6　园区投资价值排名表

排名	园区	经济发展潜力	资源环境潜力	风险因素	其他因素
1	文莱大摩拉岛石油炼化工业园区	60.85	75.11	73.30	65.25
2	马来西亚马中关丹产业园	65.00	80.86	64.50	70.00
3	马来西亚马六甲临海工业园	65.00	80.00	65.70	70.45
4	毛里求斯晋非经济贸易合作区	65.95	60.43	65.30	75.25
5	俄罗斯耐力木材园区	60.15	84.45	72.40	83.00

续表

排名	园区	经济发展潜力	资源环境潜力	风险因素	其他因素
6	俄罗斯乌苏里斯克经贸合作区	60.15	83.19	71.20	86.95
7	俄罗斯泰源农业与牧业产业园区	60.15	81.87	76.20	74.75
8	俄罗斯阿穆尔综合园区	60.15	85.22	68.40	83.00
9	俄罗斯春天农业产业经贸合作区	60.15	84.45	69.40	83.00
10	中俄农牧业产业示范园区	60.15	83.58	68.40	83.00
11	俄罗斯跃进工业园	60.75	84.66	65.60	81.25
12	莫斯科(杜布纳)高新技术产业合作园区	60.75	79.80	77.00	66.75
13	俄罗斯米哈工业园	60.15	82.29	69.20	81.25
14	俄罗斯阿拉布加经济特区	60.15	81.27	79.40	50.50
15	中俄(滨海边疆区)农业产业合作区	60.15	82.61	66.20	83.00
16	中俄伊曼木材加工经贸工业园区	60.15	83.48	63.60	83.00
17	俄罗斯龙跃林业经贸合作区	60.15	85.66	58.40	82.35
18	阿联酋中阿(富吉拉)商贸物流园区	69.20	55.10	71.80	69.80
19	俄罗斯滨海华宇经济贸易合作区	60.15	82.74	62.60	72.63
20	俄罗斯格城新北方木材加工园区	60.15	78.24	66.20	83.00
21	俄罗斯弗拉基米尔宏达物流工业园区	60.15	77.96	72.40	50.50
22	泰国中国—东盟北斗科技城	62.55	65.66	79.60	66.50
23	中国—白俄罗斯工业园	56.90	68.39	74.40	44.00
24	阿联酋中阿产能合作示范园	69.20	52.48	71.80	55.75
25	中法经济贸易合作区	79.65	54.28	66.60	42.50
26	俄罗斯北极星林业经贸合作区	60.15	69.58	71.40	81.70
27	奇瑞巴西工业园区	59.75	85.02	51.20	31.88
28	泰国泰中罗勇工业园	62.55	63.59	74.20	71.63
29	俄罗斯车里雅宾斯克州创新工业园中国园区	60.75	69.02	72.90	63.50
30	俄罗斯克拉斯诺亚尔斯克东方木业列索园区	60.15	68.84	76.20	56.00
31	印度尼西亚东加里曼丹岛农工贸经济合作区	54.90	86.69	73.40	58.20
32	俄罗斯圣彼得堡信息技术园区	60.15	77.70	63.80	49.50
33	中国印尼综合产业园区青山园区(简称中印青山园区)	54.90	88.95	67.50	62.80
34	哈萨克斯坦霍尔果斯国际边境合作中心	54.90	66.61	68.00	96.50
35	中国—印尼肯达里工业区	54.90	89.03	65.60	65.00
36	俄罗斯阿玛扎尔林浆一体化项目(园区)	60.15	68.08	69.80	72.50
37	阿曼杜库姆产业园	60.30	53.87	74.00	52.25

续表

排名	园区	经济发展潜力	资源环境潜力	风险因素	其他因素
38	中俄林业坎斯克园区	60.15	66.58	75.80	56.00
39	俄中托木斯克木材工贸合作区	60.15	66.58	73.20	63.75
40	阿尔及利亚中国江铃经济贸易合作区	53.35	83.22	73.80	41.00
41	华夏幸福印尼卡拉旺产业园	54.90	87.42	65.60	65.00
42	中欧商贸物流合作园区	70.70	57.68	62.00	45.05
43	老挝云橡产业园	48.15	75.11	67.10	83.70
44	哈萨克斯坦汽车工业产业园	54.90	66.78	66.00	81.70
45	哈萨克斯坦(阿拉木图)中国商贸物流园	54.90	67.86	63.50	83.35
46	沙特吉赞经济城	56.35	54.17	91.10	73.25
47	中国—比利时科技园	79.20	45.61	64.80	44.25
48	印尼华夏幸福印尼产业新城	54.90	83.78	65.60	65.00
49	波兰(罗兹)中欧国际物流产业合作园	67.00	49.92	67.20	68.50
50	广西印尼沃诺吉里经贸合作区	54.90	86.13	61.60	62.45
51	印尼中苏拉威西省摩罗哇里工业园区	54.90	90.29	56.50	49.50
52	俄罗斯“尚圣龙”木材合作园区	60.15	70.55	57.90	60.80
53	老挝万象赛色塔综合开发区	48.15	70.08	68.40	83.00
54	俄罗斯伊尔库茨克诚林农产品商贸物流园区	60.15	70.55	57.90	57.30
55	哈萨克斯坦中国工业园(中哈阿克套能源资源深加工园区)	54.90	58.46	73.00	77.20
56	俄罗斯圣彼得堡波罗的海经济贸易合作区	60.15	63.71	69.80	51.20
57	中韩科技创新经济园区	79.45	49.72	39.90	79.75
58	中匈宝思德经贸合作区	66.95	53.08	72.90	43.30
59	印尼苏拉威西镍铁工业园项目	54.90	86.03	54.50	67.45
60	青岛印尼综合产业园	54.90	86.69	54.50	56.00
61	中国—印尼聚龙农业产业合作区	54.90	82.64	56.80	65.20
62	罗马尼亚麦道工业园区	66.40	49.34	65.60	39.75
63	俄罗斯莫戈伊图伊(毛盖图)工业区	60.15	51.44	68.80	83.00
64	缅甸皎漂特区工业园	41.50	82.90	78.40	85.80
65	老挝磨憨—磨丁经济合作区	48.15	72.98	43.90	88.00
66	越南龙江工业园	44.95	63.14	81.80	84.75
67	塞尔维亚贝尔麦克商贸物流园	55.70	65.24	60.80	49.80
68	柬埔寨山东桑莎(柴桢)经济特区	47.65	61.74	75.00	73.50
69	莫桑比克贝拉经贸合作区	33.10	78.42	80.20	37.50

续表

排名	园区	经济发展潜力	资源环境潜力	风险因素	其他因素
70	中国交建墨西哥工业园	65.95	68.64	43.40	28.25
71	塞尔维亚中国工业园	53.70	65.24	63.20	49.80
72	中国越南深圳海防经贸合作区	44.95	65.39	73.20	88.25
73	海信南非开普敦亚特兰蒂斯工业园区	46.75	80.67	62.20	33.00
74	斯里兰卡科伦坡港口城	53.30	55.22	73.30	68.25
75	格鲁吉亚华凌自由工业园	52.25	64.29	67.30	43.30
76	巴基斯坦旁遮普中成衣工业区	52.50	59.03	67.60	76.88
77	越南云中工业园区	43.60	61.04	81.20	84.95
78	巴基斯坦海尔—鲁巴经济区	52.50	59.03	66.10	76.88
79	坦桑尼亚巴加莫约经济特区	43.70	64.37	65.60	32.30
80	浙减中意经贸合作区	72.60	46.38	49.00	45.70
81	中缅边境经济合作区	41.50	73.37	77.20	93.25
82	柬埔寨齐鲁经济特区	47.65	61.74	67.00	74.80
83	坦桑尼亚江苏—新阳嘎农工贸现代产业园	43.70	63.00	66.20	34.00
84	柬埔寨曼哈顿经济特区	47.65	61.74	67.00	73.50
85	莫桑比克万宝农业产业园	33.10	72.49	82.00	37.50
86	越南铃中加工出口区和工业区	44.95	60.89	72.80	87.60
87	越南百隆东方越南宁波园中园	44.95	62.41	70.80	83.25
88	柬埔寨西哈努克港经济特区	47.65	64.74	56.80	70.60
89	尼日利亚莱基自由贸易区	42.10	87.10	66.80	34.50
90	墨西哥北美华富山工业园	65.95	49.53	53.60	33.55
91	尼日利亚卡拉巴汇鸿开发区	42.10	83.36	65.60	37.05
92	乌兹别克斯坦安集延纺织园区	43.55	59.02	75.20	78.20
93	乌兹别克斯坦中乌合资鹏盛工业园区	43.55	59.86	75.40	69.75
94	埃及苏伊士经贸合作区	49.55	54.05	84.20	39.00
95	特变电工印度绿色能源产业园	43.55	65.98	70.80	70.00
96	巴基斯坦瓜达尔自贸区	52.50	35.85	76.30	73.50
97	吉尔吉斯斯坦亚洲之星农业产业合作区	46.50	44.58	68.10	83.00
98	尼日利亚宁波工业园区	42.10	82.25	62.80	20.50
99	印度北汽福田汽车工业园	43.55	68.21	62.30	66.50
100	柬埔寨桔井省经济特区	47.65	51.00	56.20	66.75
101	巴基斯坦开普省拉沙卡伊特别经济区	52.50	39.08	66.10	72.50
102	尼日利亚广东经贸合作区	42.10	74.38	66.80	33.68

续表

排名	园区	经济发展潜力	资源环境潜力	风险因素	其他因素
103	万达印度产业园	43.55	64.30	59.60	70.88
104	印度浦那中国三一重工产业园	43.55	62.30	62.00	70.00
105	赞比亚中垦非洲农业产业园	41.45	39.67	69.70	20.25
106	赞比亚中材建材工业园	41.45	42.78	56.00	34.25
107	吉布提国际自贸区	44.50	30.10	69.20	73.25
108	赞比亚有色工业园区	41.45	42.78	55.70	34.25
109	塔吉克斯坦中塔工业园	42.90	45.53	64.20	84.75
110	塔吉克斯坦中塔农业纺织产业园	42.90	47.31	58.50	83.00
111	赞比亚中国经济贸易合作区	41.45	35.31	55.40	31.00
112	埃塞俄比亚阿达马(Adama)轻工业园区	43.50	50.03	50.40	41.35
113	津巴布韦中津经贸合作区	36.15	54.85	52.20	30.75
114	越美尼日利亚纺织工业园	42.10	59.74	58.40	31.00
115	埃塞俄比亚阿瓦萨工业园	43.50	53.87	45.00	26.75
116	塞拉利昂农业产业园	30.00	58.91	62.60	15.50
117	埃塞俄比亚东方工业园	43.50	53.03	37.00	55.75
118	赞比亚农产品加工合作园区	41.45	31.00	56.00	20.50
119	埃塞俄比亚孔博查(Kombolcha)轻工业园区	43.50	57.72	37.10	26.75
120	乌干达山东工业园	39.95	48.03	58.00	35.75
121	埃塞俄比亚—中国东莞华坚国际轻工业园	43.50	45.98	40.90	42.05
122	肯尼亚珠江经济特区	44.95	43.10	50.20	35.75
123	埃塞俄比亚克林图工业园	43.50	45.98	42.40	31.55
124	埃塞中交工业园区(阿热提建材工业园区)	43.50	41.45	44.80	44.00
125	乌干达辽沈工业园	39.95	32.79	58.00	35.75
126	苏丹中苏农业开发区	30.00	46.58	66.80	40.75
127	埃塞俄比亚德雷达瓦轻工业园区	43.50	28.60	42.40	30.00

文莱大摩拉岛石油炼化工业园区位于文莱大摩拉岛。2017 年文莱 GDP 为 121.28 亿美元，国民收入为 128.85 亿美元，人均 GNI 为 2.96 万美元，当地经济发展呈现增长趋势。文莱能源充足，已探明原油储量为 14 亿桶，天然气储量为 3900 亿 m^3。园区所在地区自然灾害种类较多，如干旱、滑坡、洪水、地震，但发生频率较低，危害较小。而埃塞俄比亚德雷达瓦(Dire Dawa)轻工业园区位于埃塞俄比亚德雷达瓦。2017 年埃塞俄比亚 GDP 为 805.61 亿美元，国民收入为 800.64

亿美元，人均 GNI 为 740 美元，当地的经济增长水平较快，但能源较为稀缺，园区附近没有矿产。园区所在地区自然灾害主要是干旱和洪水，发生频率较高。所以文莱大摩拉岛石油炼化工业园区的投资价值更大，埃塞俄比亚德雷达瓦(Dire Dawa)轻工业园区投资价值较小。

2.2 各类型园区投资价值排名

2.2.1 高新技术园区排名

高新技术园区是指以发展高新技术产业为主导产业的园区，它的主导产品技术属于某一高技术领域，而且在所属高技术领域中处于前沿。对于高新技术园区，其资源环境潜力和风险因素对于园区的建设更加重要，表 2-7 为高新技术园区的排名。

表 2-7 高新技术园区排名表

排名	园区	经济发展潜力	资源环境潜力	风险因素	其他因素	综合得分
1	俄罗斯跃进工业园	60.75	84.66	65.60	81.25	66.35
2	莫斯科(杜布纳)高新技术产业合作园区	60.75	79.80	77.00	66.75	66.30
3	泰国中国—东盟北斗科技城	62.55	65.66	79.60	66.50	64.37
4	中法经济贸易合作区	79.65	54.28	66.60	42.50	63.71
5	俄罗斯车里雅宾斯克州创新工业园中国园区	60.75	69.02	72.90	63.50	63.22
6	俄罗斯圣彼得堡信息技术园区	60.15	77.70	63.80	49.50	63.09
7	中国—比利时科技园	79.20	45.61	64.80	44.25	61.68
8	中韩科技创新经济园区	79.45	49.72	39.90	79.75	60.89
9	越南云中工业园区	43.60	61.04	81.20	84.95	57.37

我国企业参与投资、承建和收购的高新技术园区一共 9 个，主要分布在中国周边国家和地区，数量最多的是俄罗斯，占有 4 个，距离最远的是中法经济贸易合作区，距离最近的是越南云中工业园区，越南云中工业园区距离中国广西南宁市约 293 km，该园区在地理上有很大的优势。

高新技术区经济发展潜力总体评分较高，除越南云中工业园区以外，其他园区评分均较高。越南云中工业园区与其他园区的差距可总结为两个方面：一是经济发展水平较低；二是当地的教育发展水平确实相对落后。中法经济贸易合作区、中国—比利时科技园以及中韩科技创新经济园区，评分较为接近且较高。这些园区在经济发展水平、教育发展水平和园区交通便利性方面的优势均较为突出。

对高新技术园区影响较大的因素是水资源。水资源优势最大的园区是俄罗斯跃进工业园，其凭借发达的水系和园区周边大型天然湖泊兴凯湖，水资源得分为 75 分，在高新技术园区中得分最高。土地资源潜力得分最高的是泰国中国—东盟北斗科技城，耕地面积为 885.71 km^2，占比高达 54.44%；林地和草地资源占比都将近 10%；拥有较大的建设用地，面积为 255.34 km^2，占比为 15.70%。俄罗斯有丰富的石油和天然气等能源，其境内高新技术园区都拥有较大的能源优势。从以上对 9 个高新技术园区的分析可知，资源环境潜力得分最高的是俄罗斯跃进工业园，其他因素得分最高的是越南云中工业园区。

高新技术园区所有园区的风险均较低。其中越南云中工业园区风险最低，该园区所在地区海拔较低，工会较弱，10 km 缓冲区内没有保护区，对园区的建设影响较小。中韩科技创新经济园区风险相对较高，园区所在地区地势起伏较大，坡度较陡，园区自然灾害较为严重，园区 10 km 缓冲区内有较多的自然保护区，使得园区的建设和运营面临较大的自然灾害和生态环境风险。

2.2.2 经济特区排名

经济特区以减免关税等优惠措施为手段，通过创造良好的投资环境，鼓励外商投资，引进先进技术和科学管理方法，以达促进特区所在国经济技术发展的目的。首先，地理位置是经济特区需要考虑的重要因素，地理位置往往决定经济特区的经济发展潜力。其中资源环境潜力中水资源因素对于经济特区建设和发展影响比较大，良好的水运条件对于经济特区的建设非常重要。其次，能源现状和能源未来潜力方面，充足的能源能为特区经济的发展提供充足的动力，良好的能源未来潜力能为经济特区发展续航，所以经济发展潜力和资源环境潜力是经济特区发展的重要考虑因素。表 2-8 为经济特区的综合排名。

表 2-8　经济特区排名表

排名	园区	经济发展潜力	资源环境潜力	风险因素	其他因素
1	俄罗斯阿拉布加经济特区	60.15	81.27	79.40	50.50
2	沙特吉赞经济城	56.35	54.17	91.10	73.25
3	柬埔寨山东桑莎(柴桢)经济特区	47.65	61.74	75.00	73.50
4	莫桑比克贝拉经贸合作区	33.10	78.42	80.20	37.50
5	巴基斯坦海尔—鲁巴经济区	52.50	59.03	66.10	76.88
6	坦桑尼亚巴加莫约经济特区	43.70	64.37	65.60	32.30

续表

排名	园区	经济发展潜力	资源环境潜力	风险因素	其他因素
7	柬埔寨齐鲁经济特区	47.65	61.74	67.00	74.80
8	柬埔寨曼哈顿经济特区	47.65	61.74	67.00	73.50
9	柬埔寨西哈努克港经济特区	47.65	64.74	56.80	70.60
10	柬埔寨桔井省经济特区	47.65	51.00	56.20	66.75
11	巴基斯坦开普省拉沙卡伊特别经济区	52.50	39.08	66.10	72.50
12	肯尼亚珠江经济特区	44.95	43.10	50.20	35.75

我国在海外投资建设的经济特区一共 12 个，主要分布在中国周边国家和地区。其中柬埔寨数量最多，其境内有 5 个经济特区，巴基斯坦境内有 2 个经济特区。柬埔寨位于中南半岛，距离中国较近，境内经济特区集中分布在柴桢省，在地理距离上存在一定优势。

下述园区总体位于经济水平较为落后的国家，例如，莫桑比克、柬埔寨、巴基斯坦等，都属于经济水平发展较为落后的国家。经济特区的选择主要看 3 个方面：①当地的优惠政策；②当地劳动人员密集且未来发展潜力巨大；③当地交通便利，区位优势显著。虽然这些国家多为经济不发达地区，但具有优惠政策较高、劳动力密集和未来发展空间巨大等优势。

在 12 个经济特区中，水资源最丰富的是位于莫桑比克的贝拉经贸合作区，该园区位于河流入海口，靠近印度洋，兼具良好的海运和内陆水运条件，水资源评分高达 10 分，在所有经济特区中水资源评分最高。得天独厚的水资源环境是影响经济特区建设的重要因素，丰富的水资源是该经济特区发展的一大优势。经济特区能源得分最高的有两个园区，一个是俄罗斯阿拉布加经济特区，另一个是沙特吉赞经济城，两个园区能源因素得分均为 95 分，俄罗斯和沙特阿拉伯都是能源大国，拥有丰富的石油和天然气，是世界上重要的能源生产国，丰富的能源现状和较大的能源开发潜力为能源经济特区建设提供充足的动力。凭借得天独厚的地理位置和优良的气候环境，柬埔寨柴桢省境内的经济园区土地资源得分最高。其他因素方面，巴基斯坦海尔-鲁巴经济区得分为 76.88 分，评分最高。

经济特区中所有的园区风险均较小。其中沙特吉赞经济城风险因素最低，为 91.1 分，该园区地形以沿海平原为主，地形较为平坦，地势较为平整。园区所在地区自然灾害发生频率较小。沙特没有工会组织，所有务工人员必须遵守沙特劳动法及劳工部相关补充规定。沙特吉赞经济城 10 km 缓冲区内没有保护区，园区建设和运营的生态环境影响较小，特别适合园区的建设与运营。肯尼亚珠江经济特区风险相对较高，工会较为强大，海拔 2086.3 m，园区所在地区自然灾害主要是干旱和洪水，灾害程度较高，10 km 缓冲区有森林保护区，因此，该园区的自然灾害和生态环境风险均较高。

2.2.3　林业经贸园区排名

林业经贸园区是利用当地森林资源发展木材加工和其他相关产业，实现森林等生态资源的利用。对于林业经贸园区的建设，最重要的因素首先是园区所在地区林业资源，丰富木材能为园区的生产活动提供丰富的原材料。其次为交通便利度，较便利的交通可以减少运输成本。最后是风险因素，灾害发生地区与园区的距离和灾害的类型对园区的发展产生不同的影响。因此，资源环境潜力和风险因素对林业经贸园区的建设和发展起着至关重要的作用。表 2-9 为林业经贸园区的综合排名。

我国在海外投资、承建和收购的林业经贸园区一共有 10 个，其中所有林业经贸园区位于俄罗斯境内，且俄中托木斯克木材工贸合作区在俄罗斯境内拥有 5 个分区，分别位于阿西诺、马林斯克、捷古里杰特、托木斯克和白亚尔。

表 2-9　林业经贸园区排名表

排名	园区	经济发展潜力	资源环境潜力	风险因素	其他因素
1	俄罗斯耐力木材园区	60.15	84.45	72.40	83.00
2	中俄伊曼木材加工经贸工业园区	60.15	83.48	63.60	83.00
3	俄罗斯龙跃林业经贸合作区	60.15	85.66	58.40	82.35
4	俄罗斯格城新北方木材加工园区	60.15	78.24	66.20	83.00
5	俄罗斯北极星林业经贸合作区	60.15	69.58	71.40	81.70
6	俄罗斯克拉斯诺亚尔斯克东方木业列索园区	60.15	68.84	76.20	56.00
7	俄罗斯阿玛扎尔林浆一体化项目（园区）	60.15	68.08	69.80	72.50
8	中俄林业坎斯克园区	60.15	66.58	75.80	56.00
9	俄中托木斯克木材工贸合作区	60.15	66.58	73.20	63.75
10	俄罗斯“尚圣龙”木材合作园区	60.15	70.55	57.90	60.80

林业经贸合作区主要分布在俄罗斯境内。依托俄罗斯丰富的林业资源以及优惠政策，设立林业经贸合作区不但有助于当地经济的发展，也对促进两国关系具有重要意义。近年来，东三省提出要以中俄森林资源合作开发利用作为推动整个东北亚区域林业经贸合作的切入点和突破口，来带动东北亚区域林业经贸合作的

发展。

俄罗斯龙跃林业经贸合作区拥有两个分区，分别位于帕什科沃和阿穆尔园区。俄罗斯龙跃林业经贸合作区凭借园区所在地及周边相对比较丰富的林业资源等生态资源，在土地资源因素中以 85.45 分评分最高。在距离中国远近因素中普遍得分都比较高，相对较远的是俄罗斯托木斯克木材工贸合作区，只有 62 分。从以上数据分析可知，俄罗斯拥有丰富的森林资源且距离中国非常近，在林业经贸园区建设方面具有得天独厚的优势。

林业经贸园区整体风险偏低。俄罗斯克拉斯诺亚尔斯克东方木业列索园区风险因素得分最低，为 76.2 分，风险总体较低，投资价值最高，地形以低缓平原为主，坡度较缓，地形起伏较小，地势相对较为平整。该园区所在地区自然灾害分布偏少，10 km 缓冲区没有在保护区。俄罗斯“尚圣龙”木材合作园区风险因素得分最高，为 57.9 分，投资价值最低。其以山地为主，地形起伏较大，该园区内中间地势较低，四周地势较高。工会具有比较大的影响力，10 km 缓冲区边缘有贝加尔湖世界遗产保护区，存在一定的生态环境风险。

2.2.4 农业及农产品加工园区排名

农业及农产品加工园区立足于本地资源开发和主导产业发展的需求，按照现代农业产业化生产和经营体系配置要素和科学管理，在特定地域范围内建立起科技先导型现代农业示范基地。资源环境潜力因素中，水资源的分布和耕地资源的数量尤为关键，水资源决定农作物的灌溉，耕地是农业种植的基础。风险因素中，灾害发生地区与园区的距离和灾害的类型对园区的发展也产生一定影响。因此资源环境潜力和风险因素在农业及农产品加工园区的选址中是重点考虑因素。表 2-10 为农业及农产品加工园区的综合排名。

表 2-10 农业及农产品加工园区排名表

排名	园区	经济发展潜力	资源环境潜力	风险因素	其他因素
1	俄罗斯泰源农业与牧业产业园区	60.15	81.87	76.20	74.75
2	俄罗斯春天农业产业经贸合作区	60.15	84.45	69.40	83.00
3	中俄农牧业产业示范园区	60.15	83.58	68.40	83.00
4	中俄（滨海边疆区）农业产业合作区	60.15	82.61	66.20	83.00
5	印度尼西亚东加里曼丹岛农工贸经济合作区	54.90	86.69	73.40	58.20
6	老挝云橡产业园	48.15	75.11	67.10	83.70
7	中国—印尼聚龙农业产业合作区	54.90	82.64	56.80	65.20

续表

排名	园区	经济发展潜力	资源环境潜力	风险因素	其他因素
8	坦桑尼亚江苏—新阳嘎农工贸现代产业园	43.70	63.00	66.20	34.00
9	莫桑比克万宝农业产业园	33.10	72.49	82.00	37.50
10	吉尔吉斯斯坦亚洲之星农业产业合作区	46.50	44.58	68.10	83.00
11	赞比亚中垦非洲农业产业园	41.45	39.67	69.70	20.25
12	塔吉克斯坦中塔农业纺织产业园	42.90	47.31	58.50	83.00
13	津巴布韦中津经贸合作区	36.15	54.85	52.20	30.75
14	塞拉利昂农业产业园	30.00	58.91	62.60	15.50
15	赞比亚农产品加工合作园区	41.45	31.00	56.00	20.50
16	苏丹中苏农业开发区	30.00	46.58	66.80	40.75

我国在海外投资建设的农业及农产品加工园区一共有 16 个，其中位于亚洲的有 9 个，非洲有 7 个。分布国家中，俄罗斯数量最多，有 5 个园区。中俄(滨海边疆区)农业产业合作区在俄罗斯境内有 5 个分区，分别分布在卢奇基、阿布拉莫夫卡、波波夫卡、扎特科沃、利亚利奇。

非洲的塞拉利昂农业产业园评分最低，位于俄罗斯的园区在农业及产品加工园中评分最高。我国农业生产拥有成熟技术，与俄罗斯存在优势互补，加上俄罗斯地广人稀，土地资源丰富，又与中国相邻，对于农业及农产品加工园区优势非常明显，因此该类型园区在俄罗斯境内分布数量较多。农业是塞拉利昂的主要经济来源之一。建立农业及产品加工园，利用当地资源和充足的劳动力，再结合中国国内先进的科学技术，可以促进当地社会经济的发展。塞拉利昂农业产业园处于热带雨林气候，热量充足、雨水丰富，农业及农产品加工园区建设和发展存在得天独厚的优势，在资源环境潜力土地资源因素中评分最高，高达 95.6 分。其次为同样是热带雨林气候的印度尼西亚东加里曼丹岛农工贸经济合作区，评分高达 92.6 分。中南半岛热带季风气候区的老挝云橡产业园，得分也有 91.70 分。资源环境潜力综合得分最具有优势的是印度尼西亚东加里曼丹岛农工贸经济合作区。

农业及农产品加工园区整体风险较高。莫桑比克万宝农业产业园风险因素得分最低，为 82 分，投资价值最高。地形以沿海平原为主，坡度较缓，地形起伏较小；地势相对较为平整。园区灾害程度较低，灾害较小。10 km 缓冲区没有保护区，对园区的发展建设有利。津巴布韦中津经贸合作区风险因素为 52.2，园区所在地区自然灾害主要是干旱，灾害程度较高，津巴布韦中津经贸合作区 10 km 缓冲区在保护区的核心区域内，存在较大的生态环境风险。

2.2.5 轻工业园区排名

轻工业园区指主要提供生活消费品和制作手工工具的工业，对于轻工业园的建设和发展，轻工业园区周边的资源环境潜力中，水资源、土地资源、能源现状和能源未来潜力等因素对园区的建设影响较大。轻工业园区周边丰富的水资源和发达的水系能为园区提供优良的水运条件，有利于园区产品和原料的运输，节省成本。当地经济发展水平决定园区的经济发展潜力，所以轻工业园区中重点考虑经济发展潜力和资源环境潜力。表 2-11 为轻工业园区的综合排名。

表 2-11　轻工业园区排名表

排名	园区	经济发展潜力	资源环境潜力	风险因素	其他因素
1	俄罗斯乌苏里斯克经贸合作区	60.15	83.19	71.20	86.95
2	俄罗斯米哈工业园	60.15	82.29	69.20	81.25
3	罗马尼亚麦道工业园区	66.40	49.34	65.60	39.75
4	中国越南深圳海防经贸合作区	44.95	65.39	73.20	88.25
5	海信南非开普敦亚特兰蒂斯工业园区	46.75	80.67	62.20	33.00
6	巴基斯坦旁遮普中成衣工业区	52.50	59.03	67.60	76.88
7	越南铃中加工出口区和工业区	44.95	60.89	72.80	87.60
8	越南百隆东方越南宁波园中园	44.95	62.41	70.80	83.25
9	乌兹别克斯坦安集延纺织园区	43.55	59.02	75.20	78.20
10	埃及苏伊士经贸合作区	49.55	54.05	84.20	39.00
11	赞比亚中材建材工业园	41.45	42.78	56.00	34.25
12	埃塞俄比亚阿达马（Adama）轻工业园区	43.50	50.03	50.40	41.35
13	越美尼日利亚纺织工业园	42.10	59.74	58.40	31.00
14	埃塞俄比亚阿瓦萨工业园	43.50	53.87	45.00	26.75
15	埃塞俄比亚孔博查（Kombolcha）轻工业园区	43.50	57.72	37.10	26.75
16	乌干达山东工业园	39.95	48.03	58.00	35.75
17	埃塞俄比亚—中国东莞华坚国际轻工业园	43.50	45.98	40.90	42.05
18	埃塞俄比亚克林图工业园	43.50	45.98	42.40	31.55
19	埃塞中交工业园区（阿热提建材工业园区）	43.50	41.45	44.80	44.00
20	埃塞俄比亚德雷达瓦轻工业园区	43.50	28.60	42.40	30.00

我国在海外投资、承建和收购的轻工业园区一共有 20 个，其中位于亚洲的有 9 个，非洲有 11 个。非洲地区以埃塞俄比亚数量为最，拥有 7 个轻工业园区。其

次是与中国相邻的越南，拥有 3 个轻工业园区。

轻工业园区分布于亚洲与非洲地区，该地区主要有以下几方面的优势：①当地的基础设施完善，将为工业园的建立打好基础。例如，俄罗斯米哈工业园。②劳动力充沛。例如，埃及苏伊士经贸合作区。③当地资源具有优势。例如，越美尼日利亚纺织工业园，尼日利亚当地以农业为主，且以种植棉花为主。轻工业园区的建设在工业基础薄弱的非洲地区具有广阔的市场前景和吸引力。

资源环境潜力中水资源因素得分最高的是中国越南深圳海防经贸合作区，园区位于港口城市海防市，是河流交汇处和入海口，发达的内陆水运和海运优势是其得高分的重要原因，丰富的水资源能为园区建设和发展创造天然的运输优势，减少运输成本。能源最丰富的园区是位于俄罗斯的俄罗斯乌苏里斯克经贸合作区和俄罗斯米哈工业园，丰富的能源能为轻工业园区的建设提供充足的动力。土地资源评分最高的是越南百隆东方越南宁波园中园。资源环境潜力综合得分最高的是俄罗斯乌苏里斯克经贸合作区。国内对其了解程度和距离中国远近综合得分最高的是中国越南深圳海防经贸合作区，距离中国非常近，其在地理位置上具有极大的优势。

轻工业园区所有的园区风险居中。其中埃及苏伊士经贸合作区风险因素得分最高，为 84.2 分，风险较低，平均海拔为 29.04 m，海拔较低，地形起伏较小；园区整体较为平整，灾害较小，埃及工会组织力量较弱，对企业的发展有利，同时 10 km 缓冲区内没有保护区，特别适合园区的规划与建设。埃塞俄比亚孔博查(Kombolcha)轻工业园区风险较高，海拔较高，地形以高原为主，地形起伏较大，坡度较陡，对园区建设造成不便，灾害发生频率较高。

2.2.6　物流合作园区排名

物流合作园区是指在物流作业集中的地区，在几种运输方式衔接地，将多种物流设施和不同类型的物流企业在空间上集中布局的场所，也是一个有一定规模的和具有多种服务功能的物流企业的集结点。对物流合作园区影响较大的因素主要包括：①经济发展潜力，当地经济水平对于园区的建设起支撑作用；②资源环境潜力，其中水资源和土地资源现状和能源未来潜力对于物流合作园区的建设和发展至关重要。所以物流合作园区中重点考虑经济发展潜力和资源环境潜力。表 2-12 为物流合作园区的综合排名。

表 2-12 物流合作园区排名表

排名	园区	经济发展潜力	资源环境潜力	风险因素	其他因素
1	阿联酋中阿(富吉拉)商贸物流园区	69.20	55.10	71.80	69.80
2	俄罗斯弗拉基米尔宏达物流工业园区	60.15	77.96	72.40	50.50
3	中欧商贸物流合作园区	70.70	57.68	62.00	45.05
4	哈萨克斯坦(阿拉木图)中国商贸物流园	54.90	67.86	63.50	83.35
5	波兰(罗兹)中欧国际物流产业合作园	67.00	49.92	67.20	68.50
6	俄罗斯伊尔库茨克诚林农产品商贸物流园区	60.15	70.55	57.90	57.30
7	塞尔维亚贝尔麦克商贸物流园	55.70	65.24	60.80	49.80
8	斯里兰卡科伦坡港口城	53.30	55.22	73.30	68.25

我国在海外投资、承建和收购的物流合作园区一共有 8 个，3 个主要物流合作园区分布在欧洲，分别为波兰(罗兹)中欧国际物流产业合作园、塞尔维亚贝尔麦克商贸物流园、中欧商贸物流合作园区。其中中欧商贸物流合作园区拥有 3 个不同的园区，分别为德国不来梅港的中欧商贸物流合作园区(不来梅港物流园)、匈牙利的布达佩斯商贸园和布达佩斯自由港商贸园。

物流合作园区主要分布在亚洲和欧洲。物流合作园区整体打分处于中游水平，其中最优为阿联酋中阿(富吉拉)商贸物流园区，各项指标最为稳定，其次是俄罗斯弗拉基米尔宏达物流工业园区，最差的为斯里兰卡科伦坡港口城，经济稳定性最差的为阿联酋中阿(富吉拉)商贸物流园区。斯里兰卡科伦坡港口城综合得分最低的原因在于其经济发展水平相对较弱。

根据对各个物流合作园区分析可知，对物流合作园区影响最大和最重要的因素往往是交通，而资源环境潜力中与交通最为密切的因素就是水资源，发达的水运条件是物流合作园区重要的交通优势。所有物流合作园区中水资源因素得分最高的是斯里兰卡科伦坡港口城，该园区位于港口位置，发达的海运是其得分高的主要原因。其次阿联酋中阿(富吉拉)商贸物流园区、哈萨克斯坦(阿拉木图)中国商贸物流园、俄罗斯伊尔库茨克诚林农产品商贸物流园区和俄罗斯弗拉基米尔宏达物流工业园区在能源上也有明显的优势。资源环境潜力综合得分最高的是俄罗斯弗拉基米尔宏达物流工业园区。其他因素综合得分最高的是哈萨克斯坦(阿拉木图)中国商贸物流园。

物流合作园区所有园区风险偏高。其中斯里兰卡科伦坡港口城风险因素得分最高，为 73.3 分，斯里兰卡科伦坡港口城平均海拔为 0.5 m，海拔较低，最高点 1.1 m，最低点 1 m；地形以沿海平原为主，地形平坦，地势较低，适合园区建设。俄罗斯伊尔库茨克诚林农产品商贸物流园区风险因素得分为 57.9 分，地形以丘陵为主，地形起伏较大，坡度较缓，中间地势低，四周地势较高；工会具有比较大的影响力；10 km 缓冲区在贝加尔湖世界遗产边缘区域内，园区建设有一定的生态环境风险。

2.2.7　重工业园区排名

重工业是为国民经济各部门提供物质技术基础的主要生产资料的工业。重工业包括钢铁工业、冶金工业、机械、能源(电力、石油、煤炭、天然气等)、化学、材料等工业。重工业园区是一个国家或区域的政府根据自身经济发展的内在要求，通过行政手段划出一块区域，聚集各种重工业生产要素，在一定空间范围内进行科学整合，提高工业化的集约强度，突出产业特色，优化功能布局，使之成为适应市场竞争和产业升级的现代化产业分工协作生产区。对重工业园区建设和发展影响较大的因素包括：①资源环境潜力，充足的能源能为园区生产建设提供源源不断的动力；②风险因素，地形复杂性和灾害类型对重工业的影响很重要。表 2-13 为重工业园区的综合排名。

表 2-13　重工业园区排名表

排名	园区	经济发展潜力	资源环境潜力	风险因素	其他因素
1	文莱大摩拉岛石油炼化工业园	60.85	75.11	73.30	65.25
2	奇瑞巴西工业园区	59.75	85.02	51.20	31.88
3	阿尔及利亚中国江铃经济贸易合作区	53.35	83.22	73.80	41.00
4	华夏幸福印尼卡拉旺产业园	54.90	87.42	65.60	65.00
5	哈萨克斯坦汽车工业产业园	54.90	66.78	66.00	81.70
6	印尼中苏拉威西省摩罗哇里工业园区	54.90	90.29	56.50	49.50
7	哈萨克斯坦中国工业园(中哈阿克套能源资源深加工园区)	54.90	58.46	73.00	77.20
8	中匈宝思德经贸合作区	66.95	53.08	72.90	43.30
9	印尼苏拉威西镍铁工业园项目	54.90	86.03	54.50	67.45
10	浙臧中意经贸合作区	72.60	46.38	49.00	45.70
11	特变电工印度绿色能源产业园	43.55	65.98	70.80	70.00
12	尼日利亚宁波工业园区	42.10	82.25	62.80	20.50
13	印度北汽福田汽车工业园	43.55	68.21	62.30	66.50
14	印度浦那中国三一重工产业园	43.55	62.30	62.00	70.00
15	赞比亚有色工业园区	41.45	42.78	55.70	34.25
16	塔吉克斯坦中塔工业园	42.90	45.53	64.20	84.75

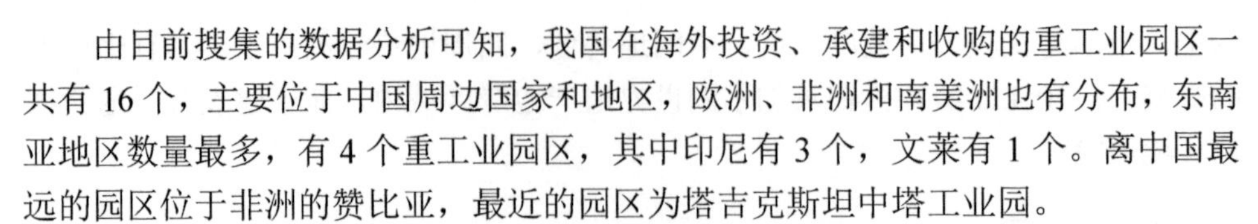

由目前搜集的数据分析可知，我国在海外投资、承建和收购的重工业园区一共有 16 个，主要位于中国周边国家和地区，欧洲、非洲和南美洲也有分布，东南亚地区数量最多，有 4 个重工业园区，其中印尼有 3 个，文莱有 1 个。离中国最远的园区位于非洲的赞比亚，最近的园区为塔吉克斯坦中塔工业园。

重工业一般都是高耗能产业，对于能源的需求巨大，丰富的能源是其进行生产活动的关键，所有园区中能源优势最明显的重工业园区有 3 个，分别是哈萨克斯坦汽车工业产业园、哈萨克斯坦中国工业园(中哈阿克套能源资源深加工园区)和奇瑞巴西工业园区，3 个园区能源现状评分都是 90 分，其中两个位于哈萨克斯坦境内，充足的石油和天然气资源、丰富的能源储量以及巨大的能源开发潜力是其得分较高的主要原因。资源环境潜力中水资源评分最高的是印尼中苏拉威西省摩罗哇里工业园区，印尼岛屿众多，拥有优良的海港，发达的海运条件为重工业园区的生产建设所需的原材料、产品和能源的运输提供极大的便利，减少运输成本。所有重工业园区中资源环境潜力得分最高的是印尼中苏拉威西省摩罗哇里工业园区，得分最低的是赞比亚有色工业园区。其他因素得分最高的是塔吉克斯坦中塔工业园。

重工业园区所有的园区风险偏高。阿尔及利亚中国江铃经济贸易合作区风险因素得分为 73.8 分，所在地区发生自然灾害的频率较低，灾害较小，对园区的建设有利。浙减中意经贸合作区风险较高，地形起伏较大，坡度较陡，园区北部较高，南部较低。

2.2.8 自由贸易园区排名

自由贸易园区指在某一国家或地区境内设立的实行优惠税收和特殊监管政策的小块特定区域，是根据本国(地区)法律法规在本国(地区)境内设立的交易市场。对自由贸易园区建设和发展影响较大的因素包括政治环境、经济发展潜力和资源环境潜力。良好的政治环境稳固园区的经贸合作，资源丰富促进对外贸易的发展，经济水平决定园区的经济发展潜力。表 2-14 为自由贸易园区的综合排名。

我国在海外投资、承建和收购的自由贸易园区一共 6 个，亚洲和非洲各 3 个，尼日利亚数量最多，有 2 个，距离中国最近、地理位置优势最显著的是中国和哈萨克斯坦合作建设的哈萨克斯坦霍尔果斯国际边境合作中心，该园区位于中国境内，拥有得天独厚的地理位置上的优势。距离中国最远的自由贸易园区是位于非洲的尼日利亚莱基自由贸易区，距离中国北京约 11436 km。

表 2-14　自由贸易园区排名表

排名	园区	经济发展潜力	资源环境潜力	风险因素	其他因素
1	哈萨克斯坦霍尔果斯国际边境合作中心	54.90	66.61	68.00	96.50
2	格鲁吉亚华凌自由工业园	52.25	64.29	67.30	43.30
3	尼日利亚莱基自由贸易区	42.10	87.10	66.80	34.50
4	巴基斯坦瓜达尔自贸区	52.50	35.85	76.30	73.50
5	尼日利亚广东经贸合作区	42.10	74.38	66.80	33.68
6	吉布提国际自贸区	44.50	30.10	69.20	73.25

我国境外自由贸易园区所在地经济水平并不发达，但区位优势明显。以尼日利亚莱基自由贸易区为例，其建立有利于提升尼日利亚工业水平、创造就业、增加税收，有利于中非合作向纵深发展，实现彼此互惠双赢。尼日利亚莱基自由贸易区可直接辐射拉各斯 1600 万、尼日利亚 1.5 亿人口，并可间接辐射整个西非地区甚至欧美地区。尼日利亚莱基自由贸易区区位优势明显。尼日利亚莱基自由贸易区自 2006 年启动以来得到了中尼两国政府的高度关注和大力支持。

资源环境潜力中水资源优势最大的是尼日利亚莱基自由贸易区，得分 90 分，园区位于海港位置，兼具海运和内陆水运条件，这是其评分较高的主要原因。土地资源评分最高的园区也位于尼日利亚，尼日利亚广东经贸合作区得分 93.35 分，热量充足、雨量丰沛的热带雨林气候和园区周边丰富的林地资源是其得高分的主要原因。哈萨克斯坦霍尔果斯国际边境合作中心是能源优势最显著的自由贸易园区，哈萨克斯坦丰富的石化能源和巨大的能源开发潜力使其在能源因素中脱颖而出。

自由贸易园区风险偏高。巴基斯坦瓜达尔自贸区风险因素得分最高，为 76.3 分，投资价值最高。地形以低缓平原为主，坡度较缓，地形起伏较小，地势相对较为平整；10 km 缓冲区没有保护区，园区生态环境风险低。尼日利亚莱基自由贸易区和尼日利亚广东经贸合作区风险因素得分最低，为 66.8 分，投资价值最低，园区所在地区干旱发生的频率较高，严重影响了园区的发展。

2.2.9　综合产业园区排名

综合产业园区的类型十分丰富，包括高新技术开发区、经济技术开发区、科技园、工业区等涉及轻工业和重工业的各种园区，门类广，涉及的行业多。对自由综合产业园区建设和发展影响较大的因素包括：①经济发展潜力，经济又好又快发展促进园区发展；②资源环境发展潜力，能为园区建设提供源源不断的动力；③风险因素，为园区未来的产业发展指明应防范的方向。表 2-15 为综合产业园区

的排名。

表 2-15　综合产业园区排名表

排名	园区	经济发展潜力	资源环境潜力	风险因素	其他因素
1	马来西亚马中关丹产业园	65.00	80.86	64.50	70.00
2	马来西亚马六甲临海工业园	65.00	80.00	65.70	70.45
3	毛里求斯晋非经济贸易合作区	65.95	60.43	65.30	75.25
4	俄罗斯阿穆尔综合园区	60.15	85.22	68.40	83.00
5	俄罗斯滨海华宇经济贸易合作区	60.15	82.74	62.60	72.63
6	中国—白俄罗斯工业园	56.90	68.39	74.40	44.00
7	阿联酋中阿产能合作示范园	69.20	52.48	71.80	55.75
8	泰国泰中罗勇工业园	62.55	63.59	74.20	71.63
9	中国印尼综合产业园区青山园区	54.90	88.95	67.50	62.80
10	中国—印尼肯达里工业区	54.90	89.03	65.60	65.00
11	阿曼杜库姆产业园	60.30	53.87	74.00	52.25
12	印尼华夏幸福印尼产业新城	54.90	83.78	65.60	65.00
13	广西印尼沃诺吉利经贸合作区	54.90	86.13	61.60	62.45
14	老挝万象赛色塔综合开发区	48.15	70.08	68.40	83.00
15	俄罗斯圣彼得堡波罗的海经济贸易合作区	60.15	63.71	69.80	51.20
16	青岛印尼综合产业园	54.90	86.69	54.50	56.00
17	俄罗斯莫戈伊图伊（毛盖图）工业区	60.15	51.44	68.80	83.00
18	缅甸皎漂特区工业园	41.50	82.90	78.40	85.80
19	老挝磨憨—磨丁经济合作区	48.15	72.98	43.90	88.00
20	越南龙江工业园	44.95	63.14	81.80	84.75
21	中国交建墨西哥工业园	65.95	68.64	43.40	28.25
22	塞尔维亚中国工业园	53.70	65.24	63.20	49.80
23	中缅边境经济合作区	41.50	73.37	77.20	93.25
24	墨西哥北美华富山工业园	65.95	49.53	53.60	33.55
25	尼日利亚卡拉巴汇鸿开发区	42.10	83.36	65.60	37.05
26	乌兹别克斯坦中乌合资鹏盛工业园区	43.55	59.86	75.40	69.75
27	万达印度产业园	43.55	64.30	59.60	70.88
28	赞比亚中国经济贸易合作区	41.45	35.31	55.40	31.00
29	埃塞俄比亚东方工业园	43.50	53.03	37.00	55.75
30	乌干达辽沈工业园	39.95	32.79	58.00	35.75

我国对外投资、承建和收购的综合产业园区一共有 30 个，主要分布在亚洲、非洲地区，欧洲和北美洲也有少量分布，其中分布数量最多的地区东南亚，共有 13 个综合产业园区，占综合产业园区总数的将近一半，其中印度尼西亚 5 个，马来西亚 2 个，老挝 2 个，泰国 1 个，越南 1 个，缅甸 2 个。距离中国最远的位于北美洲的墨西哥。距离中国最近的是位于中国和缅甸边境上的中缅边境经济合作区。

综合产业园区主要分布于亚洲、非洲以及欧洲地区。综合产业园区的选址受当地实际经济发展水平影响较小，主要在于投资优惠以及当地的地理位置情况，以埃塞俄比亚东方工业园为例，当地政府重视外来投资入驻企业并给予政策支持，并且园区所在位置距离红海和印度洋的主要港口不远，埃塞俄比亚在该地区进行贸易和投资有着便利的交通条件。发展潜力将弥补经济水平上的不足。

综合产业园区风险居中。越南龙江工业园风险因素得分最高，为 81.8 分，投资价值最高。其以沿海平原为主，地形平坦，地形起伏较小；地势较为平整，适合园区建设。越南龙江工业园 10 km 缓冲区没有保护区。埃塞俄比亚东方工业园风险因素得分最低，为 37 分，投资价值最低。10 km 缓冲区内有一个国家级森林保护区，存在一定的生态环境风险。

30 个综合产业园区中，水资源最丰富、水运条件最发达、评分最高的综合产业园区有两个，分别是毛里求斯晋非经济贸易合作区、中国印尼综合产业园区青山园区，评分均为 90 分。中国印尼综合产业园区青山园区水资源十分丰富，水系众多，园区位于海港，因此其得分较高。毛里求斯晋非经济贸易合作区位于路易港(Port Louis)附近，Tombeau 河流从附近穿过，毗邻印度洋，水资源特别丰富，这是其得分较高的主要原因。俄罗斯丰富的石油、天然气等能源使其境内的综合产业园区在能源因素方面得分普遍较高。土地资源得分最高的园区是位于印尼的广西印尼沃诺吉利经贸合作区，热量充足，降水丰富的热带雨林气候，加之园区丰富的林地等生态资源使其获得高分。其他因素得分最高的是位于中缅边境的中缅边境经济合作区。

2.3　高新技术园区

2.3.1　俄罗斯跃进工业园

该工业园位于俄罗斯滨海边区乌苏里斯克市米哈依托洛夫街。2017 年俄罗斯 GDP 收入为 1.58 万亿美元，国民收入为 1.54 万亿美元，城镇人口总量为 1.07 亿，国家总人口数为 1.44 亿人。当地工业主要行业包括食品业、加工业、轻工业、金属加工业、木材加工业和建筑工业。当地有乌苏里斯克师范学院、滨海农业学院和乌苏里斯克高等军事汽车运输学校。乌苏里斯克在滨海边区占据着中心地缘位置，交通发达。2013～2017年俄罗斯经济处于不稳定状态，2015年和2016年出现年GDP负增长，分别为–2.83%和–0.22%。2017年总体经济趋于稳定，实现1.55%的增长率，但形势仍不容乐观。优惠税收方面，俄罗斯为吸引外资企业，深化税务系统改革：①企业利润税从35%降至20%；②增值税从20%降至18%。

园区所在地乌苏里斯克水资源丰富，水系发达，河流密布，北部有一大型天然湖泊兴凯湖，水域面积为0.40 km^2。园区及周边地区以耕地为主，耕地面积为25.99 km^2；其次为草地，面积为11.07 km^2；林地面积为1.47 km^2；建设用地和裸地面积分别为4.21 km^2、2.25 km^2。俄罗斯石油、天然气资源非常丰富，自给程度高，是世界上主要的石油天然气出口国家之一。天然气已探明蕴藏量为48万亿 m^3，占世界探明储量的35%，居世界第一位。石油探明储量为109亿t，占世界探明储量的13%。煤蕴藏量2016亿t，居世界第二位，能源未来开发潜力巨大，国内报道次数较多，人们对其了解程度比较高。园区位于中俄边境，距离中国很近，靠近中国黑龙江边境，地理上存在巨大的优势。

俄罗斯跃进工业园平均海拔38.44 m；地形以低缓平原为主，坡度较缓，地形起伏较小，靠近铁路，交通便利；地势相对较为平整。园区所在地区干旱和洪水发生频率较高，1996年8月1日至1996年8月25日洪水受灾面积为524900 km^2，4人死亡，14000人受影响，直接经济损失1.4亿美元；2000年7月30日，洪水受灾面积为192100 km^2，2人死亡，24000人受影响，直接经济损失3000万美元。在俄罗斯，一般在遇到劳资纠纷时，工会具有比较大的影响力，1990年全俄工会联盟组织“俄罗斯独立工会联合会”成立，基层工会均可申请参加。俄罗斯跃进工业园10 km缓冲区没有保护区，生态环境风险较低。

2.3.2 莫斯科(杜布纳)高新技术产业合作园区

莫斯科(杜布纳)高新技术产业合作园区位于俄罗斯莫斯科州杜布纳市。经济、税收、能源、工会等因素主要从国家尺度分析，该园区的这些因素与俄罗斯跃进工业园相同。园区附近有无线电工程学院、电子学院等高等学校，并且该城市被誉为“科学之城”。园区南距莫斯科128 km，在伏尔加河上游同杜布纳河汇合处，交通便利性较好。

园区所在地杜布纳水资源丰富，周边分布有众多天然湖泊，水域面积为5.45 km^2，占比为9.53%。园区所在地以林地为主，面积为42.10 km^2，占比为73.71%；耕地和草地面积分别为1.92 km^2、1.42 km^2，占比分别为3.43%、2.48%。

该园区国内新闻报道次数较多，人们对其了解程度较高。该园区位于俄罗斯西部疆域，距离中国较远，距离北京约 5792 km。

莫斯科(杜布纳)高新技术产业合作园区平均海拔 158.01 m；地形以低缓平原为主，坡度较缓，地形起伏较小，靠近公路，交通便利；地势相对较为平整。园区所在地区没有自然灾害发生。莫斯科(杜布纳)高新技术产业合作园区 10 km 缓冲区没有在保护区的相关区域内。

2.3.3　泰国中国—东盟北斗科技城

该科技城位于大城府大城市大城工业园内。2017 年泰国 GDP 为 15.45 万亿美元，国民收入为 4354.15 亿美元，城镇人口总量为 3396.65 万人，国家总人口数为 6903.75 万人。东濒北标府，南毗巴吞他尼府，西临素攀府及暖武里府。大城府为广阔平原，河道纵横，是三条河流的汇合处，交通便利，农业发达，为全泰国最大产米区。2013～2017 年，泰国总体经济稳定，GDP 增长率稳定在 3%左右，2014 年较低，为 0.98%。外国公司在泰国境内有经营业务，无论是否有设立机构、办公场所、雇佣员工，企业所得税为来源于泰国境内所得的 30%(已经降低为 20%)，其中国际运输公司缴纳的所得税为收入总额的 3%。外国公司未在泰国境内经营业务，但有来源于泰国境内的所得，需按照相应业务类别对应的税率被代扣代缴所得税，如相关收入所得涉及泰中双重税赋豁免协议约定的内容，可以获得税务豁免。

园区所在地为泰国曼谷，水资源丰富，靠近泰国湾，水域面积为 156.86 km^2。园区所在地曼谷以耕地为主，耕地面积为 885.71 km^2；其次为建设用地，面积为 255.34 km^2；林地和草地面积分别为 147.86 km^2、152.15 km^2。泰国石油、天然气和油页岩资源丰富。虽然是石油和天然气生产国，但为满足日益增长的消费需求，泰国能源消费仍大量依赖进口。受制于本国石油存储量及供给能力，石油对外依存度较大。泰国天然气的最大储量为 5465 亿 m^3，石油(包括天然气冷凝液)的最大储量为 1.64 亿 t。在已发现的 15 个气田和油田中，天然气的总储量为 3659.5 亿 m^3，石油(包括天然气冷凝液)总储量为 2559 万 t。泰国煤炭主要是褐煤和烟煤，总储量 15 亿多吨，其中证实的储量为 8.6 亿 t，可能储量为 6.8 亿 t。煤炭资源大约 80%分布在北部的清迈、南奔、达府、帕府和程逸一带，其余分布在南部的素叻他尼、董里、甲米以及东北部的柯叻、加拉信府，泰国未来能源开发潜力较大。该园区国内新闻报道次数较多，人们对其了解程度较高。泰国位于中南半岛，距离中国较近，距离云南西双版纳约 918 km，在地理上存在一定优势。

泰国中国—东盟北斗科技城平均海拔 0.89 m；地形以沿海平原为主，地形较为平坦；地势起伏较小。园区所在地区自然灾害主要是干旱和洪水，发生频率较高，危害较大。中国企业在泰国要知法、守法、知情、沟通、和谐。泰国中国—东盟北斗科技城 10 km 缓冲区内没有保护区。

2.3.4 中法经济贸易合作区

园区坐落于法国中央大区安德尔省省会沙托鲁市。2017 年 GDP 为 2.58 万亿美元，国民收入为 2.64 万亿美元，城镇人口总量为 5381.57 万人，国家总人口数为 6711.86 万人。其距离巴黎 220 km，作为欧洲地理中心，周边交通便利，可快捷辐射欧洲各大城市。沙托鲁市有功能齐全、规模较大、范围较广的公共物流平台，工业园区毗邻国际货运机场、铁路线路和 A20 高速公路，沙托鲁市便捷的货运交通直达欧洲各大港口，畅通的公路货运、畅通便捷的航空货运和方便快捷的铁路货运直达主要欧洲各大首都。2013～2017 年法国经济稳定性趋好，年 GDP 增长率从 2013 年的 0.58%增长到 1.82%。作为中国企业通向欧洲的门户，该园区将被打造成为一个以“生态、科技、文化、创新”为主题，集产、学、研、商于一体的一区多园式的生态高科技经贸园区，并将享受法国和欧盟特许优惠政策。

园区周围水域面积为 0.12 km^2。园区及周围地区以耕地为主，面积为 142.2 km^2；建设用地和林地面积分别为 28.8 km^2、25.6 km^2，草地面积为 19 km^2。法国是一个一次能源匮乏的国家，缺少石油、天然气、煤炭；核电是法国主要能源，核电装机容量大约占 78%，核电发电(2003 年)占全国发电量的 85%，其次是火力发电(燃煤或燃油)；其余燃油发电约占 2%。法国煤炭储量几近枯竭，所有铁矿、煤矿均已关闭。能源主要依靠核能，约 78%的电力靠核能提供。此外，水力和地热资源的开发利用比较充分。该园区国内新闻报道较多，国内对其了解程度较高。该园区位于法国，距离中国较远，距离北京约 8411 km。

中法经济贸易合作区平均海拔 150.07 m；地形以低缓平原为主，坡度较缓，地形起伏较小，靠近公路，交通便利；地势相对较为平整。合作区所在地区自然灾害发生频率较小，干旱和地震造成的灾害较小。法国法律规定 50 人以上的企业必须设置企业委员会。企业委员会由全体职工选举产生，但候选人均由各工会组织推荐。企业委员会与老板定期召开劳资双方会议。企业委员会是职工的最高代表组织，主要任务是协调各工会间的意见，以保护职工的工资、工作条件及福利待遇等利益，工会较为强大。中法经济贸易合作区 10 km 缓冲区在布雷讷区域自然公园边缘区域内，有一定的生态环境风险。

2.3.5 俄罗斯车里雅宾斯克州创新工业园中国园区

俄罗斯车里雅宾斯克州创新工业园中国园区位于俄罗斯车里雅宾斯克州。经济、税收、能源、工会等因素主要从国家尺度分析，该园区的这些因素与俄罗斯跃进工业园相同。

园区所在地机器制造和金属加工业、化工工业以及轻工业均较为发达。园区所在地拥有大型综合技术学院、医学院、师范学院和农业机械化学院以及多所科研机构，教育水平发达。当地为重要交通枢纽，西伯利亚大铁路起点，5 条铁路汇集于此，为苏联欧洲部分与亚洲部分联系的咽喉。为了进一步促进俄中地区间合作，车里雅宾斯克州正在筹建特别经济区，将向包括中国在内的外资企业提供各种政策便利和优惠。入驻企业的税收减免比例最高可达 2/3，还能享受在货运、物流等方面的政策扶持。

园区周边分布有众多天然的大型湖泊，水资源非常丰富，水域面积为 0.02 km^2。该园区及周边地区以耕地为主，面积为 0.99 km^2；其次为草地，面积为 0.38 km^2；林地面积为 0.26 km^2；雪地面积为 0.06 km^2。该园区国内新闻报道次数较多，人们对其了解程度较大。其位于俄罗斯西部疆域，距离中国较远，距离北京约 4309 km。

俄罗斯车里雅宾斯克州创新工业园中国园区平均海拔 165.88 m；地形以低缓平原为主，坡度较缓，地形起伏较小，靠近湖泊，水资源丰富；地势相对较为平整。园区所在地区洪水和干旱发生的频率较小，危害较小。俄罗斯车里雅宾斯克州创新工业园中国园区 10 km 缓冲区没有保护区，生态环境风险小。

2.3.6 俄罗斯圣彼得堡信息技术园区

俄罗斯圣彼得堡信息技术园区位于俄罗斯圣彼得堡市。经济、税收、能源、工会等因素主要从国家尺度分析，该园区的这些因素与俄罗斯跃进工业园相同。

圣彼得堡市在俄罗斯经济中占有重要地位，是一座大型综合性工业城市。其工业化水平相当高。当地拥有圣彼得堡大学、国立师范大学等著名高校。圣彼得堡是俄罗斯的中央直辖市，列宁格勒州的首府，俄罗斯西北地区中心城市，全俄重要的水陆交通枢纽。

园区位于圣彼得堡，水资源极为丰富，水系众多，河流密布，西部是芬兰湾，东部是拉多拉加湖，水域面积为 123.03 km^2。园区所在圣彼得堡林地面积为 141.10 km^2；草地面积为 94.48 km^2；建设用地面积为 102.46 km^2；耕地面积为 73.86 km^2。该园区国内新闻报道较少，了解程度不高。园区位于俄罗斯欧洲部分，距离中国较远，距离北京约 6056 km。

俄罗斯圣彼得堡信息技术园区平均海拔 13.86 m；地形以沿海平原为主，坡度较缓；靠近波罗的海，地形起伏较小，交通便利，地势相对较为平整。园区所在地区自然灾害发生频率较小。俄罗斯圣彼得堡信息技术园区 10 km 缓冲区内没有保护区。

2.3.7 中国—比利时科技园

园区位于新鲁汶大学科技园区。2017 年国家 GDP 收入为 4926.81 亿美元，国民收入为 4968.12 亿美元，城镇人口总量为 1114.02 万人，国家总人口数为 1137.21 万人。科技园区毗邻比利时首都布鲁塞尔，依托新鲁汶大学及大学科技园区，享有优质的教育科研环境，交通便利。2013～2017 年，比利时年 GDP 增长率有所上升，在 0～2%。比利时政府近年来主要从以下方面采取措施：一是对在企业从事研发的科技人员提供优惠税收政策，如减免企业研发人员 25%～50%的报酬预扣款，使得企业雇佣科研人员费用降低了 15%；二是鼓励企业新招科研人员；三是对外籍科研人员免除工作许可证；四是建立企业创新奖励机制；五是利用税收措施支持风险投资基金和鼓励研发投资。

园区周边没有河流、湖泊分布，水资源比较少。园区及周边范围的土地利用类型以建设用地和耕地为主，面积分别为 3.79 km^2、3.7 km^2；林地和草地面积分别为 0.99 km^2、0.31 km^2。比利时的原油、天然气完全依赖进口，一次能源消费的进口依存度接近 80%，显著高于欧盟平均水平。核电站 7 座，占总发电量的 65%。比利时国土面积小，能源储量比较贫乏，未来能源开发潜力不大。国内对该园区报道较多，人们对其了解程度非常高。比利时位于西欧，距离中国非常远，园区距离北京约 7966 km。

中国—比利时科技园平均海拔 138.31 m，最高点 142.65 m，最低点 133.44 m；地形以低缓丘陵为主，坡度较缓，地形起伏较小；东北部地势较低，西南部地势较高。园区所在地区自然灾害分布非常少。中国—比利时科技园 10 km 缓冲区内没有保护区。

2.3.8 中韩科技创新经济园区

园区在韩国首尔设立了代表处。2017 年国家 GDP 收入为 1.53 万亿美元，国民收入为 1.53 万亿美元，城镇人口总量为 4194.65 万人，国家总人口数为 5146.62 万人。其毗邻沈北大学城、职教城，创新潜力突出。园区地处东北亚中心地带，区域位置优越。2013～2017 年，韩国年 GDP 增长率在 2%～3%徘徊。韩国 2019 年的经济增长预期下调至 2.5%，下调 0.3 个百分点。2020 年的经济增长预期也从

2.9%下调为 2.3%。此外，韩国对外国技术人才 50%的所得税优惠亦于 2019 年底到期，但新方案规定外国投资企业研发中心的技术人员的上述所得税优惠政策可执行至 2018 年。

园区周边水系较为发达，东部有一条河流经过汇入汉江。该园区位于板桥，属于韩国首尔京畿道城市圈，该城市圈水域面积为 832.25 km^2。园区所在的首尔和京畿道城市圈以林地为主，面积为 3775.82 km^2；其次为耕地，面积为 1455.10 km^2；草地面积为 75.65 km^2；建设用地面积为 832.25 km^2。韩国是能源资源极度贫乏的国家，几乎没有任何化石能源储量，水能等可再生能源的可开发量也十分有限。煤炭、石油、天然气几乎都依赖进口。为了提高本国能源自给能力，韩国政府日益注重发展核电，韩国未来能源开发潜力不大。该园区国内报道次数较多，人们对其了解程度比较高。韩国作为中国的邻国，距离中国较近，距离北京约 958 km，在地理上具备一定优势。

中韩科技创新经济园区平均海拔 59.37 m，海拔较低，最高点 78 m，最低点 35 m；最大坡度为 19°，最小坡度为 0.8°；以平原为主，局部地形起伏较大；北部地势较高，南部地势较低。园区所在地区自然灾害主要是洪水，1965 年 7 月 15 日，洪水造成 323 人死亡，344459 人受影响，直接经济损失 3650 万美元，1967～1968 年干旱共造成 280 万人受影响；1997 年 7 月 1 日～1997 年 7 月 3 日洪水泛滥以及引发的滑坡泥石流灾害受灾面积为 11250 km^2，4 人死亡，直接经济损失为 165 万美元。中韩科技创新经济园区 10 km 缓冲区内有 Tancheon 生态系统和景观保护区、Heoninneung 生态系统和景观保护区、Seoul Seochogu Wonjidong 野生动物保护区、Namhansanseong 省立公园、Gyeonggi-do Urban 自然公园保护区，存在较大的生态环境风险。

2.3.9　越南云中工业园区

园区坐落在越南至中国边界的 1A 国道旁，属于北江省越安县和安勇县的行政地界。2017 年越南 GDP 收入为 2238.64 亿美元，国民收入为 2132.30 亿美元，城镇人口总量为 3364.28 万人，国家总人口数为 9554.08 万人。园区到首都河内的距离为 40 km，到河内内牌国际机场的距离为 45 km，到海防海港的距离为 110 km。当地经济以农业为主，旅游业也较为发达。园区所在地拥有越南北江农林大学。2013～2017 年，越南年 GDP 增长率持续攀升，稳定在 5%～7%。园区税收优惠措施如下。①属于高科技企业：在生产期间 15 年内，营业所得税税率为 10%；企业可享有四年内免缴企业所得税，九年内缴纳企业所得税减半的优惠。②属于本工业区内的投资企业：自 2014 年 2 月 15 日起，本工业区内的投资企业，营业所得税税率为 22%；可享两年内免缴企业所得税，四年内缴纳企业所得税减半的优惠。③属于 100%出口加工企业：进口原材料、设备及耗材都可免进口增值税及进口关税。④非高科技企业、非 100%出口加工的一般企业所得税：进口越南当地无法立足的设备及建材可免进口税，为期 5 年。

园区所在地及周边水资源丰富，南部有一条较大的河流通过，水系发达，河流密布，水域面积为 61.84 km^2。园区所在地以耕地为主，面积为 440.98 km^2；草地面积为 19.46 km^2；建设用地面积为 21.55 km^2；裸地面积为 18.06 km^2。越南国内能源不足，需从中国和老挝进口大量的能源。与此同时，越南可再生能源具有较大的开发潜力。主要体现在，一是风能，越南有近 3400 km 的海岸线，每年每平方米的风能达 500～1000 kW·h；二是太阳能，每天每平方米为 5 kW·h；三是水能，每年水电站发电功率超过 4000 MW；四是生物质能，每年越南的生物质能约 7300 万 t，其中农林渔业 6000 万 t，垃圾 1300 万 t，发电功率达 5000 MW。该园区国内新闻报道次数较多，人们对其了解程度较高。越南和中国接壤，该园区距离中国广西南宁约 293 km，距离非常近，地理上存在天然的优势。

越南云中工业园区平均海拔 6.01 m；地形以河流三角洲为主，坡度较缓，地形起伏较小；地势相对较为平整。园区所在地区洪水发生频率较高，危害较大，1970 年 10 月 26 日洪水造成 237 人死亡，204000 人受影响；1987 年发生干旱。越南云中工业园区 10 km 缓冲区没有保护区。

2.4 经济特区

2.4.1 俄罗斯阿拉布加经济特区

俄罗斯阿拉布加经济特区位于鞑靼斯坦共和国。经济、税收、能源、工会等因素主要从国家尺度分析，该园区的这些因素与俄罗斯跃进工业园相同。

鞑靼斯坦共和国的主要工业领域是燃料工业、石油化工、机器制造业、汽车制造工业、航空制造业，所在位置属于俄罗斯联邦工业最发达地区。园区位于俄罗斯最大工业区域的中心地带，在莫斯科以东 800 km 处。

园区所在地水资源丰富，水系发达，卡马河从旁边经过，水域面积为 0.07 km^2，具有良好的水运条件。园区周边没有矿产资源。园区所在地以耕地为主，面积为 24.04 km^2。林地和草地面积分别为 5.14 km^2、5.42 km^2。该园区在国内新闻报道次数较多，人们对其了解程度较高。园区位于俄罗斯西部疆域，距离中国较远，距离北京约 4918 km。

俄罗斯阿拉布加经济特区平均海拔 68.08 m；地形以低缓平原为主，坡度较缓，地形起伏较小，靠近公路，交通便利；地势相对较为平整。园区所在地区自然灾害发生频率较小。俄罗斯阿拉布加经济特区 10 km 缓冲区内没有保护区。

2.4.2　沙特吉赞经济城

园区位于沙特吉赞。2017 年国家 GDP 收入为 6838.27 亿美元，国民收入为 6956.39 亿美元，人均 GNI 为 2.01 万美元，城镇人口总量为 2754.36 万人，国家总人口数为 3293.82 万人。沙特吉赞经济城具有战略性地理位置，其西临红海。距离吉赞市区约 60 km。同时，它还靠近教育卫生服务区，东临主要海上贸易通道，西达欧洲和波斯湾。2013～2017 年，沙特经济一直处于不稳定状态，年 GDP 从 2013 年的 2.7%增加到 2015 的 4.11%，2016 年骤降为 1.67%，2017 年呈现–0.74%的负增长。投资项目必须在哈伊勒、舍迈尔省、吉赞、纳吉兰、巴哈、朱夫六个地区(包含在上述地区的工业或经济城内)，项目必须有沙特投资总局颁发的营业执照，项目投资总额(现金或实物)不得少于 100 万里亚尔(约合 26.6 万美元)，项目必须有经过沙特国内合法审计的账户。上述六个地区的已建、在建项目均可申请享受该税收优惠政策，从享受该政策的第一年算起，10 年内有效。有关培训、雇用沙特员工的税收优惠政策如下：对沙特员工的年度培训费用减免 50%，如果培训费用减免后余下的税额足够支付沙特员工的工资，则再对沙特员工的年度工资费用减免 50%。

吉赞经济城位于沙漠地带，淡水资源匮乏，但靠近海港，海水资源丰富，园区所在地水域面积为 4.06 km^2。园区周边没有矿产资源。园区以建设用地为主，面积为 45.96 km^2；裸地面积为 1.25 km^2；草地面积为 1.19 km^2。沙特能源极为丰富，是世界有名的石油大国，是世界主要的能源生产国之一。沙特东部波斯湾沿岸陆上与近海的石油和天然气藏量极为丰富。2005 年沙特石油产量 5.26 亿 t，居世界第一位，出口石油 4.3 亿 t，剩余可采储量 363 亿 t(占全世界储量的 26%)，三项指标均居世界首位。天然气年产量 640 亿 m^3，剩余可采储量 6.9 万亿 m^3，占世界储量的 4%，居世界第四位。该园区国内新闻报道次数较多，人们对其了解程度较高。沙特位于中东地区，距离中国较远，距离北京约 7474 km。

沙特吉赞经济城平均海拔 25.2 m，地形以沿海平原为主，地形较为平坦，地势较为平整。园区所在地区自然灾害发生频率较小。沙特没有工会组织，所有务工人员必须遵守沙特劳动法及劳工部相关补充规定。沙特吉赞经济城 10 km 缓冲区内没有保护区。

2.4.3　柬埔寨山东桑莎(柴桢)经济特区

经济特区位于柬埔寨柴桢。2017 年柬埔寨 GDP 收入为 221.58 亿美元，国民收入为 208.00 亿美元，人均 GNI 为 1230 美元，城镇人口总量为 367.80 万人，国家总人口数为 1600.54 万人。该园区附近有柴桢大学。园区以柴桢市为中心的公路交通发达，通金边及越南胡志明市，交通便利。2013～2017 年，国家年 GDP 增长率稳定在 7%左右。投资优惠包括：①免征投资生产企业的进口关税；②企业投资后可享受 3～8 年的免税期，免税期后按税法交纳税率为 9%的利润税；③产品出口免征出口税。

园区所在地柴桢市水资源丰富，境内水系发达，分布有众多河流湖泊，水域面积为 143.99 km^2，具有良好的水运条件。柴桢市内没有矿产资源分布，柬埔寨柴桢省以耕地资源为主，面积为 1709.81 km^2。林地和草地面积分别为 200.99 km^2、199.14 km^2。柬埔寨面临缺乏能源供应和能源成本不符合当地经济条件的危机，柬埔寨的大部分能源来自水力发电站以及煤电厂，能源不足是制约经济发展的一大关键因素，对于特区的建设存在一定的阻碍。但柬埔寨拥有丰富的石油资源，能源未来开发潜力比较大。柬埔寨作为中国的邻国，该园区在国内新闻报道次数较多，人们对其了解程度较高。园区位于中南半岛，距离中国较近，距离中国广西南宁 1300 km 左右。

柬埔寨山东桑莎(柴桢)经济特区平均海拔 6.23 m，海拔较低；地处沿海平原地区；地形较为平坦，地势较低。园区所在地区自然灾害主要是洪水和干旱，1994 年 6 月至 1996 年干旱受灾面积为 3000 km^2，500 万人受影响，经济损失 1 亿美元。企业需严格遵守柬埔寨在雇佣、解聘、工资、休假等方面的规定。柬埔寨山东桑莎(柴桢)经济特区 10 km 缓冲区内没有保护区。

2.4.4 莫桑比克贝拉经贸合作区

贝拉经济特区位于莫桑比克贝拉市境内。2017 年莫桑比克 GDP 收入为 123.34 亿美元，国民收入为 119.14 亿美元，人均 GNI 为 420 美元，城镇人口总量为 1051.91 万人，国家总人口数为 2966.88 万人。贝拉有炼铁、纺织、制糖、电器、铝器、水泥、造纸、烟草、肉类和鱼类加工等工业。国内拥有著名高校莫桑比克蒙德拉内大学。园区所在位置靠近商品转口枢纽，临近港口、机场、铁路，周边与高速公路连通，海陆空交通便利，区位优势明显。莫桑比克经济并不稳定，以 2014～2017 年经济指数为例，GDP 年增长率分别为 7.44%、6.59%、3.76%、3.71%。莫桑比克政府还开设了很多经济特区和自由工业园区，并制定了吸引投资者的激励措施。经济特区开发商：首 5 年免除企业所得税；后 6～10 年减免 50%企业所得税；在项目后续期间减免 25%企业所得税。经济特区企业：首 3 年免除企业所得税；后 4～10 年减免 50%企业所得税；后 11～15 年减免 25%企业所得税。自由工业园开发商：首 10 年免除企业所得税；后 11～15 年减免 50%企业所得税；在项目后续期间减免 25%企业所得税。独立的自由工业园企业：首 5 年免除企业所得税；后 6～10 年减免 50%企业所得税；在项目后续期间减免 25%企业所得税。

园区及周边地区水资源十分丰富，该园区位于河流入海口，靠近印度洋，水域面积为 4.89 km^2，该经济特区兼具良好的海运和内陆水运条件，其作为经济区在地理位置上存在天然优势。园区所在地贝拉以草地为主，面积为 61.52 km^2；林地和耕地面积分别为 5.35 km^2、1.65 km^2，建设用地面积为 5.08 km^2。莫桑比克相当大的能源资源使该国能够满足其内部需求，并仍然向南部和东部非洲国家出口能源。莫桑比克未来能源开发潜力很大，能源资源包括水电、天然气和煤炭，估计水电潜力为 12000 MW，天然气储量(估计达到 7000 亿 m^3)和巨大的煤炭储量(估计达到 1.4 亿 TJ)，带来的装机潜力分别为 500 MW 和 5000 MW，充足的能源和能源开发潜力优势能为经济特区的建设提供动力。

莫桑比克贝拉经贸合作区平均海拔 16.16 m；地形以沿海平原为主，坡度较缓，地形起伏较小；地势相对较为平整。园区所在地区有干旱和洪水发生，灾害程度较低，灾害较小。根据当地法律规定，企业的员工可以自由选择加入工会组织，企业不得阻拦。莫桑比克贝拉经贸合作区 10 km 缓冲区内没有保护区。

2.4.5　巴基斯坦海尔—鲁巴经济区

园区位于巴基斯坦拉合尔市。2017 年巴基斯坦 GDP 收入为 3049.52 亿美元，国民收入为 3215.97 亿美元，人均 GNI 为 1580 美元，城镇人口总量为 7179.66 万人，国家总人口数为 1.97 亿人。拉合尔是巴基斯坦第二大城市，是著名的巴基斯坦工业中心。旁遮普省是巴基斯坦经济发展中心，政治、经济、生活环境安全稳定，近几年的 GDP 增长率平均达到 8%以上。巴基斯坦政府积极推行高度自由的投资政策，所有经济领域直接向外商开放。外商与当地企业享有同等待遇，允许外资 100%股权，无须政府审批，税收及关税优惠，所有项目相关的资本、收益、利润、红利等汇出均获允准。经济区优惠政策：①免除经济区项目的进口设备税；②企业将获取利润再投资免所得税。

园区所在地拉合尔市水资源较为丰富，有河流穿过，水域面积为 24.12 km^2。园区所在地拉合尔市以耕地为主，面积为 376.16 km^2；建设用地面积为 240.12 km^2。巴基斯坦一直是一个能源短缺的国家。原油占能源总量约 30%，主要依赖进口。巴基斯坦能源储量不足，天然气虽然有一定储量，但是消耗量也大。该园区在国内新闻报道次数较多，人们对其了解程度很高。巴基斯坦与中国接壤，虽然距离中国较近，但是由于喜马拉雅山脉的阻挡，交通并不是很便利。

巴基斯坦海尔—鲁巴经济区平均海拔 207.74 m，地处平原地区，地形较为平坦，地势较低，地形坡度小于 10°，地面相对高差较小。干旱发生频率较高，危害较大。洪水和地震发生频率较小，危害较小。巴基斯坦海尔—鲁巴经济区 10 km

缓冲区内没有保护区。

2.4.6 坦桑尼亚巴加莫约经济特区

园区位于坦桑尼亚巴加莫约。2017 年坦桑尼亚 GDP 收入为 520.90 亿美元，国民收入为 515.69 亿美元，人均 GNI 为 910 美元，城镇人口总量为 1894.27 万人，国家总人口数为 5731.00 万人。巴加莫约港是坦桑尼亚著名港口，濒临桑给巴尔海峡，近鲁伏河口。其曾是坦噶尼喀主要贸易口岸和通往内陆的商队路线起点。坦桑尼亚经济稳定性很好，年 GDP 增速稳定在 7%左右。优惠政策方面：①在公司利润与资本投资相抵前，免缴所得税。②公司营业税为 30%，最优惠领域和优先领域的股息预扣税为股息的 10%，免缴利息预扣税。③外资企业可享受 100%资本返还，外国股东所得股息和分红可自由汇出。④获得其他许可，如居住许可/工作许可、产业许可、贸易许可等。⑤拥有投资优惠证书的项目，每个企业可给予 5 个外国人工作许可。⑥租用商业农场、畜牧场和森林的土地，费用为每年每英亩[①]200 坦桑尼亚先令。

园区所在地水资源丰富，西北部有河流经过，东部靠近印度洋，海水资源丰富，园区水域面积为 0.31 km^2。园区周边没有矿产资源。园区以草地为主，面积为 8.49 km^2。裸地面积为 0.29 km^2。耕地面积为 0.53 km^2。林地和灌木面积分别为 0.151 km^2、0.150 km^2。坦桑尼亚能源比较落后，主要是以木材为主的生物质能，但是坦桑尼亚能源丰富，拥有多种本土能源资源，但尚未得到充分利用。坦桑尼亚已探明天然气储量达 44 万亿立方英尺[②]，预计总储量至少可达 200 万亿立方英尺。该园区国内新闻报道次数较多，人们对其了解程度较高，坦桑尼亚位于东非，距离中国较远，距离北京约 9445 km。

坦桑尼亚巴加莫约经济特区平均海拔 26.61 m，地形以沿海平原为主，地势起伏较小，坡度较缓，园区整体地势较为平整；靠近公路，交通便利。园区所在地区有干旱和洪水发生，发生的频率较低，灾害较小。中国企业必须全面掌握坦桑尼亚《劳动法》中有关劳动者权益保障的规定，依法与员工签订雇佣合同，按照合同规定缴纳各种税费，充分尊重员工应有的权利，尊重法律、有效沟通、理性应对、加强引导提高凝聚力。巴加莫约经济特区综合项目 10 km 缓冲区内有较多红树林森林区，生态风险较高。

---

① 1 英亩≈0.0040469 km^2。

② 1 立方英尺≈0.0283168 m^3。

2.4.7　柬埔寨齐鲁经济特区

柬埔寨齐鲁经济特区位于柬越边境的柴桢省柴桢市。经济、税收、能源、工会等因素主要从国家尺度分析，该园区的这些因素与柬埔寨山东桑莎(柴桢)经济特区相同。

柬埔寨齐鲁经济特区平均海拔6.92 m，地形以平原为主，地形坡度小于10°，地面相对高差较小。园区所在地区自然灾害主要是洪水和干旱，发生频率较高，危害较大。柬埔寨齐鲁经济特区10 km缓冲区在郎森湿地保护区的边缘区域内。

2.4.8　柬埔寨曼哈顿经济特区

柬埔寨曼哈顿经济特区位于柬埔寨柴桢省巴域市。经济、税收、能源、工会等因素主要从国家尺度分析，该园区的这些因素与柬埔寨山东桑莎(柴桢)经济特区相同。

巴域市不大，仅有一条大街。但当地经济非常活跃，该市现有5万多人口、5个经济特区、56家工厂。

柬埔寨曼哈顿经济特区平均海拔5.21 m，地形以沿海平原为主，坡度较缓，地势起伏较小，靠近太平洋，交通便利，相对较为平整。园区所在地区自然灾害主要是洪水和干旱，发生频率较高，危害较大。柬埔寨曼哈顿经济特区10 km缓冲区在文化和历史遗址的边缘区域内。

2.4.9　柬埔寨西哈努克港经济特区

柬埔寨西哈努克港经济特区位于柬埔寨西哈努克省。经济、税收、能源、工会等因素主要从国家尺度分析，该园区的这些因素与柬埔寨山东桑莎(柴桢)经济特区相同。

该特区离西港机场3 km，离港口12 km，贯穿柬埔寨四号国道，离柬埔寨首都金边仅212 km，淡水资源获取方便，地理位置优越，交通便利。西哈努克是工业中心、国际港口城市。优惠税收方面：①企业用于投资建厂的生产设备、建材、零配件及用于生产的原材料等免征进口关税；②企业投资后根据产品种类最多可享受柬方9年的免税期；③利润用于再投资免征所得税；④产品出口免征出口税；⑤无外汇管制，外汇资金可自由出入；⑥无土地使用税。

园区周围水资源十分丰富，水系众多，西北方向有一大型水库，园区毗邻西哈努克港，Preaek Tuek Sab河从旁边通过，水域面积4.50 km^2，兼具良好的海运和内陆水运条件。园区周边没有矿产资源。园区所在地以林地为主，面积为58.35 km^2；耕地和草地面积分别为10.67 km^2、6.23 km^2；建设用地为5.49 km^2。该园区国内

报道次数较多，人们对其了解程度比较高。园区距离中国较近，距离广西南宁约 1438 km。

柬埔寨西哈努克港经济特区平均海拔 15.56 m，海拔较低，最高点 25.74 m，最低点 8.01 m；以平原为主；园区地势起伏较大，园区内北部地势较高，南部地势较低。园区所在地区自然灾害发生频率较小。在柬埔寨，工会活动受到国内法律的保护，活动较为活跃，工人的罢工权和雇主的闭厂权受法律保护。严格遵守柬埔寨在雇佣、解聘、工资、休假等方面的规定。柬埔寨西哈努克港经济特区 10 km 缓冲区内有森林保护区、云壤国家公园。

2.4.10 柬埔寨桔井省经济特区

柬埔寨桔井省经济特区位于柬埔寨桔井省斯努县。经济、税收、能源、工会等因素主要从国家尺度分析，该园区的这些因素与柬埔寨山东桑莎(柴桢)经济特区相同。

桔井省教育事业在中国政府大力支持下加快发展。2018 年 4 月，由中国援建的桔井大学正式启用，成为柬埔寨东北部地区第一所公立综合性大学。特区所在桔井省斯努县是柬埔寨东部重要的国际口岸，通过 74 号公路连接越南，距离胡志明港 160 km，具有地理优势。优惠政策：①当地投资企业可 6～9 年免税；②用于生产的机械设备，生产原料免税。

园区周边没有河流、湖泊分布，水资源比较少。园区周边没有矿产资源分布。园区及周围以耕地为主，面积为 60.74 km^2；其次为草地，面积为 21.43 km^2；林地和建设用地面积分别为 14.38 km^2、8.1 km^2。该园区国内新闻报道较多，国内对其了解程度较高。柬埔寨位于东南亚，该园区距离中国很近，距离中国海南三亚约 765 km，距离广西南宁约 1220 km。

柬埔寨桔井省经济特区平均海拔 81.62 m，海拔较低，最高点 88.05 m，最低点 78.80 m；以丘陵为主，地形起伏较大；园区内中间地势高，两边地势低。园区所在地区自然灾害主要是洪水和干旱，发生的频率较小，危害较小。柬埔寨桔井省经济特区 10 km 缓冲区内有一个斯努野生动物保护区。

2.4.11 巴基斯坦开普省拉沙卡伊特别经济区

巴基斯坦开普省拉沙卡伊特别经济区的经济、税收、能源、工会等因素主要从国家尺度分析，该园区的这些因素与巴基斯坦海尔—鲁巴经济区相同。

园区东距离首都伊斯兰堡 70 km，西距离开普省首府白沙瓦 40 km，南临伊斯兰堡至白沙瓦 M1 高速公路的中间段位置，交通便利。国内拥有国立语言大学(伊斯兰堡)、国际伊斯兰大学(伊斯兰堡)。巴基斯坦经济稳定，GDP 年增长率分别为 4.67%、4.73%、5.53%、5.7%。特别经济区开发商和区内企业享有 10 年内免征所得税、5 年后减半的优惠政策，以及对于建立特区及特区内建设期进口设备、材料的一次性关税减免。

园区所在地巴基斯坦开普省水资源比较丰富，印度河在其境内穿过，有一大型发电水库，水域面积为 1771.62 km^2。园区所在地巴基斯坦开普省以耕地为主，耕地面积为 22953.82 km^2；其次为裸地，面积为 19708.84 km^2；林地面积为 10021.09 km^2；灌木面积为 7741.49 km^2；草地面积为 2100.60 km^2；值得注意的是，由于海拔较高，分布有较大的雪地区域，面积为 10304.10 km^2，占比为 13.74%。该园区国内新闻报道较多，国内对其了解程度较高。巴基斯坦与中国接壤，地理上距离中国较近，但是由于喜马拉雅山脉的阻挡，交通不是很便利。

巴基斯坦开普省拉沙卡伊特别经济区平均海拔为 461.41 m；地处山前沟谷地区；地形较为平坦，地面相对高差较小，单一地貌单元。在自然灾害中干旱发生频率较高，危害较大。洪水和地震发生频率较小，危害较小。巴基斯坦开普省拉沙卡伊特别经济区 10 km 缓冲区在多达利禁猎区的边缘区域内。

2.4.12　肯尼亚珠江经济特区

肯尼亚珠江经济特区位于肯尼亚中西部第二大城市、全国第五大城市埃尔多雷特市。2017 年国家 GDP 收入为 749.38 亿美元，国民收入为 741.18 美亿元，GNI 为 1440 美元，城镇人口总量为 1320.13 万人，国家总人口数为 4969.99 万人。肯尼亚工业化程度不高，导致其处于工业生产链下游，产品附加值非常低。附近有营造人工林，以及毛毯、乳品和木材加工等工业。该市有蒙巴萨—乌干达铁路线，是公路枢纽，交通较为便利。当地教育水平也较为落后。2017 年，肯尼亚年 GDP 增长率在 5%左右，经济较为稳定。政府将在经济特区建立一站式服务中心；所有获得经济特区牌照的企业、开发商及运营商将享有全部税种的豁免等。例如，在经济特区投资企业的财产权将被充分保护，不会被国有化或征收；所有资本和利润都可调回本国，且不受外汇管制；工业产权和知识产权将受到保护；所有产品及服务可遵照东非共同体的海关法在关税区内出口和出售。

园区所在地埃尔多雷特水域面积为 0.06 km^2。园区周边没有矿产资源。园区所在地以草地为主，草地面积为 49.38 km^2；耕地面积为 9.87 km^2。2012 年初肯尼亚发现石油蕴藏，已经探明石油储量 29 亿桶。其地热、风能、水力等清洁能源丰富。该园区国内新闻报道次数较多，人们对其了解程度较高。肯尼亚位于非洲大陆，距离中国很远，距离北京约 9243 km。

肯尼亚珠江经济特区平均海拔 2086.3 m，海拔较高；地形以高原为主；但局部地形起伏较小，园区整体较为平整，靠近公路，交通便利。园区所在地区自然灾害主要是干旱和洪水，灾害程度较高，1971 年 1 月干旱造成 15 万人受影响，2010 年 4 月 30 日滑坡造成 10 人死亡。肯尼亚珠江经济特区 10 km 缓冲区有森林保护区，存在一定的生态环境风险。

2.5 林业经贸园区

2.5.1 俄罗斯耐力木材园区

俄罗斯耐力木材园区位于俄罗斯犹太自治州斯米多维奇区下阿穆尔村。经济、税收、能源、工会等因素主要从国家尺度分析，该园区的这些因素与俄罗斯跃进工业园相同。

犹太自治州主要工业部门有机械制造、木材加工、轻工业等部门，工业综合指数为 91.6%。有 5 个高等职业教育学校：犹太自治州立大学、肖洛姆职业教育、阿穆尔国立大学、公共农业大学、犹太自治州文化专科大学。俄罗斯耐力木材园区依托哈巴大市场，水路、公路交通发达，有便利的交通优势和区位优势及犹太自治州相对稳定的投资环境。

该园区所在地比罗比詹水资源丰富，河流穿过城市，周边分布有较多天然湖泊，水域面积为 3.38 km^2。园区周边没有矿产资源，园区所在地比罗比詹以草地为主，面积为 22.49 km^2；建设用地和林地的面积分别为 4.34 km^2、4.32 km^2。该园区国内报道次数较多，人们对其了解程度比较高。该园区位于中俄边境，距离中国很近，靠近中国黑龙江边境。

该园区平均海拔 80.26 m；地形以低缓平原为主，坡度较缓，地形起伏较小，靠近河流，水资源丰富；地势相对较为平整。园区所在地区基本没有自然灾害。该园区 10 km 缓冲区内没有保护区。

2.5.2 中俄伊曼木材加工经贸工业园区

中俄伊曼木材加工经贸工业园区位于俄罗斯远东地区伊曼。经济、税收、能源、工会等因素主要从国家尺度分析，该园区的这些因素与俄罗斯跃进工业园相同。

伊曼是俄罗斯远东地区重要的军事基地之一，该市森林资源富饶，地下蕴藏有丰富的矿产资源，经济以农业和林业为主，是俄罗斯森林采伐和加工的主产区。俄罗斯对经过加工的木材，以及刨花板的出口实行零关税或较低的关税政策，这就为木材的出口提供很大的价格优势。

该园区及其周围水系发达，河流众多，松阿察河从旁经过，水域面积为

6.33 km^2。该园区周边没有矿产资源。园区所在地伊曼以草地为主，面积为 7.88 km^2；其次为耕地，面积为 4.08 km^2；裸地面积为 1 km^2；建设用地为 0.6 km^2。该园区在国内新闻报道次数较多，人们对其了解程度较高。该园区位于中俄边境，距离中国很近，靠近中国黑龙江边境，在地理位置上有着非常明显的优势。

中俄伊曼木材加工经贸工业园区平均海拔 61.07 m；地形以低缓平原为主，坡度较缓，地形起伏较小，靠近河流，水资源丰富；地势相对较为平整。园区所在地区自然灾害主要是洪水，发生频率较高。1996 年 8 月 1～25 日洪水受灾面积为 524900 km^2，4 人死亡，14000 人受影响，直接经济损失 14000 万美元。中俄伊曼木材加工经贸工业园区 10 km 缓冲区内有东方红湿地国家级自然保护区。

2.5.3　俄罗斯龙跃林业经贸合作区

俄罗斯龙跃林业经贸合作区位于俄罗斯犹太自治州的阿穆尔园区。经济、税收、能源、工会等因素主要从国家尺度分析，该园区的这些因素与俄罗斯跃进工业园相同。

犹太自治州主要工业部门有机械制造(农用机械生产、交通类发电机生产)、木材加工(包括家具)、轻工业(鞋业生产、纺织业)，此外，州内还有锡矿开采工业。犹太自治州在各类轻工业产品、木材加工产品、机械制造产品方面有较强的供应能力。当地拥有俄罗斯科学院远东分院，科学研究造诣较高。铁路有西伯利亚干线，连接着东欧、近东亚太平洋地区的国家，交通较为便利。

阿穆尔园区所在地水资源十分丰富，这里是黑龙江和乌苏里江的交汇口，水系发达，河流密布，该园区所在地水域面积为 0.06 km^2。该园区周边没有矿产资源。该园区及其周边地区以草地为主，草地面积为 5.52 km^2；林地面积为 0.37 km^2；建设用地和裸地面积分别为 0.03 km^2、0.06 km^2。该园区国内新闻报道次数较多，人们对其了解程度较高。该园区位于中俄边境，距离中国很近，靠近中国黑龙江边境。俄罗斯大部分林业经贸园区都位于远东地区，与中国黑龙江距离非常近，有着显著地理位置优势。

俄罗斯龙跃林业经贸合作区平均海拔 88.83 m；地形以低缓平原为主，坡度较缓，地形起伏较小，靠近公路，交通便利；地势相对较为平整。该园区所在地区自然灾害发生频率较小，干旱和地震造成的灾害较小。俄罗斯龙跃林业经贸合作区 10 km 缓冲区有拉姆萨尔湿地等国际重要湿地，自然生态环境风险较高。

2.5.4　俄罗斯格城新北方木材加工园区

俄罗斯格城新北方木材加工园区位于俄罗斯滨海边疆区波格拉尼奇内区“第二火车站”，距绥芬河口岸 32 km，该园区占地面积 100 万 km^2。经济、税收、

能源、工会等因素主要从国家尺度分析，该园区的这些因素与俄罗斯跃进工业园相同。

波格拉尼奇内区是滨海边区最大的农业区之一。波格拉尼奇内区位于绥芬河对岸，滨海边区的西部。全区面积3750 km^2，距离符拉迪沃斯托克铁路208 km，距离公路196 km。区内拥有2所儿童艺术学校。

该园区所在地波格拉尼奇内水资源比较丰富，有一条小河流穿城而过，水域面积为0.03 km^2。该园区周边没有矿产资源。其所在地波格拉尼奇内以林地为主，面积为4.06 km^2；其次为耕地，面积为3.4 km^2；草地面积为3.25 km^2。该园区国内报道次数较多，对其了解程度比较高。园区位于中俄边境，距离中国很近，靠近中国黑龙江边境。

俄罗斯格城新北方木材加工园区平均海拔165.04 m；地形以低缓平原为主，坡度较缓，地形起伏较小，交通便利；地势相对较为平整。该园区所在地区自然灾害以干旱为主，发生频率较高。俄罗斯格城新北方木材加工园区10 km缓冲区内没有保护区。

2.5.5 俄罗斯北极星林业经贸合作区

俄罗斯北极星林业经贸合作区位于俄罗斯外贝加尔州外贝加尔边疆区的阿马扎尔河沿岸，靠近中国边界。经济、税收、能源、工会等因素主要从国家尺度分析，该园区的这些因素与俄罗斯跃进工业园相同。

外贝加尔边疆区有512家幼儿园，725所学校，13所大学。区内西伯利亚大铁路和贝阿铁路两条干线横贯南北，有中俄最大的陆路口岸“外贝加尔斯克—满洲里”铁路及公路口岸，交通较为便利。

该园区周围水资源丰富，阿马扎尔位于两条河流交汇处，水域面积为0.37 km^2。该园区周边没有矿产资源。该园区所在地以草地为主，面积为3.32 km^2。耕地和林地面积分别为0.607 km^2、0.608 km^2。该园区国内新闻报道次数较多，对其了解程度较高。该园区靠近中国东北黑龙江和内蒙古，距离中国非常近，在地理位置上具备很大的优势。

俄罗斯北极星林业经贸合作区平均海拔472.82 m；海拔较高，地形以盆地为主，中间地形较为平坦；地势平整。园区所在地区自然灾害分布较少，以洪水为主，危害较大，2000年7月发生森林大火，受灾面积250 km^2。俄罗斯北极星林业经贸合作区10 km缓冲区内没有保护区。

2.5.6 俄罗斯克拉斯诺亚尔斯克东方木业列索园区

俄罗斯克拉斯诺亚尔斯克东方木业列索园区位于俄罗斯克拉斯诺亚尔斯克

市。经济、税收、能源、工会等因素主要从国家尺度分析，该园区的这些因素与俄罗斯跃进工业园相同。

克拉斯诺亚尔斯克市地理位置优越，周边木材资源丰富，北部邻列索地区，西靠托木斯克，东邻伊尔库茨克。该园区所在地水资源丰富，叶尼塞河从旁边经过，水域面积为 1.35 km^2。该园区周边没有矿产资源。该园区及其周边地区以林地和草地为主，面积分别为 3.82 km^2、3.75 km^2；裸地和建设用地面积分别为 1.75 km^2、1.13 km^2。该园区国内新闻报道较少，对其了解程度不高。其位于俄罗斯中部地区，距离中国较远，距离北京约 2643 km。

俄罗斯克拉斯诺亚尔斯克东方木业列索园区平均海拔 80.86 m；地形以低缓平原为主，坡度较缓，地形起伏较小；地势相对较为平整。该园区所在地区自然灾害分布偏少，1999 年 10 月河流泛滥造成 1200 人受影响。俄罗斯克拉斯诺亚尔斯克东方木业列索园区 10 km 缓冲区内没有保护区。

2.5.7 俄罗斯阿马扎尔林浆一体化项目(园区)

俄罗斯阿马扎尔林浆一体化项目(园区)位于俄罗斯外贝加尔边疆区莫戈恰区阿马扎尔镇。经济、税收、能源、工会等因素主要从国家尺度分析，该园区的这些因素与俄罗斯跃进工业园相同。

外贝加尔边疆区以采矿和加工、森林工业、机械制造业、机器制造(矿山设备、运输设备、机床等)、食品加工、轻工业等产业为主。外贝加尔边疆区内西伯利亚大铁路和贝阿铁路两条干线横贯南北，有中俄最大的陆路口岸“外贝加尔斯克—满洲里”铁路及公路口岸，中俄两国 60%的贸易陆路运输经该口岸完成，也是中国进口俄罗斯石油的主要通道。

该园区周围水资源丰富，阿马扎尔镇位于两条河流交汇处，水域面积为 0.37 km^2。该园区周边没有矿产资源。该园区所在地以草地为主，面积为 3.32 km^2，耕地和林地面积分别为 0.607 km^2、0.608 km^2。该园区国内有相关新闻报道，人们对其有一定了解，但了解程度不高。该园区靠近中国东北黑龙江和内蒙古，距离中国非常近。

俄罗斯阿马扎尔林浆一体化项目(园区)平均海拔 42.29 m；地形以低缓平原为主，坡度较缓，地形起伏较小，靠近河流，水资源丰富；地势相对较为平整。该园区所在地区洪水发生频率较高，灾害较大，滑坡灾害发生频率较低，灾害较小。俄罗斯阿马扎尔林浆一体化项目(园区)10 km 缓冲区内没有保护区。

2.5.8 中俄林业坎斯克园区

中俄林业坎斯克园区位于俄罗斯坎斯克。经济、税收、能源、工会等因素主要从国家尺度分析，该园区的这些因素与俄罗斯跃进工业园相同。

坎斯克位于叶尼塞河右支流与西伯利亚大铁道交会处，西距克拉斯诺亚尔斯克 247 km，交通便利。该园区周边水资源丰富，有一条河流穿过，水系发达，水域面积为 4.37 km^2。该园区周边没有矿产资源，以草地为主，面积为 15.71 km^2，耕地面积为 15.63 km^2，林地面积为 7.84 km^2，建设用地面积为 2.27 km^2。该园区国内新闻报道较少，对其了解程度不高。该园区位于俄罗斯中部，距离中国较远，距离北京约 2354 km。

中俄林业坎斯克园区平均海拔 199.84 m；地形以低缓平原为主，坡度较缓，地形起伏较小，靠近河流，水资源丰富；地势相对较为平整。该园区所在地区自然灾害主要是洪水。发生频率较小，危害较小。中俄林业坎斯克园区 10 km 缓冲区内没有保护区。

2.5.9 俄中托木斯克木材工贸合作区

俄中托木斯克木材工贸合作区位于俄罗斯托木斯克州阿西诺地区和捷古利杰特地区及克麦罗沃州马林斯克地区。经济、税收、能源、工会等因素主要从国家尺度分析，该园区的这些因素与俄罗斯跃进工业园相同。

该园区所在地森林工业发达，发展前景广阔，所在位置交通便利。俄中托木斯克木材工贸合作区分布在 4 个地区，阿西诺园区所在地水资源丰富，水系发达，河流众多，园区及其周边地区水域面积为 1.63 km^2。园区周边没有矿产资源。园区及其周边地区以草地资源为主，面积为 8.75 km^2；其次为耕地，面积为 6.34 km^2；林地面积为 3.83 km^2。捷古利杰特地区及周边地区水资源较为丰富，北部有河流经过，该园区及周边水域面积为 0.06 km^2。周边没有矿产资源。园区及其周边地区以草地为主，草地面积为 4.19 km^2；其次为林地，面积为 2.31 km^2；裸地面积为 0.67 km^2；耕地面积为 0.11 km^2。托木斯克园区及其周边地区水资源较为丰富，从西北部到东南部有河流经过，园区及其周边水域面积为 20.69 km^2。园区周边没有矿产资源。园区所在地以耕地为主，面积为 127.53 km^2，林地面积为 44.05 km^2，草地和建设用地面积分别为 17.53 km^2、14.12 km^2。马林斯克园区及其周边地区水资源较为丰富，东部有河流经过，园区及周边水域面积为 20.69 km^2。园区周边没有矿产资源。园区所在地以草地为主，面积为 5.6 km^2；其次为耕地，面积为 4.51 km^2；林地和裸地面积分别为 0.44 km^2、0.54 km^2。俄中托木斯克木材工贸合作区国内新闻报道较多，国内对其了解程度较高。位于俄罗斯中部地区，距离中国较远，距离北京约 2761 km。

俄中托木斯克木材工贸合作区平均海拔为 145.94 m；地形以低缓平原为主，坡度较缓，地形起伏较小，靠近公路，交通便利；地势相对较为平整。该园区所在地区自然灾害发生频率较小。俄中托木斯克木材工贸合作区 10 km 缓冲区内没有保护区。

2.5.10　俄罗斯“尚圣龙”木材合作园区

俄罗斯“尚圣龙”木材合作园区位于俄罗斯联邦伊尔库市。经济、税收、能源、工会等因素主要从国家尺度分析，该园区的这些因素与俄罗斯跃进工业园相同。

伊尔库市工业以采矿(煤、铁、金、云母、石膏、滑石、岩盐等)、电力、炼铝、炼油及石油化工、矿山机械、木材加工及纸浆-造纸为主。畜牧业以牛、羊为主。种植业集中在南部铁路沿线，农作物以麦类为主。该市内有东西伯利亚地区历史最悠久的伊尔库茨克国立大学、科学研究所西伯利亚支部第二科学中心、贝加尔湖沼学研究所等一流的科学技术研究所。其是西伯利亚最大的工业城市、交通和商贸枢纽，也是东西伯利亚第二大城市。

该园区周围水资源十分丰富，安加拉河穿城而过，经过园区所在地伊尔库茨克，汇入贝加尔湖。水域面积为 27.21 km^2。该园区周边以耕地为主，面积为 90.43 km^2；其次为草地和林地，面积分别为 30.33 km^2、22.66 km^2，该园区周边没有矿产资源。该园区国内有相关报道，对其了解程度一般。该园区靠近贝加尔湖畔，与我国隔着蒙古国，距离不是很远，距离北京约 1651 km。

俄罗斯“尚圣龙”木材合作园区平均海拔 453.75 m；以山地为主，地形起伏较大；园区内中间地势较低，四周地势较高。该园区所在地区自然灾害较少，以洪水为主，发生频率较低，危害较小。俄罗斯“尚圣龙”木材合作园区 10 km 缓冲区在贝加尔湖世界遗产的边缘区域内。

2.6　农业及农产品加工园区

2.6.1　俄罗斯泰源农业与牧业产业园区

俄罗斯泰源农业与牧业产业园区位于俄罗斯滨海边疆什科托沃区。经济、税收、能源、工会等因素主要从国家尺度分析，该园区的这些因素与俄罗斯跃进工业园相同。

俄罗斯滨海边疆什科托沃区是俄罗斯远东地区的重要工业基地，主要产业有渔业、林业、矿业和修船业。滨海边疆区是俄罗斯远东联邦大学科研中心，截至 2015 年，共有 20 多所高等院校，包括符拉迪沃斯托克国立经济与服务大学、远东联邦大学、太平洋国立医科大学、远东国立渔业技术大学等多所高等学校。它

位于俄罗斯的最东南，东南临日本海，北接哈巴罗夫斯克边疆区，西面分别与中国和朝鲜接壤，是俄罗斯面向亚太地区国家的桥头堡。

园区靠近海边，海水资源较为丰富，园区所在地水域面积为 0.01 km^2。俄罗斯泰源农业与牧业产业园区靠近海边，海水资源较为丰富，园区所在地水域面积为 0.01 km^2。该园区周边没有矿产资源。该园区所在地以耕地为主，面积为 3.19 km^2；其次为林地和草地，面积分别为 1.27 km^2、1.78 km^2；裸地面积为 0.81 km^2。该园区国内新闻报道较多，国内对其了解程度较高。靠近中国东北边境，距离中国较近。

俄罗斯泰源农业与牧业产业园区平均海拔 15.37 m，地形以低缓平原为主，坡度较缓，地形起伏较小，靠近铁路，交通便利。该园区所在地区自然灾害有滑坡。俄罗斯泰源农业与牧业产业园区 10 km 缓冲区内没有保护区。

2.6.2 俄罗斯春天农业产业经贸合作区

俄罗斯春天农业产业经贸合作区位于俄罗斯犹太自治州。经济、税收、能源、工会等因素主要从国家尺度分析，该园区的这些因素与俄罗斯跃进工业园相同。

犹太自治州主要工业部门有机械制造(农用机械生产、交通类发电机生产)、木材加工(包括家具)、轻工业(鞋业生产、纺织业)，此外，州内还有锡矿开采工业。犹太自治州在各类轻工业产品、木材加工产品、机械制造产品方面有较强的供应能力。高等职业教育的教育机构和分支机构设有 5 个高等职业教育学校：犹太自治州立大学、肖洛姆职业教育、阿穆尔州立大学、公共农业大学、犹太自治州文化专科大学。犹太自治州位于与东北亚接壤地带，所以着力发展与中国的旅游显得尤为重要。

该园区所在地比罗比詹水资源丰富，河流穿过城市，周边分布有较多天然湖泊，水域面积为 3.38 km^2。该园区周边没有矿产资源。该园区所在地比罗比詹以草地为主，面积为 22.49 km^2，建设用地和林地面积分别为 4.34 km^2、4.32 km^2。该园区在国内报道次数较多，对其了解程度比较高。该园区位于中俄边境，距离中国很近，靠近中国黑龙江边境。

俄罗斯春天农业产业经贸合作区平均海拔 104.87 m；地形以低缓平原为主，坡度较缓，地形起伏较小，靠近河流，水资源丰富；地势相对较为平整。该园区所在地区有小规模的洪水和干旱，发生频率较低。俄罗斯春天农业产业经贸合作区 10 km 缓冲区在自然保护区的缓冲区域内。

2.6.3 中俄农牧业产业示范园区

中俄农牧业产业示范园区位于俄罗斯远东地区。经济、税收、能源、工会等因素主要从国家尺度分析，该园区的这些因素与俄罗斯跃进工业园相同。

俄罗斯远东地区经济增长缓慢，社会形势也不容乐观。当地石油、天然气及木材等资源丰富。该园区周围水资源十分丰富，北部不远处有一天然湖泊兴凯湖，该园区所在地霍罗尔水域面积为 0.01 km^2，丰富的水资源可为农业生产提供灌溉。该园区周边没有矿产资源。霍罗尔以林地为主，面积为 5.91 km^2；其次为耕地，面积为 4.2 km^2；草地面积为 3.66 km^2。该园区国内报道次数较多，对其了解程度比较高。该园区位于中俄边境，距离中国很近，靠近中国黑龙江边境，地理位置优势十分突出。

中俄农牧业产业示范园区平均海拔 103.44 m；地形以低缓平原为主，坡度较缓，地形起伏较小，靠近机场，交通便利；地势相对较为平整。园区所在地区有小规模的滑坡。中俄农牧业产业示范园区 10 km 缓冲区内有拉姆萨尔湿地等国际重要湿地，存在较高的生态环境风险。

2.6.4　中俄(滨海边疆区)农业产业合作区

中俄(滨海边疆区)农业产业合作区位于俄罗斯滨海边疆区的米哈伊尔区、霍罗尔区、波格拉尼奇内区三个行政区。经济、税收、能源、工会等因素主要从国家尺度分析，该园区的这些因素与俄罗斯跃进工业园相同。

滨海边疆区畜牧业产品占全部农副产品的 60%～70%，是农副业生产的主要领域。当地工业较为落后。滨海边疆区是俄罗斯联邦的一级行政单位，位于俄罗斯最东南，东南临日本海，北接哈巴罗夫斯克边疆区，西面分别与中国和朝鲜接壤，是俄罗斯面向亚太地区国家的桥头堡。

中俄(滨海边疆区)农业产业合作区一共有 6 个园区。其中的涅斯捷罗夫园区，东北部不远处有一天然湖泊兴凯湖，园区周边没有矿产资源，园区周边以耕地为主，面积为 1.09 km^2，其次为林地和草地，面积分别为 0.7 km^2、0.47 km^2。该园区国内报道次数较多，对其了解程度比较高。该园区位于中俄边境，距离中国很近，靠近中国黑龙江边境。

中俄(滨海边疆区)农业产业合作区平均海拔 85.49 m；地形以低缓平原为主，坡度较缓，地形起伏较小，靠近河流，水资源丰富，交通便利；地势相对较为平整。该园区所在地区自然灾害有滑坡。中俄(滨海边疆区)农业产业合作区 10 km 缓冲区内有拉姆萨尔湿地等国际重要湿地，存在较高的生态环境风险。

2.6.5　印度尼西亚东加里曼丹岛农工贸经济合作区

该园区位于印度尼西亚东加里曼丹岛。2017 年印度尼西亚 GDP 为 1.02 万亿美元，国民收入为 9834.30 亿美元，人均 GNI 为 3540 美元，城镇人口总量为 1.44

亿，国家总人口数为2.64亿人。岛上经济产业以林木业为主，另外有藤等森林资源，矿物有黄金、钻石、煤、石油、铀等。东加里曼丹岛内陆地区的交通主要靠河流运输，有些内陆地区河运更是唯一对外交通方式。东加里曼丹岛大部分地区经济贫困，许多森林地带尚未开发。经济开发限于河流下游及海滨地带，主要城镇多在河口内侧。印度尼西亚经济非常稳定，2013～2017年GDP年增长率稳定在5%左右。针对外来投资，印度尼西亚政府提出相关优惠税收政策，主要包括：①实行减免关税和出口退税政策。②吸引外资投入，鼓励产品出口，对外国企业开放的经营区由474个上升到 926个。开放区任何优惠政策也适用于85%的外国企业。

园区所在地三马林达水资源极为丰富，位于河流分岔口，水系发达，河流众多，水域面积为 0.56 km^2。园区西北部有几个大型露天采矿场。园区所在地以林地为主，林地面积为2.12 km^2；草地面积为0.83 km^2；建设用地和裸地面积分别为0.04 km^2、0.02 km^2。印度尼西亚能源丰富，拥有丰富的石油、天然气、煤等资源。作为石油输出国组织(OPEC)的一员，印度尼西亚是石油净出口国，现在正吸引投资以满足日益增长的国内能源消费需求。据印度尼西亚官方统计，印度尼西亚石油储量约97亿桶(13.1亿t)，天然气储量4.8万亿～5.1万亿 m^3，煤炭已探明储量193亿t，潜在储量可达900亿t以上。该园区国内相关新闻报道不多，对其了解程度不高。该园区位于东南亚印度尼西亚楠榜省，距离中国海南省三亚市2671 km。

印度尼西亚东加里曼丹岛农工贸经济合作区平均海拔4.68 m；地形以低缓平原为主，坡度较缓，地形起伏较小；地势相对较为平整。该园区所在地区灾害干旱发生频率较高，危害较大。印度尼西亚在全国设立了一个总工会，纵向上另有13个行业工会。25人以上即可组织工会。在劳动关系协调和劳动争议处理中，工会通过集体谈判、签订集体协议、参加政府对劳动政策的制定、参加劳动争议处理委员会体现和发挥自己的作用，工会的活动是独立的。印度尼西亚东加里曼丹岛农工贸经济合作区10 km缓冲区内有国家保护区。

2.6.6 老挝云橡产业园

该产业园位于老挝万象。2017年老挝GDP收入为168.53亿美元，国民收入为159.64亿美元，人均GNI为2270美元，城镇人口总量为235.70万人，国家总人口数为685.82万人。其所在地交通便利且基础设施完善，发展潜力巨大。国内知名大学有老挝国立大学、老挝苏州大学等。老挝经济稳定性很好，2014～2017年的GDP年增长率分别为7.61%、7.27%、7.02%、6.89%。老挝对外国投资给予税收、制度、措施、信息服务及便利方面的优惠政策。地区优惠政策有，老挝政府根据不同地区的实际情况给予投资优惠政策：按《老挝投资法》(草案)规定，老挝对外国投资的优惠政策主要有如下几个方面。利润税优惠：属于一类地区(指无辅助设施的偏远地区)内的投资按项目类别可减免 4～10 年的利润税；属于二类地区(指有一定辅助设施的地区)内的投资按项目类别可减免 2～8 年的利润税；属于三类地区(指有较好辅助设施的地区)内的投资按项目类别可减免 1～6 年的利润税。其他税收优惠：将利润用于扩大再投资的，可减免下年利润税；进口项目所需设备、原料和车辆可按相关规定减免进口关税；来料加工出口产品可免出口关税等。投资项目优惠：老挝政府对部分优先发展行业采取投资项目优惠政策，如投资医院、学校等项目可按情形享受场地使用租金优惠和额外的 5 年利润税减免政策等。

该产业园所在地万象水资源非常丰富，水系众多，湄公河从旁穿过，水域面积为 19.78 km^2，对于农业的生产建设有着天然的优势。该产业园周边没有矿产资源。其所在地以耕地为主，面积为 283.89 km^2；其次为林地，面积为 38.10 km^2。老挝石油、天然气等石化能源比较匮乏，水电资源丰富，可满足国内生产建设需要。老挝水资源丰富，现建成 11 个水电站，发电总量达 15.4 亿 kW·h，1975 年仅为 2.47 亿 kW·h，可满足当地需求并出口他国。该产业园国内新闻报道次数较多，对其了解程度很高。老挝与中国接壤，距离中国非常近，距离中国云南西双版纳 486 km，地理上存在优势。

老挝云橡产业园平均海拔 173.25 m；以丘陵为主，地形起伏较大；该产业园内中间地势高，两边地势低。该产业园所在地区自然灾害主要是洪水和干旱，1977 年的干旱造成 350 万人受影响；1987 年发生干旱；1988 年 12 月发生的干旱造成 73 万人受影响；1991 年 7 月至 1993 年干旱受灾面积为 132 km^2；1992 年 8 月河流泛滥造成 10 人死亡，150 人受影响，直接经济损失为 21828000 美元；1994 年 8 月洪水受灾面积为 200 km^2，19 万人受影响。在柬埔寨，工会活动受到国内法律的保护，活动较为活跃，工人的罢工权和雇主的闭厂权受法律保护。园区严格遵守柬埔寨在雇佣、解聘、工资、休假等方面的规定。老挝云橡产业园 10 km 缓冲区内有国家生物多样性保护区。

2.6.7　中国—印尼聚龙农业产业合作区

中国—印尼聚龙农业产业合作区位于印度尼西亚中加里曼丹省。经济、税收、能源、工会等因素主要从国家尺度分析，该园区的这些因素与印度尼西亚东加里曼丹岛农工贸经济合作区相同。

印度尼西亚中加里曼丹省的教育水平也相当落后。有小规模工业，如林木业、碾米、磨面、木材加工业。首府帕朗卡拉亚及桑皮特镇有航空运输，但其他地方交通极为不便，有些内陆地区完全依赖河运对外联系，但许多河流的流量受季节影响，极不稳定，影响交通。中加里曼丹是印度尼西亚经济极不发达的地区之一，这是由于南部有大片沼泽地，以及当地交通困难。中加里曼丹的经济以农业为主，农作物有稻米、松香、花生、大豆、藤条、野生橡胶、蜂蜡、玉米、甘薯和木薯。

该园区位于印度尼西亚楠榜港，水域面积为24.36 km^2。该园区周边没有矿产资源。该园区及其周围地区以林地和草地为主，面积分别为41.79 km^2、34.80 km^2；建设用地面积为17.84 km^2；耕地面积为0.58 km^2。该园区国内新闻报道次数较多，对其了解程度较高。该园区位于印度尼西亚楠榜省，距离中国海南省三亚市2671 km。

中国—印尼聚龙农业产业合作区平均海拔558.69 m；以山地为主，地形起伏较大，坡度较陡；园区内中间地势较低，四周地势较高。园区所在地区最为严重的自然灾害是滑坡，发生频率较大，危害较大。中国—印尼聚龙农业产业合作区10 km缓冲区内没有保护区。

2.6.8 坦桑尼亚江苏—新阳嘎农工贸现代产业园

坦桑尼亚江苏—新阳嘎农工贸现代产业园位于坦桑尼亚新阳嘎省。经济、税收、能源、工会等因素主要从国家尺度分析，该园区的这些因素与坦桑尼亚巴加莫约经济特区相同。

坦桑尼亚新阳嘎省经济欠发达，教育水平也较为落后。当地经济以农业为主。交通便利性方面，园区所在位置交通较为便利。坦桑尼亚位于东非地区，境内水资源比较丰富，北部有一个大型的天然湖泊维多利亚湖，水域面积为69178.65 km^2，占比为7.34%。坦桑尼亚矿产资源丰富，截至2014年已探明的主要矿产包括黄金、金刚石、铁、镍、磷酸盐、煤以及各类宝石等，总量居非洲第五位。坦桑尼亚以灌木和林地为主，面积分别为266710.30 km^2、222242.78 km^2；耕地面积为156658.25 km^2；草地面积为149530.74 km^2；裸地面积为61327.94 km^2。绝大多数坦桑尼亚人依靠生物质来消耗能源；主要以薪材或木炭的形式用于烹饪和加热。木材能源需求占坦桑尼亚总体能源供需的约90%。坦桑尼亚能源丰富，拥有丰富多样的本土能源资源，其尚未得到充分利用。坦桑尼亚已探明天然气储量达44万亿立方英尺，预计总储量至少可达200万亿立方英尺。该园区国内新闻报道较多，对其了解程度较高。坦桑尼亚位于东非，距离中国较远，首都多多马距离北京约9688 km。

坦桑尼亚江苏—新阳嘎农工贸现代产业园平均海拔较高。该园区所在地区滑坡发生的频率较高。坦桑尼亚江苏-新阳嘎农工贸现代产业园10 km缓冲区内没有保护区。

2.6.9 莫桑比克万宝农业产业园

莫桑比克万宝农业产业园位于莫桑比克加扎省赛赛市。经济、税收、能源、工会等因素主要从国家尺度分析，该园区的这些因素与莫桑比克贝拉经贸合作区相同。

莫桑比克加扎省赛赛市主要产业为农业，教育水平不高，交通便利性较弱。园区及周围水资源比较丰富，有条河流穿过，南部离印度洋不远，园区水域面积为 0.17 km^2，丰富的水资源可为农业提供灌溉。园区周边没有矿产资源。园区及其周边地区以草地为主，面积为 12.58 km^2；灌木和林地面积分别为 2.04 km^2、1.37 km^2；耕地面积为 0.8 km^2。该园区国内相关新闻报道较多，对其了解程度较高。莫桑比克位于非洲大陆东部，距离中国较远，距离北京约 11219 km^2。

莫桑比克万宝农业产业园平均海拔 7.15 m；地形以沿海平原为主，坡度较缓，地形起伏较小；地势相对较为平整。园区所在地区有干旱和洪水发生，灾害程度较低，灾害较小。莫桑比克万宝农业产业园 10 km 缓冲区内没有保护区。

2.6.10 吉尔吉斯斯坦亚洲之星农业产业合作区

该合作区位于吉尔吉斯斯坦楚河州楚河区伊斯克拉镇。2017 年吉尔吉斯斯坦 GDP 为 75.65 亿美元，国民收入为 73.41 亿美元，人均 GNI 为 1130 美元，城镇人口总量为 224.09 万人，国家总人口数为 620.15 万人。合作区距离吉哈卡拉苏边境口岸 3 km，北临吉哈高速公路，南临比什凯克-托克马克-巴勒克奇铁路，地理位置优越，交通便利。2013～2017 年经济稳定性较好，除 2013 年 GDP 年增长率达到 10%，其余均在 4%左右。优惠政策：①新入园企业免除一年土地租赁费、半年厂房租赁费；②土地租赁费为 10000 索姆/(年·亩)，房屋租赁费为 436 索姆/(年·m^2)；③农业生产免缴所有税收；④合作区在吉尔吉斯斯坦享受的一切优惠政策，入园企业可享受同等的优惠政策。

园区北部有一河流经过，水域面积为 2.85 km^2。园区南部有一露天采矿场。园区土地利用以耕地为主，面积为 183.24 km^2；建设用地面积为 25.37 km^2；林地面积为 5.45 km^2。吉尔吉斯斯坦油气资源不足，每年约 95%的全国原油、天然气和石化制品需求依靠进口满足，水电资源较为丰富。吉尔吉斯斯坦境内河流湖泊众多，水资源丰富，蕴藏量在独联体国家中居第三位，仅次于俄罗斯、塔吉克斯坦，潜在的水力发电能力为 1450 亿 kW·h，开发仅利用了 10%左右。水电资源未来开发潜力很大。该园区国内报道次数较多，对其了解程度比较高。距离中国非常近，距离中国新疆霍尔果斯口岸约 429 km^2。

吉尔吉斯斯坦亚洲之星农业产业合作区平均海拔 916.47 m，海拔较高，最高

点海拔为918.57 m，最低点海拔为909.02 m；园区位于高山河谷地带，地形起伏较大；东部地势较高，西部地势较低。园区所在地区自然灾害主要是干旱和滑坡，发生的频率较小，危害较小。吉尔吉斯斯坦工会是职工维权组织，因为中国在吉尔吉斯斯坦的企业与当地员工很少有劳资纠纷，所以中国企业与吉尔吉斯斯坦工会间没有大的冲突。但企业应注意保障当地员工权益。吉尔吉斯斯坦亚洲之星农业产业合作区10 km缓冲区内没有保护区。

2.6.11 赞比亚中垦非洲农业产业园

园区位于赞比亚卢萨卡市郊。2017年赞比亚GDP为178.46亿美元，国民收入为157.94亿美元，人均GNI为910美元，城镇人口总量为532.87万人，国家总人口数为1652.99万人。当地以农业为主，园区所在位置离城区有50 km，实际路况略显糟糕。当地教育水平也比较落后。赞比亚经济较为稳定，2013～2015年增速放缓，由5.06%降为2.92%；2015～2017年增速回升，升至4.08%。对于从事优先行业的公司来说，首次实现盈利的前5年，免缴公司所得税；第6～8年，按适用税率的50%缴纳公司所得税；第9年和第10年，按适用税率的75%缴纳公司所得税。在多功能经济区(MFEZ)内或者从事优先行业投资的企业，自首次宣布红利之年起，5年内免缴红利的预扣税。对于所有优先行业的原材料、资本性货物以及包括卡车和专用车辆在内的设备，5年内免征进口关税。对于在多功能经济区内或者从事优先行业投资进口机器设备(包括卡车和专用车辆)的企业，可缓征增值税。

园区所在地卢萨卡水域面积为1.09 km^2。园区周边没有矿产资源。园区所在地卢萨卡以灌木为主，面积为152.07 km^2；耕地面积为91.80 km^2；建设用地面积为78.80 km^2；草地和林地面积分别为34.61 km^2、23.15 km^2。该园区国内有相关新闻报道，对其有一定了解，但了解程度不高。赞比亚位于非洲大陆，距离中国比较远，距离北京约10976 km。

赞比亚中垦非洲农业产业园平均海拔1150.31 m；地形以高原为主，但局部地形起伏较小；园区地势北部低，南部较高。园区所在地区干旱发生频率较高，危害程度较大，1982年1月和1983年1月均发生干旱；1995年8月发生的干旱造成1273204人受影响；2003年12月25日发生洪水造成4人死亡，1000人受影响；2005年6～11月发生的干旱引起食物短缺，造成120万人受影响。企业应全面掌握赞比亚劳动法律的相关规定，与员工依法签订雇佣合同，按照法律和合同规定缴纳各种费用，充分尊重员工应有的权利。赞比亚中垦非洲农业产业园10 km缓冲区内没有保护区。

2.6.12　塔吉克斯坦中塔农业纺织产业园

项目位于塔吉克斯坦的丹加拉市，距离塔吉克斯坦首都杜尚别 100 多公里。2017 年塔吉克斯坦 GDP 为 71.46 亿美元，国民收入为 82.44 亿美元，人均 GNI 为 990 美元，城镇人口总量为 240.72 万人，国家总人口数为 892.13 万人。塔吉克斯坦是世界上著名的棉花产区，棉花种植在塔吉克斯坦国民经济中占有重要地位。当地教育情况较差，主要是基础设施较为落后。塔吉克斯坦经济非常稳定，GDP 年增长率稳定在 7%左右。与外国投资企业相关的税费是关税(按照最新调整的关税，其税率主要分 0%、5%、10%和 15%四种，另外有 2%、2.5%、7%和按重量收取关税的个别情况)、增值税(目前为 20%)、利润税(30%)、财产税(50%)等。为了鼓励投资，特别是吸收外国投资，塔吉克斯坦最近颁布了一系列新的税收优惠政策：①根据塔吉克斯坦修改后的《外国投资法》第 20 条，作为外国投资者注册资本而进口的货物免缴关税。外商投资企业外方雇员的个人物品免缴关税；②根据塔吉克斯坦《海关税则》第 35 条，作为注册资本或用于生产技术改造而进口的生产技术设备和关键零部件免缴关税，如果企业被撤销或设备进口四年内(或注册四年内)未被使用或者该设备转卖给他人，应补缴该设备及关键零部件所免关税(注：本条适用于所有企业)。

园区及周边遥感监测区内水域面积为 0 km^2。园区周边没有矿产资源。园区所在地以耕地为主，面积为 13.95 km^2；灌木面积为 2.01 km^2；草地面积为 0.31 km^2。塔吉克斯坦石油、天然气和煤炭资源较为丰富，能满足本国的生产建设需要。塔吉克斯坦的能源主要是煤炭，目前探明总储量在 30 亿 t 左右，矿床 35 个，石油和天然气方面，据初步探测结果显示，石油储量为 1.2 亿 t，天然气 8800 亿 m^3，塔吉克斯坦境内江河湖泊的水利资源极为丰富，总蕴藏量在 6400 万 kW·h 以上，其中有经济利用价值的达 1250 亿 kW·h，水力资源在独联体国家中占第二位；人均电力资源蕴藏量居世界前列，除供应本国外，还可供应周边的中亚国家。该园区国内新闻报道次数较多，对其了解程度较高。塔吉克斯坦与中国接壤，距离中国非常近，距离中国新疆喀什约 691 km。

塔吉克斯坦中塔农业纺织产业园平均海拔 656.94 m，海拔较高，地形以盆地为主，中间地形较为平坦；地势平整。园区所在地区自然灾害主要是洪水，发生频率较高，危害较大，2000 年干旱受灾面积为 2500 km^2，300 万人受影响，经济损失 5700 万美元；2007 年 4 月洪水受灾面积为 58420 km^2，1 人死亡，17184 人受影响；2008 年 10 月干旱造成的食物短缺影响 80 万人；2010 年 5 月洪水造成 5556 人受影响，以及 76 万美元的经济损失；2014 年 5 月受灾面积为 41719 km^2，5785 人受影响；2015 年 5 月洪水受灾面积为 32595 km^2，5401 人受影响；2015

年 7 月受灾面积为 56196.01 km^2 等。塔吉克斯坦工会是独立的、自愿参加的组织，是连接社会各单位、机构、组织的纽带。所有参加工作的塔吉克斯坦公民都可自愿参加。有 40%～45%的职工是工会成员。工会代表所有会员的根本利益，保护所有成员(包括集体和个人)的合法权益。工会还可监督各单位的劳动条件，关注企业职工的利益。塔吉克斯坦是独联体国家工会成员国。塔吉克斯坦中塔农业纺织产业园 10 km 缓冲区内没有保护区。

2.6.13 津巴布韦中津经贸合作区

园区位于津巴布韦哈拉雷。2017 年津巴布韦 GDP 为 178.46 亿美元，国民收入为 157.94 亿美元，人均 GNI 为 910 美元，城镇人口总量为 532.87 万人，国家总人口数为 1652.99 万人。哈拉雷为全国重要的工业城市，工业产值仅次于布拉瓦约，居全国第二。哈拉雷有金属冶炼、卷烟、炼油、化肥、纺织、造纸、橡胶、金属加工、食品、车辆修配等工业部门。哈拉雷为全国的交通中心，哈拉雷国际机场设备先进，与邻国有定期的航班往来。文教事业发达，津巴布韦大学位于北郊。哈拉雷为交通中心。铁路、公路通往境内各主要城镇以及莫桑比克、博茨瓦纳、南非。哈拉雷有国际航空站。2013～2017 年，津巴布韦总体经济收入呈增长趋势，但稳定性较差，如 2013 年 GDP 年增长率为 5.53%，而 2016 年为 0.62%。投资模式优惠：①投资者可参与“创立、管理与转让”(BOT)的投资模式。选择此种投资模式可享受税收减让：前 5 年免所得税；第 2 个 5 年所得税率为 15%；第 3 个 5 年为 20%；之后每年 30%。②得到许可的投资者，前 5 年免所得税，第 6 年开始缴纳 15%所得税。③工业园区开发商，前 5 年免所得税，第 6 年开始缴纳 10%所得税；免资本收益税；免代扣所得税；免进口关税。

园区周边水资源丰富，水系发达，东部有一流量较大的河流通过，南部有一天然的大型湖泊，园区所在地奇诺伊，水域面积为 0.03 km^2。奇诺伊没有矿产资源分布。奇诺伊以灌木为主，灌木面积为 19.54 km^2；草地面积为 10.87 km^2；耕地面积为 6.89 km^2；林地面积为 2.42 km^2。津巴布韦能源状况一般，基本上能满足国内需要，但还需从国外进口一定量的燃油。其煤蕴藏量约 270 亿 t。其水力资源贫乏，能源未来开发潜力一般。该园区国内新闻报道较多，对其了解程度较高。津巴布韦位于南非地区，距离中国遥远，园区距离北京约 10957 km。

津巴布韦中津经贸合作区平均海拔 1170.66 m，海拔较高；地形以高原为主；但局部地形起伏较小，园区整体较为平整，靠近公路，交通便利。园区所在地区自然灾害主要是干旱，灾害程度较高。如果没有工会组织，在出现劳资纠纷时，政府劳工部门会指定其他人员来处理纠纷，很多情况下会做出有利于工人的裁决。津巴布韦的中资企业大多数都建立了工会组织，资方代表和工人代表各占一半人数，出现劳资纠纷时，工会进行协调解决，这是因为本单位工会更了解情况，有利于做出公正的裁决。津巴布韦中津经贸合作区 10 km 缓冲区内有 Chirisa 保护区，存在一定的生态环境风险。

2.6.14　塞拉利昂农业产业园

2017 年塞拉利昂 GDP 为 37.74 亿美元，国民收入为 36.63 亿美元，人均 GNI 为 510 美元，城镇人口总量为 314.65 万人，国家总人口数为 755.72 万人。当地工业化水平落后，以农业为主。塞拉利昂农、林、渔业是国民经济支柱，可可、咖啡、鱼虾、木材等是除矿石和钻石之外的重要创汇来源，但出口商品以原料性出口为主。塞拉利昂高度重视粮食生产和农业发展，且拥有十分优越的气候条件和肥沃的土地，非常适合发展天然橡胶和水稻产业，塞拉利昂将提供良好的政策和创造优越的投资环境，支持海南农垦在塞拉利昂投资建设橡胶和水稻种植加工项目。塞拉利昂经济极不稳定，以 2013～2017 年 GDP 年增长率为例，2013 年为 20.72%，而 2015 年为–20.6%。值得注意的是，塞拉利昂为更好地吸引外资，出台了鼓励外资进入的行业政策和区域政策。塞拉利昂政府鼓励外资投资农业和农产品加工行业、渔业和渔产品加工行业等，除塞拉利昂首都弗里敦以外的地区将享受特殊鼓励政策，包括贷款、土地、企业税费等方面的优惠。

塞拉利昂位于非洲西部，北、东北与几内亚接壤，东南与利比里亚交界，西、西南濒临大西洋。其海岸线长约 485 km。其水域面积为 950.83 km^2。塞拉利昂铝矾土储量 1.22 亿 t，金红石储量约 1 亿 t，铁矿砂储量 2 亿 t。塞拉利昂全国以林地为主，林地面积为 49500.40 km^2；草地面积为 8079.53 km^2；耕地和灌木面积分别为 1239.21 km^2、1122.52 km^2。塞拉利昂是最不发达国家之一，能源不足，石油天然气等能源主要依靠进口。塞拉利昂能源储量不大，能源开发潜力不是很大。该园区国内新闻报道较多。塞拉利昂位于非洲大陆西部，距离中国遥远，塞拉利昂首都弗里敦距离北京约 12571 km。

塞拉利昂农业产业园平均海拔 59.37 m；地形以沿海平原为主，为单一地貌单元，地形坡度小于 10°，地面相对高差较小，园区整体地势较为平整。园区所在地区洪水发生频率较高。企业应全面掌握塞拉利昂劳动法律的相关规定，与员工依法签订雇佣合同，按照法律和合同规定缴纳各种费用，充分尊重员工应有的权利。塞拉利昂农业产业园 10 km 缓冲区在森林保护区的核心区域内，存在生态环境风险。

2.6.15　赞比亚农产品加工合作园区

赞比亚农产品加工合作园区位于赞比亚奇帕塔和赞比亚佩陶克。经济、税收、能源、工会等因素主要从国家尺度分析，该园区的这些因素与赞比亚中垦非洲农业产业园相同。

奇帕塔是赞比亚东南部边境城镇，接近马拉维边界，历史上曾为东路重要商站。现其为东方省首府和贸易中心，为烟叶、花生、棉花、牲畜、皮革集散地。当地有轧棉、榨油、肉类加工等小型工业。其公路通卢萨卡和邻国马拉维，且有航空站。

该园区一共有两个分区。①奇帕塔产业园。园区周边没有水资源也没有矿产资源，以裸地为主，面积为 74.7043 km^2；林地和草地面积分别为 2.4075 km^2、1.5462 km^2；建设用地面积为 0.342 km^2。②佩塔乌凯产业园。其周边没有水资源分布。园区周边没有矿产资源。园区以裸地为主，面积为 7.5312 km^2；林地和草地面积分别为 0.5148 km^2、0.3384 km^2；建设用地面积为 0.5751 km^2。该园区国内报道较少，对其了解程度较低。园区距离中国北京很远，约 10642 km。

奇帕塔产业园平均海拔为 1053.42 m，海拔较高，最高点为 1063.63 m，最低点为 1048.57 m；地形以高原为主，但局部地形起伏较小；园区地势中部低，四周较高。园区所在地区有干旱和洪水发生，灾害程度较低，灾害较小。奇帕塔产业园 10 km 缓冲区内有森林保护区。而佩塔乌凯产业园平均海拔 965.45 m，海拔较高，最高点海拔为 967.84 m，最低点为 961.39 m；地形以高原为主，但局部地势起伏较小；园区西部较高，东部较低。园区所在地区有干旱和洪水发生，灾害程度较低。佩塔乌凯产业园有森林保护区。

2.6.16 苏丹中苏农业开发区

其核心区位于苏丹第二大国有灌区——拉哈德灌区内。2017 年苏丹 GDP 为 1174.88 亿美元，国民收入为 1073.84 亿美元，人均 GNI 为 2380 美元，城镇人口总量为 1393.13 万人，国家总人口数为 4053.33 万人。当地教育水平落后。这里毗邻青尼罗河，水量充足，土地肥沃，且灌溉、交通等基础设施条件较好。苏丹经济较为稳定，近几年来，GDP 年增长率均大于 4%。1999 年苏丹颁布新的投资法。该法律显示苏丹很大的开放力度及良好的投资优惠政策。新投资法采取了贸易自由化政策，放宽外汇管制，放宽进口限制，力图创造宽松、友好的投资环境。苏丹对重点投资项目免征 10 年企业所得税，并对项目产品免征出口税。对于欠发达地区的投资及有利于创造就业的投资给予特别优惠的待遇。新投资法同时设立专门的章节强化对投资者利益的保护。

园区及其周边水域面积为 0.02 km^2。园区周边没有矿产资源。园区及周围以裸地为主，面积为 11.84 km^2；灌木面积为 0.32 km^2。苏丹能源较为丰富，石油出口是其主要依赖的经济来源之一。位于红海沿岸、撒哈拉沙漠东端的苏丹有丰富的石油资源，曾有专家估计，石油储量超过 1800 亿桶，居于世界前列。该园区国内新闻报道次数较多，对其了解程度较高。苏丹位于非洲大陆，距离中国较远，距离北京约 8382 km。

苏丹中苏农业开发区平均海拔 432.4 m，海拔较高，以山地为主，地形起伏较大；园区内中间地势较低，四周地势较高。园区所在地区发生过干旱，灾害程度较重，损失较大，1978 年 7 月洪水造成 34 人死亡，10 万人受影响，直接经济损失为 2500 万美元；1983 年 10 月洪水泛滥造成 2000 人受影响；1990 年干旱造成 60 万人受影响。在苏丹的中国企业成立了苏丹中国投资企业商会，建议中资企业主动入会，加强信息沟通，了解投资经营的经验教训，统一行动步调，避免恶性竞争。苏丹中苏农业开发区 10 km 缓冲区没有保护区。

2.7　轻工业园区

2.7.1　俄罗斯乌苏里斯克经贸合作区

俄罗斯乌苏里斯克经贸合作区位于俄罗斯滨海边疆区乌苏里斯克市。经济、税收、能源、工会等因素主要从国家尺度分析，该园区的这些因素与俄罗斯跃进工业园相同。

乌苏里斯克距离滨海边区中心符拉迪沃斯托克 100 km。乌苏里斯克在滨海边区占据着中心地缘位置。当地主要行业包括食品业、加工业、轻工业、金属加工业、木材加工业和建筑工业。当地有乌苏里斯克师范学院、滨海农业学院和乌苏里斯克高等军事汽车运输学校。乌苏里斯克在滨海边区占据着中心地缘位置，交通发达。

园区周边水系发达，河道众多，水域面积为 0.21 km^2，良好的水运条件有利于园区产品和原料的运输。园区周边有一露天煤矿采矿场，拥有良好的能源条件，对于园区能源的供应和运输有着天然的位置和运输优势。园区周边范围以林地为主，面积为 3.6 km^2；其次为耕地，面积为 1.35 km^2；建设用地面积为 1 km^2。其他资源面积为 2.84 km^2。该园区国内报道次数非常多，对其了解程度很高。合作区位于俄罗斯远东滨海边疆区乌苏里克市，距离我国黑龙江东宁口岸 53 km，距离国际优良深水港海参崴 100 km。

俄罗斯乌苏里斯克经贸合作区平均海拔 27.34 m，最高点海拔 33 m，最低点海拔 21.57 m；地形以平原为主，坡度较缓；地形起伏较小，园区西部地势较低，东部地势较高。园区所在地区滑坡发生频率较高，1996 年 12 月 29 日滑坡对 300 人造成影响。园区所在地区自然灾害发生频率较低。俄罗斯乌苏里斯克经贸合作区 10 km 缓冲区没有保护区。

2.7.2 俄罗斯米哈工业园

俄罗斯米哈工业园位于俄罗斯滨海边疆区米哈伊洛夫卡镇。经济、税收、能源、工会等因素主要从国家尺度分析，该园区的这些因素与俄罗斯跃进工业园相同。

俄罗斯滨海边疆区有远东联邦大学，是俄罗斯十所联邦大学之一，也是远东地区主要的教育科研中心。园区所在地距绥芬河口岸 125 km，距乌苏里斯克市 15 km。交通便利性较弱。

园区北部不远处有一天然湖泊兴凯湖。园区北部方向有两个大型露天采矿场。园区周边以耕地为主，面积为 5.14 km^2；其次为林地和草地，面积分别为 0.63 km^2、1.02 km^2。该园区国内报道次数较多，对其了解程度比较高。园区位于中俄边境，距离中国很近，靠近中国黑龙江边境。

俄罗斯米哈工业园平均海拔 35.32 m；地形以低缓平原为主，坡度较缓，地形起伏较小，靠近河流，水资源丰富；地势相对较为平整。园区所在地区自然灾害主要是洪水，发生的频率较大。俄罗斯米哈工业园 10 km 缓冲区没有保护区。

2.7.3 罗马尼亚麦道工业园区

该园区坐落于罗马尼亚普洛耶什蒂。2017 年罗马尼亚 GDP 为 2118.03 亿美元，国民收入为 2061.30 亿美元，人均 GNI 为 9970 美元，城镇人口总量为 1056.42 万人，国家总人口数为 1958.65 万人。园区所在地基础设施完善，距离 E 60 州际公路仅 1 km，靠近国家铁路线，与布达火车站相依，四通八达，立体交通网络。当地教育医疗设施等一应俱全。

园区周边有一条河流流过，水域面积为 0.66 km^2。园区周边没有矿产资源。园区及周边以耕地为主，面积为 80.21 km^2；其次为林地，面积为 71.03 km^2；草地面积为 20.71 km^2；建设用地面积为 7.99 km^2。罗马尼亚有一定油气储量，但能源不足以供应本国，还需从俄罗斯等其他国家进口能源。罗马尼亚能源矿藏有石油、天然气、煤，水力资源蕴藏量为 565 万 kW。该园区国内有相关新闻报道，对其有一定了解，但了解程度不高。该园区位于欧洲，距离中国较远，距离北京约 7045 km。

罗马尼亚麦道工业园区平均海拔 182.18 m；地形以低缓平原为主，坡度较缓，地形起伏较小，靠近公路，交通便利；地势相对较为平整。园区所在地区自然灾害滑坡和洪水发生频率较高，1926 洪水造成 1000 人死亡；1970 年 5 月 11 日洪水造成 215 人死亡，238755 人受影响，直接经济损失为 5 亿美元；1975 年 7 月洪水造成 60 人死亡，100 万人受影响，直接经济损失为 5000 万美元；1999 年 7 月 9～16 日河流泛滥造成 15 人死亡，4362 人受影响，直接经济损失 5000 万美元。园区 10 km 缓冲区在自然公园边缘区域内。

2.7.4　中国越南深圳海防经贸合作区

中国越南深圳海防经贸合作区位于越南海防市安阳县。经济、税收、能源、工会等因素主要从国家尺度分析，该园区的这些因素与越南云中工业园区相同。

越南海防市有海防大学。海防市离首都河内东北部 102 km，是越南北方的直辖市，规模仅次于河内市和胡志明市，是越南第三大城，同时拥有越南北方最大的港口。园区所在地水资源极为丰富，园区所在地是港口城市，海水资源丰富，又是两条河流的交汇处，周围水系发达，园区水域面积为 6.73 km^2，发达的海运和内陆水运条件有利于轻工业园区产品和原料的运输。园区周边没有矿产资源。园区及周边地区以建设用地为主，面积为 35.55 km^2；其次为耕地，面积为 9.22 km^2；林地和草地面积分别为 1.93 km^2、0.94 km^2。该园在国内新闻报道很多，人们对其了解程度非常高。园区位于越南北部城市海防市，距离中国非常近，距离中国广西南宁仅 906 km，具有巨大的地理位置优势。

中国越南深圳海防经贸合作区平均海拔 0.1 m；地形以河流三角洲为主，坡度较缓，地形起伏较小；地势相对较为平整。园区所在地区自然灾害洪水发生频率较高，危害较大，1970 年 10 月 26 日洪水造成 237 人死亡，受影响人数为 20.4 万人；2015 年 7 月 25 日～8 月 5 日受灾面积为 24336.74 km^2，暴洪造成的泥石流滑坡导致 32 人死亡，15000 人受影响，直接经济损失为 20400 万美元。中国越南深圳海防经贸合作区 10 km 缓冲区在文化和历史遗址边缘区域内。

2.7.5　海信南非开普敦亚特兰蒂斯工业园区

园区位于南非开普敦亚特兰蒂斯。2017 年南非 GDP 为 3494.19 亿美元，国民收入为 3389.36 亿美元，人均 GNI 为 5430 美元，城镇人口总量为 3734.82 万人，国家总人口数为 5671.72 万人。教育程度方面，4.2%的 20 岁或以上居民未接受教育，11.8%未完成小学教育，7.1%有小学程度，38.9%未完成中学教育，25.4%有中学程度以及 12.6%有大专程度。15～65 岁的劳动人口年度收入的中位数为 25 774 南非兰特。开普敦拥有多所高等院校。开普敦市中心地带有著名的开普敦大学（University of Cape Town）和西开普省大学（University of the Western Cape），另外还有距离市中心 50 km 的史泰伦布西大学（Stellenbosch University）。开普敦是开普敦都会城区的组成部分、西开普省省会，开普敦为南非立法首都，因此南非国会和很多政府部门亦坐落于该市。南非经济较为稳定，2014～2017 年

GDP 年增长率稳定在 1%上下。目前的鼓励政策有：①减税政策。其适用于投资超过 300 万南非兰特的项目。②中小型制造业开发政策。其适用于投资总资产低于 300 万南非兰特的项目。③符合南非国家鼓励行业的投资项目，均可申请享受政府资助，每个项目最高为 5 万美元。④政府还对企业科研开发等提供减税 25%或 50%的资金援助。

园区所在地南非西开普省水资源丰富，境内河流较多，分布有较多湖泊，处于非洲最南端，海岸线较长，海水资源丰富，水域面积为 8260.36 km^2。园区所在地矿产资源不丰富。园区所在地南非西开普敦省以灌木为主，灌木面积高达 62572.84 km^2；其次为裸地，面积为 35551.59 km^2；耕地面积为 13869.79 km^2；林地和草地面积分别为 4615.64 km^2、4225.25 km^2。南非能源比较充足，能源工业基础雄厚，技术较先进。电力工业较发达，发电量占全非洲的 2/3，其中约 92%为火力发电。国营企业南非电力公司(ESKOM)是世界上排名前十的电力生产和第十一大电力销售企业，拥有世界上最大的干冷发电站，供应南非 95%和全非 60%的用电量。近年来由于电力生产和管理滞后等，全国性电力短缺现象严重。在开普敦附近建有非洲大陆唯一的核电站——库贝赫(Koeberg)核电站，发电能力 180 万 kW。此外，南非萨索尔(SASOL)公司的煤合成燃油及天然气合成燃油技术商业化水平居世界领先地位，其生产的液体燃油约占南非燃油供应总量的 1/4。南非未来能源开发潜力较大。该园区国内相关新闻报道很多，对其了解程度很高。西开普省位于非洲大陆最南端，距离中国遥远，开普敦距离北京约 12291 km。

海信南非开普敦亚特兰蒂斯工业园区平均海拔 149.02 m；地形以沿海平原为主；地形起伏较小，坡度较缓，园区整体地势较为平整。园区所在地区有干旱和洪水发生，灾害程度较高，灾害较大，1994 年 6 月 19 日洪水导致 11000 人受影响。海信南非开普敦亚特兰蒂斯工业园区 10 km 缓冲区有开普省西海岸生物圈保护区。

2.7.6 巴基斯坦旁遮普中成衣工业区

巴基斯坦旁遮普中成衣工业区位于巴基斯坦旁遮普省。经济、税收、能源、工会等因素主要从国家尺度分析，该园区的这些因素与巴基斯坦海尔—鲁巴经济区相同。

旁遮普省是巴基斯坦工农业最发达的地区。其主要工业有纺织、体育用品、医疗器械、电器、机械、自行车、人力车、金属制品、地板和食品加工。农业以小麦、棉花、稻米为最大宗。由于自然条件好，中国与巴基斯坦的所有农业合作项目都集中在旁遮普省。巴基斯坦最主要的高速公路是从旁遮普省的拉合尔到白沙瓦和伊斯兰堡的高速公路，全长 700 多公里的路段，旁遮普省占 4/5；旁遮普省是巴基斯坦唯一实现县县通公路的省份。

园区所在地拉合尔市水资源较为丰富，有河流穿过，水域面积为24.12 km^2。园区周边没有矿产资源。园区所在地拉合尔市以耕地为主，面积为376.16 km^2；建设用地面积为240.12 km^2。该园区国内新闻报道次数较多，对其了解程度很高。巴基斯坦与中国接壤，地理上距离中国较近，但是由于喜马拉雅山脉的阻挡，交通不是很便利。

巴基斯坦旁遮普中成衣工业区平均海拔197.23 m；地形以低缓平原为主，坡度较缓，地形起伏较小；地势相对较为平整。自然灾害主要是干旱和洪水，发生频率偏高，危害偏大。巴基斯坦旁遮普中成衣工业区10 km缓冲区在禁猎区的边缘区域内。

2.7.7 越南铃中加工出口区和工业区

越南铃中加工出口区和工业区位于越南胡志明市。经济、税收、能源、工会等因素主要从国家尺度分析，该园区的这些因素与越南云中工业园区相同。

园区共分3个区域：一区位于胡志明市东北部，交通便利，位置优越。二区距离一区7 km；三区位于胡志明市市郊。2013年胡志明市工业园区和出口加工区总投资为6.088亿美元，同比增长47.8%。该市工业园区和出口加工区出口额为51亿美元，同比增长13%。以胡志明市为例，胡志明市交通运输十分发达。公路通向四面八方，可远达柬埔寨、老挝；铁路可达越南各地，为越南铁路枢纽之一；北郊约6 km处有新山国际机场，乘机可达世界各地，快捷方便。

园区位于越南胡志明市守德郡，水资源极为丰富，同奈河从旁边穿过，周围水系十分发达，河流密布，园区所在地水域面积为93.42 km^2。园区周边没有矿产资源。园区所在地胡志明市以建设用地为主，面积为215.32 km^2；其次为耕地，面积为98.84 km^2；林地和草地面积分别为47.38 km^2、41.85 km^2；值得注意的是，由于园区位于热带地区，云雾比较多，所以云覆盖面积达到了149.49 km^2。该园区国内新闻报道很多，对其了解程度非常高。该园区位于越南首都胡志明市，距离中国较近，距离中国广西南宁约1338 km。

越南铃中加工出口区和工业区平均海拔为29.07 m；地形以河流三角洲为主，坡度较缓，地形起伏较小；地势相对较为平整。园区所在地区洪水和干旱发生的频率较高，危害较大，1970年10月26日发生的洪水造成237人死亡，204000人受影响；1987年发生干旱；2001年11月4日发生的海啸导致3000人受影响。越南铃中加工出口区和工业区10 km缓冲区没有保护区。

2.7.8 越南百隆东方越南宁波园中园

越南百隆东方越南宁波园中园位于越南西宁省鹅油县福东工业区。经济、税收、能源、工会等因素主要从国家尺度分析，该园区的这些因素与越南云中工业园区相同。

越南西宁省盛产煤、石灰石等，经济作物有甘蔗、木薯、花生、橡胶、烟草、玉米等。其位于越南东南部，西、北与柬埔寨相邻，南接隆安省，东邻平阳省、胡志明市。越南近年来经济处于非常稳定状态，经济增速稳定在 6%～7%。为吸引国内外企业家前往西宁省投资，该省制定了一系列投资优惠政策，如省辖市及各县区的土地租金每平方米最低为 0.18 美元/年，各县所属乡镇租金最低为 0.03 美元；在西宁市贫困地区投资，属于投资鼓励项目的则免交 7 年土地租金，在其他县的贫困地区投资则免交租金 11 年；企业所得税为 10%～20%，并可减税 2～9 年。

园区所在地越南西宁市水资源十分丰富，境内有一个大型水库，水系较多，河流纵横分布，水域面积为 193.27 km^2。西宁市内没有矿产资源分布。西宁市以耕地为主，面积为 2133.49 km^2；林地面积为 1223.31 km^2；草地面积为 251.04 km^2。该园区国内新闻报道次数较多，对其了解程度较高。越南和中国接壤，该园区距离中国广西南宁约 1320 km，与其非常近。

越南百隆东方越南宁波园中园平均海拔为 10.35 m；地形以平原为主，靠近河流，交通便利，坡度较缓，地形起伏较小；地势相对较为平整。园区所在地区洪水和干旱发生的频率较高，危害较大。越南百隆东方越南宁波园中园 10 km 缓冲区在文化和历史遗址边缘区域内。

2.7.9 乌兹别克斯坦安集延纺织园区

园区位于卡什卡达里亚州卡尔希市。2017 年乌兹别克斯坦 GDP 为 487.18 亿美元，国民收入为 506.05 亿美元，人均 GNI 为 1980 美元，城镇人口总量为 1637.17 万人，国家总人口数为 3238.72 万人。工业以农产品加工为主。其建有轧棉、地毯、缝纫、榨油、乳品厂和肉类加工联合企业等，并设有师范学院、地志博物馆。卡什卡达里亚州是乌兹别克斯坦面积较大的州之一，该州的航空运输也比较方便，同莫斯科、塔什干、杜尚别和其他大城市均通航班。2013～2016 年，乌兹别克斯坦 GDP 年增长率在 8%左右，2017 年增速下降为 5.3%。乌兹别克斯坦政府给予在塔什干市和塔什干州地区以外的外国直接投资企业各种税收优惠政策，如免缴法人利润税、法人财产税、公共设施及社会基础设施发展税、统一税费、共和国道路基金强制费。前提是外资注册资本比重超过 30%，投入的是可自由兑换货币或新型技术工艺设备，优惠收入 50%以上用于再投资等，且没有政府担保。享受优惠的行业包括无线电电子、电脑配件、轻工业、丝绸制品、建材、禽肉及蛋类生产、食品工业、肉乳业、渔产品加工、化学工业、石化、医疗、兽医检疫、制药、包装材料、可再生能源利用、煤炭工业、五金制品、机械制造、金属加工、机床制造、玻璃陶瓷业、微生物产业、玩具制造等。

园区所在地水资源比较丰富，有河流穿过所在城市，水域面积为 2.24 km^2。园区周边没有矿产资源。园区所在地区以耕地为主，面积为 94.69 km^2；林地面积为 9.32 km^2；建设用地面积为 5.85 km^2；裸地面积为 4.02 km^2。乌兹别克斯坦能源丰富，能满足国内的生产建设需要，能向国外出口。石油探明储量为 5.84 亿 t，凝析油已探明储量为 1.9 亿 t，天然气已探明储量为 2.055 万亿 m^3，煤储量为 18.3 亿 t，乌兹别克斯坦天然气开采量居世界第 11 位。该园区国内新闻报道较多，对其了解程度较高。乌兹别克斯坦与中国相邻，距离中国特别近，距离中国新疆喀什市约 344 km。

乌兹别克斯坦安集延纺织园区平均海拔 486.16 m；以山地为主，地形起伏较大，坡度较陡；园区北部较高，南部较低。园区所在地区洪水发生频率较高，危害较大。乌兹别克斯坦工会发展程度低，影响力有限，中国企业在乌兹别克斯坦开展业务很少受到乌兹别克斯坦工会的干预。乌兹别克斯坦安集延纺织园区 10 km 缓冲区内没有保护区。

2.7.10　埃及苏伊士经贸合作区

园区位于亚非欧三大洲金三角地带的埃及苏伊士湾西北经济区。2017 年埃及 GDP 为 2353.69 亿美元，国民收入为 2309.46 亿美元，人均 GNI 为 3010 美元，城镇人口总量为 4166.01 万人，国家总人口数为 9755.32 万人。苏伊士湾长 325 km，宽 14～46 km，深 80 m。北端由苏伊士运河纵穿苏伊士地峡通连地中海。其沿岸有苏伊士等港市。石油资源较丰富，为全国最重要的采油区，有穆尔甘、拜拉伊姆等海上油田。国内有开罗大学、亚历山大大学等著名高校。园区所在位置交通便利。埃及经济稳定，2013～2017 年埃及 GDP 年增长率在 4%以上。优惠税收方面，1997 年埃及颁布新投资法，大大简化投资审批手续，并对劳动密集型产业投资免税提供土地。埃及同时向投资者提供 5～10 年的免税待遇。

园区位于红海旁边，紧邻因苏哈那港，海水资源非常丰富，具备良好的海运条件。园区周围没有矿产资源。园区周边以沙漠为主，其次为建设用地，面积为 28.01 km^2；林地和草地面积较小，分别 1.61 km^2、2.07 km^2。埃及能源丰富，是世界上主要石油、天然气出口国之一，石油和天然气探明储量分别位居非洲国家第五位和第四位，是非洲最重要的石油和天然气生产国。平均原油日产量达 71.15

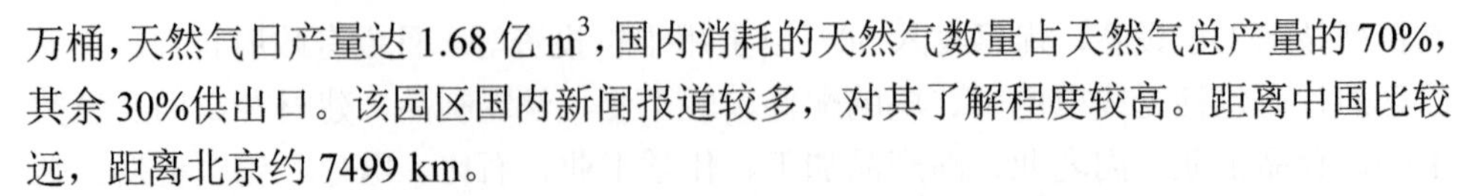

万桶，天然气日产量达 1.68 亿 m^3，国内消耗的天然气数量占天然气总产量的 70%，其余 30%供出口。该园区国内新闻报道较多，对其了解程度较高。距离中国比较远，距离北京约 7499 km。

埃及苏伊士经贸合作区平均海拔 29.04 m，最高点海拔为 30.03 m，最低点海拔为 28.27 m；地形以平原为主，地形起伏较小；园区整体较为平整。园区所在地区有地震发生，发生频率较低，灾害较小。埃及工会组织力量较弱，主要在国有企业存在工会组织，私营企业及外商投资企业没有大规模的工人组织。但是，目前埃及局势不稳，罢工事件频繁，若劳方认为资方侵犯了其权利，劳方有权罢工。埃及苏伊士经贸合作区 10 km 缓冲区内没有保护区。

2.7.11 赞比亚中材建材工业园

赞比亚中材建材工业园位于赞比亚卢萨卡市。经济、税收、能源、工会等因素主要从国家尺度分析，该园区的这些因素与赞比亚中垦非洲农业产业园相同。

卢萨卡是非洲东南部内陆国赞比亚的首都和第一大城市，位于赞比亚东南部海拔约 1400 m 的高原上，平均海拔 1280 m，是全国工商业中心，农产品的重要集散地。卢萨卡是赞比亚全国交通枢纽，位于通向坦桑尼亚的大北公路和通向马拉维的大东公路的交会点。当地有赞比亚大学。

园区所在地卢萨卡水域面积为 1.09 km^2。园区周边没有矿产资源。园区所在地卢萨卡以灌木为主，面积为 152.07 km^2；耕地面积为 91.80 km^2；建设用地面积为 78.80 km^2；草地和林地面积分别为 34.61 km^2、23.15 km^2。该园区国内相关新闻报道较多，对其了解程度较高。赞比亚位于非洲大陆，距离中国比较远，距离北京约 10976 km。

赞比亚中材建材工业园平均海拔为 1283.25 m，地形以高原为主，主地形坡度小于 10°，地面相对高差较小，但地形起伏较小；园区地势整体较为平整。园区所在地区干旱发生频率较高，危害程度较大。赞比亚中材建材工业园 10 km 缓冲区内有森林保护区。

2.7.12 埃塞俄比亚阿达马（Adama）轻工业园区

园区位于埃塞俄比亚阿达马市。2017 年埃塞俄比亚 GDP 为 805.61 亿美元，国民收入为 800.64 亿美元，人均 GNI 为 740 美元，城镇人口总量为 2131.69 万人，国家总人口数为 1.05 亿人。国内拥有著名的亚的斯亚贝巴大学。但当地教育水平并不是很高，基础教育设施以及教学质量方面有很大的提升空间。阿达马是距离首都亚的斯亚贝巴约 80 km 的一个城市，阿达马边上有个水库叫科卡水库。阿达马是从首都亚的斯亚贝巴去往阿瓦什国家公园的必经之地，也是埃塞俄比亚国内重要的交通枢纽。埃塞俄比亚近年来经济增长速度很快，GDP 年增长率均在 10%以上。目前的鼓励政策有：①农业、农产品加工及制造业投资项目，经批准可根据投资领域、出口量和项目所在地不同，免除 2～8 年所得税。②投资者进口的所有资本性货物以及相当于资本性货物总价 15%的零配件，100%免去进口关税和征收的其他税收；免除关税和其他进口税的资本性货物，可以转让给其他可享受同样免税待遇的公司；对为生产出口产品而进口的原材料免除关税或对进口商品征收的其他税收。

园区水资源较为丰富，西南部有一个大型的天然湖泊，水域面积为 0.01 km^2，占比为0.01%。园区周边没有矿产资源。园区所在地以耕地为主，面积为77.32 km^2，占比为 67.25%；其次为灌木，面积为 12.85 km^2，占比为 11.18%。该园区国内新闻报道次数较多，对其了解程度较高。其位于非洲东北部国家，距离中国较远，距离北京约 8331 km。

埃塞俄比亚阿达马轻工业园区平均海拔 1625.82 m，海拔较高；地形以高原为主，但局部地形起伏较小，靠近公路；园区地势整体较为平整。园区所在地有滑坡和洪水发生，灾害程度较低，灾害较小。埃塞俄比亚工会势力强大，一旦决定通过罢工等方式加薪或保护某员工权益，公司极易处于相当被动的境地。埃塞俄比亚阿达马轻工业园区 10 km 缓冲区内有野生动物保护区。

2.7.13　越美尼日利亚纺织工业园

该工业园位于尼日利亚首都拉各斯。2017 年尼日利亚 GDP 为 3757.71 亿美元，国民收入为 3642.78 亿美元，人均 GNI 为 2080 美元，城镇人口总量为 9452.50 万人，国家总人口数为 1.91 亿人。拉各斯是全国最大的工业和商业中心。这里集中了许多中小型和大型工业，有大型榨油厂、可可加工厂以及纺织、化工用品、造船、车辆修配、金属工具、造纸、锯木等工厂。铁路、公路通内地扎里亚、卡诺等城市。其为著名海滨疗养地、旅游中心。有拉各斯大学、国立图书馆和博物馆等。尼日利亚经济非常不稳定，2014 年的 GDP 年增长率为 6.31%，2016 年则出现负增长。1995 年，尼日利亚法律对尼日利亚外国投资规定如下：①外国在尼日利亚商业可拥有 100%股份；②外国投资者被保证无条件转移其股份，利润，贷款偿还和资本；③保证不实行外国投资的国有化和要求放弃原国籍；④保证外国投资的国民待遇；⑤外国企业可以用可兑换货币购买任何尼日利亚企业的股份。

园区及周边水域面积为 0.01 km^2，占比为 0.04%。园区周边没有矿产资源。园区及其周边以草地和裸地为主，面积分别为 6 km^2、5.69 km^2；建设用地面积为 2.94 km^2；耕地和林地面积分别为 1.07 km^2、1.08 km^2。尼日利亚能源丰富，能够满足国内的生产建设需要，石油、天然气出口是其主要经济之一。截至 2014 年 9

月已探明石油储量372亿桶，居非洲第二位，世界第十位，可再开采30年。尼日利亚天然气资源也很丰富，已探明天然气储量达5.3万亿m^3，居世界第八位和非洲第一位，已开发量仅占总储量的12%。煤储量约27.5亿t，为西非唯一产煤国，未来能源开发潜力很大。国内新闻报道次数较多，对其了解程度较高。该园区位于非洲大陆西部，距离中国很远，距离北京约11160 km。

越美尼日利亚纺织工业园平均海拔437.49 m；以山地为主，地形起伏较大；园区内中间地势较低，四周地势较高。园区所在地区有干旱、洪水发生，自然灾害发生频率较高，危害较大，1985年9月23日河水泛滥造成受灾面积74620 km^2，6000人受影响，直接经济损失800万美元；1999年12月河水泛滥造成25000人受影响；2007年10月造成17人死亡；2000年8月14日洪水造成4人死亡，1000人受影响。尼日利亚主要劳工组织尼日利亚劳工大会(NLC)、尼日利亚工会大会(TUC)、尼日利亚工会联盟(ULC)领导人在拉各斯进行磋商后，同意在9月26日午夜举行全国性罢工，以迫使联邦政府尽快就提高每月最低工资标准至65000奈拉的议题与劳工组织进行谈判，工会强大。越美尼日利亚纺织工业园10 km缓冲区在森林保护区缓冲区域内。

2.7.14 埃塞俄比亚阿瓦萨工业园

埃塞俄比亚阿瓦萨工业园位于埃塞俄比亚阿瓦萨市。经济、税收、能源、工会等因素主要从国家尺度分析，该园区的这些因素与埃塞俄比亚阿达马(Adama)轻工业园区相同。

埃塞俄比亚拥有著名的亚的斯亚贝巴大学，但当地教育水平并不是很高，基础教育设施以及教学质量方面有很大的提升空间。阿瓦萨市是埃塞俄比亚南部城市，为锡达莫省首府，在阿瓦萨湖东岸，为地方性农产品集散地，有水果、蔬菜罐头和粮油加工厂等。埃塞俄比亚近年来经济增长速度很快，GDP年增长率均在10%以上。

园区所在地阿瓦萨水资源丰富，旁边就是阿瓦萨湖，水域面积为0.39 km^2。园区周边没有矿产资源。园区及其周边地区以耕地为主，面积为41.49 km^2；建设用地面积为4.20 km^2；草地面积为2.67 km^2。该园区国内有相关新闻报道，对其有一定了解，但了解程度不高。埃塞俄比亚位于东非，距离中国较远，该园区距离北京约8502 km。

埃塞俄比亚阿瓦萨工业园平均海拔1709.65 m，海拔较高；地形以高原为主，但局部地形起伏较小；园区地势整体较为平整。园区所在地区有干旱和滑坡发生，灾害程度较低，发生频率较低，灾害较小。埃塞俄比亚阿瓦萨工业园10 km缓冲区在国家森林重点保护区内。

2.7.15　埃塞俄比亚孔博查(Kombolcha)轻工业园区

埃塞俄比亚孔博查(Kombolcha)轻工业园区位于埃塞俄比亚孔博查市。经济、税收、能源、工会等因素主要从国家尺度分析，该园区的这些因素与埃塞俄比亚阿达马(Adama)轻工业园区相同。

孔博查市是一座历史悠久的城市，是多座重要城市的交汇点，地理位置优越。园区及其周边水域面积为 0.06 km^2，北部有两个较大的天然湖泊。园区周边没有矿产资源。园区及其周边以草地和灌木为主，面积分别为 6.38 km^2、5.87 km^2；建设用地面积为 1.10 km^2。该园区国内有相关新闻报道，对其有一定了解，但了解程度不高。埃塞俄比亚位于东非，距离中国较远，距离北京约 8112 km。

埃塞俄比亚孔博查轻工业园区平均海拔 1813.27 m，海拔较高；地形以高原为主，地形起伏较大，坡度较陡；园区地势整体较高。其靠近公路，交通便利。园区所在地区灾害种类较多，灾害程度较大，1999 年 10 月洪水造成 16000 人受影响。埃塞俄比亚孔博查轻工业园区 10 km 缓冲区有国家森林保护区。

2.7.16　乌干达山东工业园

工业园所选地块距离乌干达首都莫柯努市 22 km。2017 年乌干达 GDP 为 258.91 亿美元，国民收入为 252.81 亿美元，人均 GNI 为 600 美元，城镇人口总量为 994.25 万人，国家总人口数为 4286.30 万人。通往肯尼亚国道线 3 km 的两边，公路一边是大的地块，可沿公路延伸近 1.3 km，这里为主园区，主要规划建设大小不同、功能有异的工厂和仓库。公路另一边(二区隔路对望)地块较小，沿路不到 1 km，这是副园区，将来开发的是商展区、商贸区、办公区、生活区，还可纵深发展小规模的别墅区。乌干达经济总体稳定，2013～2016 年 GDP 年增长率在 5%左右，2017 年降为 3.96%。目前乌干达鼓励来乌投资，出台了优惠政策，税收减免有两部分：一是企业自用机器设备、生产资料和自用产品的进口关税，根据不同品类从最高的 18%减免至零。二是企业生产产品税的优惠年限有 5 年；用电分生活用电、商业用电、工业用电、农业用电，农业用电的价格相当于每度电 0.65 元人民币(农业用电最低，是商业用电的一半，工业用电略高于农业用电)。

园区所在地坎帕拉位于维多利亚湖旁，水资源非常丰富，水系发达，河流众多，水域面积为 0.67 km^2。园区周边没有矿产资源。园区所在地以草地为主，面积为 197.51 km^2；建设用地面积为 63.50 km^2；林地面积为 26.80 km^2；耕地面积为 10.55 km^2。乌干达能源不足，许多地方没有通电。乌干达水力发电潜力约 2000 MW。在乌干达西部阿尔伯特湖附近发现了石油，探明可采储量约 12 亿桶。该园区国内新闻报道次数较多，对其了解程度较高。其距离中国较远，

距离北京约 9490 km。

乌干达山东工业园平均海拔 1150.31 m；地形以高原为主；但局部地形起伏较小，园区北部地势高，南部地势较低。靠近湖泊，水资源丰富。园区所在地区有洪水和滑坡发生，2007 年 11 月 15～18 日河流泛滥，受灾面积为 550 km^2，4 人死亡，3000 人受影响；2016 年 5 月 10 日滑坡造成 15 人死亡，1000 人受影响。中国企业赴乌干达开展经营活动要妥善处理与当地各工会组织的关系，尽量避免劳资纠纷，维护企业正常经营活动。乌干达山东工业园 10 km 缓冲区有 3 个森林保护区。

2.7.17 埃塞俄比亚—中国东莞华坚国际轻工业园

埃塞俄比亚—中国东莞华坚国际轻工业园位于埃塞俄比亚亚的斯亚贝巴。经济、税收、能源、工会等因素主要从国家尺度分析，该园区的这些因素与埃塞俄比亚阿达马(Adama)轻工业园区相同。

亚的斯亚贝巴也是埃塞俄比亚的经济中心。全国半数以上的企业集中于城市的西南部，南郊为工业区。城内有咖啡贸易中心。它是公路、铁路交通枢纽，有班机与国内城市以及非洲、欧洲、亚洲国家联系。当地拥有亚的斯亚贝巴大学。

园区所在地水域面积为 28.78 km^2。园区周边没有矿产资源。园区周边地区以耕地为主，面积为 184.20 km^2；草地面积为 78.87 km^2；建设用地面积为 84.34 km^2。该园区国内新闻报道次数较多，对其了解程度较高。其位于非洲东北部国家，距离中国较远，园区距离北京约 8343 km。

埃塞俄比亚—中国东莞华坚国际轻工业园平均海拔 2595.83 m，海拔较高；地形以高原为主，起伏较大，坡度较陡；园区整体地势较高。园区所在地区有滑坡发生，灾害程度较小。埃塞俄比亚—中国东莞华坚国际轻工业园 10 km 缓冲区内有国家森林保护区。

2.7.18 埃塞俄比亚克林图工业园

埃塞俄比亚克林图工业园位于埃塞俄比亚克林图。经济、税收、能源、工会等因素主要从国家尺度分析，该园区的这些因素与埃塞俄比亚阿达马(Adama)轻工业园区相同。

园区所在地水域面积为 28.78 km^2。园区周边没有矿产资源。园区周边地区以耕地为主，面积为 184.20 km^2；草地面积为 78.87 km^2；建设用地面积为 84.34 km^2。该园区国内有相关报道，对其了解程度一般。其位于非洲东北部国家，距离中国较远，距离北京约 8343 km。

埃塞俄比亚克林图工业园平均海拔 2086.38 m，海拔较高；地形以高原为主，地形起伏较大，坡度较陡；园区地势整体较高。园区所在地区自然灾害主要是洪水，灾害程度较大。埃塞俄比亚克林图工业园 10 km 缓冲区内有国家森林保护区。

2.7.19　埃塞中交工业园区(阿热提建材工业园区)

埃塞中交工业园区位于埃塞俄比亚阿热提地区。经济、税收、能源、工会等因素主要从国家尺度分析，该园区的这些因素与埃塞俄比亚阿达马(Adama)轻工业园区相同。

园区所在位置距离首都有 105 km，当地交通路况较差。园区所在地水域面积为 0.06 km^2。园区周边没有矿产资源。园区所在地以耕地为主，面积为 2.64 km^2，草地和灌木面积分别为 0.07 km^2、0.08 km^2。该园区国内新闻报道次数较多，对其了解程度较高。其位于非洲东北部国家，距离中国较远，距离北京约 8290 km。

埃塞中交工业园区平均海拔 1805.12 m，海拔较高；地形以高原为主，地形起伏较大，坡度较陡；园区地势整体较高。其靠近公路，交通便利。园区所在地区有干旱和洪水发生，灾害程度较低，灾害较小。埃塞中交工业园区 10 km 缓冲区内没有保护区。

2.7.20　埃塞俄比亚德雷达瓦轻工业园区

埃塞俄比亚德雷达瓦轻工业园区位于埃塞俄比亚德雷达瓦。经济、税收、能源、工会等因素主要从国家尺度分析，该园区的这些因素与埃塞俄比亚阿达马(Adama)轻工业园区相同。

德雷达瓦为非洲埃塞俄比亚特别行政市，为东部交通枢纽和商业中心。园区水域面积为 0.08 km^2。园区周边没有矿产资源。园区所在地以裸地为主，面积为 42.56 km^2；耕地面积为 16.73 km^2；灌木面积为 18.11 km^2；建设用地面积为 9.21 km^2；林地面积为 7.94 km^2。该园区国内有相关报道，对其了解程度一般。其位于非洲东北部国家，距离中国较远，距离北京约 8033 km。

埃塞俄比亚德雷达瓦轻工业园区平均海拔 1911.12 m，海拔较高；地形以高原为主，但局部地形起伏较小，靠近公路；园区地势整体较为平整。园区所在地区自然灾害主要是干旱和洪水，1965 年 7 月发生的干旱造成 2000 人死亡，受影响人数为 150 万人；1969 年 9 月干旱造成 170 万人受影响，经济损失 100 万美元；1999 年 8 月 23 日～9 月 9 日河流泛滥，受灾面积为 35 km^2，6755 人受影响，经济损失为 270 万美元；1999 年 8 月洪水受灾面积为 6 km^2，500 人受影响；1999 年 10 月洪水 16000 人受影响。2005 年 8 月河流泛滥造成 52560 km^2 受灾，7000 人受影响。埃塞俄比亚德雷达瓦轻工业园区 10 km 缓冲区内有森林保护区。

2.8 物流合作园区

2.8.1 阿联酋中阿(富吉拉)商贸物流园区

园区位于阿联酋富吉拉市。2017 年阿联酋 GDP 为 3825.75 亿美元，国民收入为 3853.52 亿美元，人均 GNI 为 3.91 万美元，城镇人口总量为 810.74 万人，国家总人口数为 940.01 万人。物流仓储部分将建在富吉拉自由贸易区内，距离中国商城 5 km 左右，为商城提供稳固的进货通道。园区所在位置距离迪拜较近。阿联酋的经济稳定性较差，尤其是近几年来，国内 GDP 年增长率持续下降，已由 2015 年的 5.06%降为 2017 年的 0.79%。在税收制度方面，阿联酋税收制度简单。对行业的鼓励和优惠政策主要体现在以下两个方面：①针对不同行业征收不同的税赋。各酋长国拥有独立征税的权力，可在不同程度上对企业征收“公司税”，这些企业主要集中于外国银行和外国石油公司；对某些商品及服务业则可征收所谓的“间接税”。②各地区根据自身条件设置不同的产业发展区，给予各种优惠，如迪拜汽车城等，并通过自由贸易区的形式推动这些产业的快速发展。此外，即将出台的关于外国直接投资的法律或将允许自由区外的外资企业在部分行业领域实现 100%独资。这些行业涉及阿联酋正大力推动发展的航天、新能源等高科技领域。

园区所在地靠近海港，海水资源较为丰富，水域面积为 7.85 km^2，优良海港和得天独厚的海运条件对于物流合作园区来说是巨大的优势。园区周边没有矿产资源。园区所在地以建设用地为主，面积为 28.02 km^2；裸地面积为 3.63 km^2；灌木面积为 3.11 km^2。阿联酋的石油和天然气资源非常丰富，是世界上主要能源生产国之一。截至 2014 年，已探明石油储量 133.4 亿 t，占世界石油总储量的 9.5%，居世界第 6 位；天然气储量为 214.4 万亿立方英尺(6.06 万亿 m^3)，居世界第 5 位。充足的能源和巨大的能源开发潜力为园区现在和未来建设提供充足的活力。该园区国内新闻报道次数较多，对其了解程度很高。该园区为阿拉伯半岛，距离中国较远，距离北京约 5777 km。

阿联酋中阿(富吉拉)商贸物流园区平均海拔 17.99 m；其地处沿海平原地区，地形比较平坦，地势较低。在自然灾害中干旱发生频率较高，危害较大，滑坡和地震发生频率较小，危害较小。中国企业在阿联酋应全面掌握阿联酋劳动法律的相关规定，与员工依法签订雇佣合同，按照法律和合同规定缴纳各种费用，充分尊重员工应有的权利。

2.8.2　俄罗斯弗拉基米尔宏达物流工业园区

俄罗斯弗拉基米尔宏达物流工业园区位于俄罗斯腹地弗拉基米尔州。经济、税收、能源、工会等因素主要从国家尺度分析，该园区的这些因素与俄罗斯跃进工业园相同。

弗拉基米尔州的西部及西南与莫斯科州为邻，北部与雅罗斯拉夫尔州和伊万诺沃州交界，南部与梁赞州接壤，东部和东南部与下诺夫哥罗德州相邻。其工业以仪器制造业和金属加工业为主，农业以谷物和饲料作物为主。有弗拉基米尔国立大学和科夫罗夫工学院。弗拉基米尔国立大学代表着弗拉基米尔州内大学的科研水平。

园区及周边水资源较为丰富，水域面积为 1.82 km^2。园区周边没有矿产资源。园区及其周边以耕地为主，面积为 62.62 km^2；草地面积为 25.17 km^2；林地面积为 24.22 km^2；建设用地面积为 7.33 km^2。该园区国内新闻报道次数较多，对其了解程度较高。园区位于俄罗斯欧洲部分，距离中国较远，距离北京约 5620 km。

俄罗斯弗拉基米尔宏达物流工业园区平均海拔 118.67 m；地形以低缓平原为主，坡度较缓，地形起伏较小，靠近公路，交通便利；地势相对较为平整。园区所在地区自然灾害基本没有。俄罗斯弗拉基米尔宏达物流工业园区 10 km 缓冲区内没有保护区。

2.8.3　中欧商贸物流合作园区

该园区位于德国的不来梅和匈牙利的布达佩斯。2017 年德国 GDP 为 3.68 万亿美元，国民收入为 3.75 万亿美元，人均 GNI 为 4.35 万美元，城镇人口总量为 6389.10 万人，国家总人口数 8269.5 万人。德国经济较为稳定，2013～2017 年德国 GDP 年增长率在 1.8%以上。不来梅是德国不来梅州的州府、第二大港口城市、第五大工业城市和西北部的中心。不来梅的优势产业包括汽车配件、食品加工、航天航空、航运物流、贸易、新能源等。不来梅有 74 所小学、33 所普通中学、5 所职业高中和 8 所具备为大学输送毕业生资格的文理高中。不来梅共有四所高等院校：不来梅大学、不来梅应用技术大学、不来梅艺术学院和私立不来梅雅各布大学。2017 年匈牙利 GDP 为 1391.35 亿美元，国民收入为 1334.47 亿美元，人均 GNI 为 1.29 万美元，城镇人口总量为 695.07 万人，国家总人口数为 978.11 万人。布达佩斯的公共交通网共长 2000 多千米，每天为 380 万旅客服务，包括地铁、有轨电车、无轨电车、公共汽车和市郊铁路。41%的乘客使用公共汽车，22%的乘客使用地铁，26%的乘客使用有轨电车，5%的乘客使用无轨电车，6%的乘客使用市郊铁路。在多瑙河东岸，也就是平缓的布达佩斯一边，矗立着匈牙利国会大厦、匈牙利科学院。匈牙利的经济稳定性较德国稍差，起伏波动较大。外商投资在匈牙利享受国民待遇。匈牙利的优惠政策主要有 5 种：欧盟基金支持、匈牙利政府补贴、税收减免、培训补贴和就业补贴。

匈牙利一共有 2 个园区，一个是布达佩斯商贸园，另一个是布达佩斯自由港，匈牙利是个缺能国家，年耗 3000 多万吨标准煤，其中有一半依靠进口，石油、天然气和烟煤的自给率只有 20%左右，30%的电力靠外国电力供给，通过国内能源生产和进口，基本上能满足国内的生产建设需要，但是未来能源开发潜力不大。布达佩斯商贸园西部不远处有多瑙河经过，拥有发达的陆路水运条件。园区周边没有矿产资源。园区及其周边主要是建设用地，面积为 3.57 km^2；其次是林地，面积为 2.87 km^2；草地面积为 1.13 km^2。该园区国内报道较多，对其了解程度较高。布达佩斯商贸园位于中欧，距离中国较远，距离北京约 7338 km。布达佩斯自由港位于港口位置，多瑙河在旁边穿流而过，水系发达，水资源非常丰富，拥有优良的水运条件。园区及周边没有矿产资源。园区及其周边以裸地为主，面积为 0.43 km^2；其次是绿地，面积为 0.3 km^2；建筑用地面积为 0.08 km^2；道路面积为 0.16 km^2。该园区国内报道较多，对其了解程度较高。

德国中欧商贸物流合作园区平均海拔 6.98 m，最高点海拔为 8.55 m，最低点海拔为 3.50 m；地形以低缓平原为主，坡度较缓，地形起伏较小；中部较低，四周高。园区所在地区自然灾害较少，以干旱和滑坡为主，发生频率较低，危害较小。在一家企业中，只要有五人以上，就可以从他们当中选出三人组成工会咨询小组，或组成企业管理咨询委员会，按德国劳工法条例，总工会授予该小组的权利是："企业的共同参与和共同决定权"，共同参与的权利有职工的信息权、听证权、提建议权、咨询权和参与决定权，在劳资冲突时，坚定地站到职工一边，工会较为强大。德国中欧商贸物流合作园区 10 km 缓冲区内有一个自然保护区、4 个景观保护区。

匈牙利中欧商贸物流合作园区平均海拔 104.62 m，最高点海拔为 107.42 m，最低点海拔为 103.6 m；地形以平原为主，坡度较缓；地形起伏较小，园区西部较高，东部较低。园区所在地区干旱和地震发生的频率较低。中国企业要积极参加当地雇主协会，尤其是本行业的雇主协会，了解业内工资待遇水平和处理工会问题的常规办法。匈牙利中欧商贸物流合作园区(布达佩斯商贸园)10 km 缓冲区内有 4 个自然保护区以及布达山景观保护区等。

2.8.4 哈萨克斯坦(阿拉木图)中国商贸物流园

园区位于哈萨克斯坦的阿拉木图市。2017 年哈萨克斯坦 GDP 为 1594.07 亿美元，国民收入为 1414.80 亿美元，人均 GNI 为 7890 美元，城镇人口总量为 1034.21

万人，国家总人口数为 1803.76 万人。阿拉木图为哈萨克斯坦最大的城市，位于哈萨克斯坦东南部边境，面积为 682 km^2，2017 年人口约 179.7 万人，也是哈萨克斯坦的金融、教育等中心。哈萨克斯坦经济不太稳定，2014 年和 2017 年 GDP 年增长率为 4%，而 2015 年和 2016 年跌了 1%，经济有所好转，但稳定性较弱。税务免除优先投资项目：①企业所得税：最长 10 年免征；②土地税：最长 10 年免征；③财产税：最长 8 年免征。优先投资项目的条件：①新建立的公司(在申请投资优惠政策之前成立时间未超过 12 个月)；②优先的经营活动类型(当前的优先目录主要集中在制造业领域)；③投资额不低于约 2000 万美元；④投资合同。

园区周边水资源比较丰富，南部为冰川覆盖的山脉，有冰川融水，再往南有个大型天然湖泊伊塞克湖，北部有个天然湖泊。园区所在地阿拉木图水域面积为 3.25 km^2。园区周边没有矿产资源。园区周边以林地为主，面积为 256.08 km^2；其次为建设用地，面积为 56.13 km^2；耕地和草地面积分别为 45.19 km^2、32.41 km^2。哈萨克斯坦能源丰富，能满足国内生产建设需要，并能向国外出口。哈萨克斯坦煤、石油、天然气能源丰富，已探明的石油储量达 100 亿 t，煤储量为 39.4 亿 t，天然气储量为 11700 万亿 m^3。该园区国内报道次数较多，对其了解程度比较高。哈萨克斯坦与中国新疆接壤，距离边境关口霍尔果斯口岸约 299 km。

哈萨克斯坦(阿拉木图)中国商贸物流园平均海拔 775.11 m；以山地为主，地形起伏较大；园区内中间地势较低，四周地势较高。1993 年 2 月 26 日～1993 年 6 月 4 日洪水泛滥，受灾面积为 213200 km^2，10 人死亡，3 万人受影响，直接经济损失为 36532000 美元；2004 年 3 月 14 日，滑坡泥石流造成 48 人死亡。哈萨克斯坦法律要求员工人数超过 500 人的企业必须成立工会。遇到劳资纠纷时，工会具有较大影响力。

2.8.5　波兰(罗兹)中欧国际物流产业合作园

园区位于波兰罗兹。2017 年波兰 GDP 为 5245.10 亿美元，国民收入为 5044.76 亿美元，人均 GNI 为 1.27 万美元，城镇人口总量为 2282.54 万人，国家总人口数为 3797.58 万人。文化和科学事业发展很快，有综合性大学、工业学院、医学院等 6 所高等院校和歌剧院。罗兹位于波兰中部，并因而得利。一系列公司都在罗兹设立他们的物流中心。两条计划中的高速公路，波兰 A1 高速公路横跨波兰南北，波兰 A2 高速公路横跨波兰东西，两条公路都将在罗兹东北交会。波兰经济稳定性也较好，近几年来徘徊在 3%～4%。波兰经济发展部正考虑将投资税收优惠政策扩展到波兰全境，而不仅限于仅占当前国土面积 0.08%的 14 个经济特区内的投资项目，预计到 2027 年波兰经济发展部将为刺激投资总计支出 1172 亿兹罗提，创造就业岗位 15830 个。享受税收优惠的企业需要满足投资规模和投资领域两个标准，前者根据项目所在地失业率和企业规模确定，后者则是负责发展战略中明确指出的优先方向。新方案将改变原经济特区税收优惠年限 10 年封顶的做法，向投资者提供 10～15 年的税收优惠。

园区所在地水域面积为 2.91 km^2。园区周边没有矿产资源。园区所在地以林地为主，面积为 241.67 km^2；其次为耕地，面积为 95.31 km^2；草地面积为 66.55 km^2；建设用地面积为 24.73 km^2。波兰能源供给一部分来自国内的煤炭，一部分来自进口的天然气等能源。波兰煤炭储量居欧洲前列，2000 年硬煤储量为 453.62 亿 t，褐煤 139.84 亿 t，波兰大部分电力来自煤炭和进口天然气。该园区国内新闻报道次数较多，对其了解程度较高。园区位于欧洲，距离中国较远，距离北京约 7064 km。

波兰(罗兹)中欧国际物流产业合作园平均海拔为 210.01 m，地形以低缓丘陵为主，坡度较缓，地形起伏较小；中部地势较低，四周地势较高。园区所在地区自然灾害非常少。在波兰的中国企业要想实现合理控制工资成本，减少劳资摩擦，维护企业的正常经营，就必须学会妥善处理与当地工会的关系，要知法、守法、知情、融入、谈判、沟通、和谐。波兰(罗兹)中欧国际物流产业合作园 10 km 缓冲区有景观保护区。

2.8.6 俄罗斯伊尔库茨克诚林农产品商贸物流园区

俄罗斯伊尔库茨克诚林农产品商贸物流园区位于俄罗斯伊尔库茨克。经济、税收、能源、工会等因素主要从国家尺度分析，该园区的这些因素与俄罗斯跃进工业园相同。

伊尔库茨克是俄罗斯伊尔库茨克州的首府，拥有 300 多年的城市史，是西伯利亚最大的工业城市、交通和商贸枢纽，也是东西伯利亚第二大城市。伊尔库茨克市位于贝加尔湖南端，是离贝加尔湖最近的城市，也是安加拉河与伊尔库茨克河的交汇处，全市人口约 80 万人。

园区周围水资源十分丰富，安加拉河穿城而过，经过园区所在地伊尔库茨克，汇入贝加尔湖。水域面积为 27.21 km^2，发达的水系无疑是物流合作园区巨大的优势，该园区具有河流水运和湖区水运条件，并相互连通，这对于物流园区来说是非常好的条件，能减少运输成本。园区周边没有矿产资源。园区周边以耕地为主，面积为 90.43 km^2；其次为草地和林地，面积分别为 30.33 km^2、22.66 km^2。园区靠近贝加尔湖畔，与我国隔着蒙古国，与我国距离不是很远，距离北京约 1651 km。

俄罗斯伊尔库茨克诚林农产品商贸物流园区平均海拔 459.17 m；地形以丘陵为主，起伏较大，坡度较缓；中间地势低，四周地势较高。园区所在地区自然灾害(洪水)发生频率较小。俄罗斯伊尔库茨克诚林农产品商贸物流园区 10 km 缓冲区内有贝加尔湖世界遗产。

2.8.7　塞尔维亚贝尔麦克商贸物流园

园区位于塞尔维亚首都贝尔格莱德。2017 年塞尔维亚 GDP 为 414.32 亿美元，国民收入为 385.49 亿美元，人均 GNI 为 5180 美元，城镇人口总量为 392.84 万人，国家总人口数为 702.23 万人。贝尔格莱德拥有两所国立大学和数家私立高等教育机构。贝尔格莱德是塞尔维亚的首都，地处巴尔干半岛核心位置，坐落在多瑙河与萨瓦河的交汇处，北接多瑙河中游平原，即伏伊伏丁那平原，南接老山山脉的延伸——舒马迪亚丘陵，位居多瑙河和巴尔干半岛的水陆交通要道，是欧洲和近东的重要联络点，有很重要的战略意义。塞尔维亚经济稳定性较差，近几年来总体趋势较好，2014 年呈负增长，增长率为–1.83%。税收减免优惠：①对固定资产投资达 800 万欧元，投资期内新增就业人员在 100 人以上的外资企业，免征 10 年企业所得税。对以租赁方式开展基础设施项目的大型投资企业，免征 5 年企业所得税。②对投资不足 800 万欧元的外资企业给予按比例抵扣减税优惠。外商固定资产投资额的 20%可作为免税额度，抵扣应交所得税(称为免税抵扣额度)，但该免税抵扣额度不能超过外商当年应交税额的 50%。免税抵扣额度可留用，使用有效期最长为 10 年。

园区周边水资源丰富，多瑙河从旁边经过，周围水系较多，水域面积为 43.04 km^2。园区周边没有矿产资源。园区所在地贝尔格莱德以林地为主，面积为 177.56 km^2；其次为耕地，面积为 157.12 km^2。塞尔维亚能源较为丰富，煤(储量 92.8 亿 t)、天然气(储量 43.5 亿 t)、水力资源丰富。该园区国内新闻报道较多，国内对其了解程度较高。该园区位于欧洲，距离中国较远，距离北京约 7425 km。

塞尔维亚贝尔麦克商贸物流园平均海拔 124.8 m；地形以低缓平原为主，坡度较缓，地形起伏较小，靠近公路，交通便利；地势相对较为平整。园区所在地区发生过干旱、滑坡、洪水灾害，灾害程度较小，损失较小。中国企业在塞尔维亚要知法、守法、知情、融入、协商、沟通、和谐，塞尔维亚工人当家做主的观念根深蒂固。塞尔维亚贝尔麦克商贸物流园 10 km 缓冲区有 Veliko ratno ostrvo 自然保护区、阿卡德姆斯基公园和 Pionirski 公园。

2.8.8　斯里兰卡科伦坡港口城

园区位于斯里兰卡科伦坡。2017 年斯里兰卡 GDP 为 871.75 亿美元，国民收入为 848.38 亿美元，人均 GNI 为 3840 美元，城镇人口总量为 394.23 万人，国家总人口数为 2144.4 万人。科伦坡的传统经济主要为港口业和服务业。新兴的制造业工厂多建在城市外围，工业不是很发达，有纺织、烟草、机械、金属、食品、化工、收音机等工业，另有通用机械和汽车装配修理厂。科伦坡为斯里兰卡最大的城市，为全国政治、经济、文化和交通中心，也是印度洋重要港口以及世界著名的人工海港。斯里兰卡经济较为稳定，2014～2015 年 GDP 年增长率在 5%左右，2017 年降至 3%。特殊经济区域的规定：斯里兰卡一直奉行鼓励外国投资政策，积极营造有利于投资和经济增长的政策环境。斯里兰卡政府大力发展出口加工业，先后建立了 14 个出口加工区和工业园区，外国投资的出口加工企业主要集中在这些园区内。这些出口加工区和工业园区主要集中在斯里兰卡西部和中部地区，水、电、通信等基础设施相对齐全。外国投资者在斯里兰卡工业园投资可以享受以下优惠政策：①斯里兰卡宪法和《外国投资法》保障投资者的权益不因政府的改变而改变，决不实施国有化。②出口产品可享受 5 年的免税政策，5 年后如经营状况不佳，仍可继续享受免税政策。③工业园将提供一站式服务，提高办证效率，为企业提供就业、能源、租地等方面的信息支持，还帮助投资者清关。④允许利润自由汇出。

园区是一个填海造陆的港口城，海运发达，水资源非常丰富，园区周围没有矿产资源。园区以水域为主，面积为 72.48 km^2，占比为 70.0%；其次为建设用地，面积为 22.24 km^2，占比为 22.4%。斯里兰卡石油、天然气和煤炭资源极为匮乏，几乎全部依赖进口。2015 年斯里兰卡年电力需求量为 105 亿 kW·h，实际开发 100 万 kW·h，仅达到目标的约 0.01%。随着人口迅速增长和工业化进程加快，斯里兰卡电力需求急剧增长，年均增速达到 6%～8%，能源问题已成为经济发展的瓶颈。斯里兰卡能源储量匮乏，能源未来开发潜力不大。该园区国内新闻报道较多，国内对其了解程度较高。园区距离中国较远，离中国海南省三亚市约 3453 km。

斯里兰卡科伦坡港口城平均海拔 0.5 m，海拔较低，最高点海拔为 1.1 m，最低点海拔为 1 m；地形以沿海平原为主，平坦且地势较低。园区所在地区自然灾害主要是洪水，斯里兰卡科伦坡港口城 1966 年 9 月发生的洪水造成 23 人死亡，352347 人受影响，直接经济损失 500 万美元；1982 年 5 月洪水造成 20 人死亡，10 万人受影响，经济损失 100 万美元；1994 年 1 月发生洪水，15 万人受影响；1995 年 5 月，暴洪引发泥石流滑坡等次生灾害，受灾面积为 27550 km^2，死亡人数为 3 人，12 万人受影响，造成 40 万美元财产损失；1998 年 7 月暴洪，受灾面积为 75 km^2，1 人死亡，13.5 万人受影响；2005 年 11 月，河水泛滥引发泥石流滑坡等次生灾害，受灾面积为 29870 km^2，6 人死亡，145000 人受影响；2009 年 11 月，河水泛滥造成 6000 人受影响；2013 年 6 月河水泛滥，58 人死亡，17214 人受影响，财产损失 200 万美元；2014 年 6 月，河水泛滥引发泥石流滑坡等次生灾害，造成 27 人死亡，104009 人受影响。斯里兰卡工会和行业协会较强，罢工集会时有发生，中资企业应避免参与其中。斯里兰卡科伦坡港口城 10 km 缓冲区内有避难所。

2.9 重工业园区

2.9.1 文莱大摩拉岛石油炼化工业园

园区位于文莱大摩拉岛。2017 年文莱 GDP 为 121.28 亿美元，国民收入为 128.85 亿美元，人均 GNI 为 2.96 万美元，城镇人口总量为 33.14 万人，国家总人口数为 42.87 万人。当地有文莱达鲁萨兰大学且当地交通便利性较好。2014～2016 年文莱经济一直处于负增长，2017 年有所好转，实现 GDP 年增长率大于 1%。文莱经济近几年出现波动，文莱政府于 10 年前推出“2035 宏愿”，目的就是要推动以依靠油气为主的单一经济向多元经济转型，在延伸油气产业链的同时，大力加强农渔业、数字经济、信息服务等多元经济发展。在税收制度方面，企业应利用好文莱税制相对简单和优惠力度较大的优势，尤其要关注文莱政府鼓励投资的“先锋产业”。同时，要注意中国和文莱关于对所得避免双重征税和防止偷漏税的协定，在汇回利润时合规抵免税额。“先锋产业”优惠多，与工业相关的主要包括工业用气体，金属板材，工业电气设备，供水设备，宰杀、加工清真食品，废品处理，非金属矿产品的制造。

园区位于一个填海造陆的岛上，海水资源非常丰富，水域面积为 2.64 km^2，占比为 23.29%。园区周边没有矿产资源。园区所在的摩拉岛以草地为主，草地面积为 4.76 km^2；林地面积为 2.71 km^2；裸地面积为 0.42 km^2；耕地面积为 0.23 km^2。截至 2018 年，随着文莱大摩拉岛石油炼化工业园的不断开工建设，80%多的面积已经变成建设用地。文莱能源充足，能充分满足国内生产建设需要。已探明原油储量为 14 亿桶，天然气储量为 3900 亿 m^3。该园区国内新闻报道次数较多，对其了解程度较高。园区位于东南亚马来群岛，与中国距离适中，距离中国海南省三亚市约 1593 km。

文莱大摩拉岛石油炼化工业园平均海拔 5.45 m，最高点海拔为 7.35 m，最低点海拔为 4.04 m；地形以沿海平原为主，较为平坦；地势起伏较小。园区所在地区自然灾害种类较多，有干旱、滑坡、洪水、地震，但发生频率较低，危害较小。文莱大摩拉岛石油炼化工业园 10 km 缓冲区边缘有拉布森林保护区。

2.9.2 奇瑞巴西工业园区

园区位于巴西圣保罗州雅卡雷伊市。2017 年巴西 GDP 为 2.06 万亿美元，国民收入为 2.01 万亿美元，人均 GNI 为 8580 美元，城镇人口总量为 1.81 亿人，国家总人口数为 2.09 亿人。圣保罗州拥有 17 个技术中心，是全国科技研究机构最集中、科技人员最多、科研能力最强、科研水平最高的州。圣保罗州是巴西的工业中心，圣保罗州工业生产能力占全国的 40%， 产值占全国的 45.3%。圣保罗州 52%的工业集中在城市地区，其中 20%在大圣保罗区。铁路、公路和航空运输四通八达。2014～2017 年巴西经济非常不稳定，2015 年和 2016 年连续两年呈现–3.55%、–3.47%的负增长态势。巴西政府还设有针对出口商进口生产设备的税收减免政策(RECAP)，软件和 IT 服务出口税务减免政策(REPES)，数码电视优惠政策(PATVD)，出口加工特区、临时进口、出口贸易公司特别税制等优惠政策。

园区周围水资源丰富，水系较为发达，河流从园区旁经过，周边分布有几个较大型的天然湖泊，水域面积为 5.3 km^2。园区周边没有矿产资源。园区所在地以草地为主，面积为 168.58 km^2；其次为建设用地，面积为 43.85 km^2；林地面积为 38.85 km^2；耕地和裸地面积分别为 19.30 km^2、3.99 km^2。巴西能源非常丰富，不但能满足国内生产建设需要，还能出口，是世界第十大能源生产国，石油探明储量 153 亿桶，居世界第 15 位、南美地区第二位(仅次于委内瑞拉)。该园区国内新闻报道较多，国内对其了解程度较高。该园区位于南半球的巴西，距离中国非常远，距离北京约 17526 km。

奇瑞巴西工业园区平均海拔 619.52 m；以山地为主，地形起伏较大，坡度较陡；园区内中间地势较低，四周地势较高。园区所在地区洪水和干旱发生频率较高，1970 年 8 月发生干旱，1000 万人受影响，直接经济损失 1 万美元，1979 年干旱造成 500 万人受影响。企业应全面掌握巴西劳动法律的相关规定，与员工依法签订雇佣合同，按照法律和合同规定缴纳各种费用，充分尊重员工应有的权利。奇瑞巴西工业园区 10 km 缓冲区内有环境保护区。

2.9.3 阿尔及利亚中国江铃经济贸易合作区

园区位于阿尔及利亚。2017 年阿尔及利亚 GDP 为 1703.71 亿美元，国民收入为 1678.70 亿美元，人均 GNI 为 3960 美元，城镇人口总量为 2977.05 万人，国家总人口数为 4131.81 万人。园区所在地交通较为便利。阿尔及利亚经济稳定性较好，2014～2016 年 GDP 年增长率均在 4%以上。实施投资阶段：①免征直接用于投资所进口的设备关税；②免征直接用于投资所进口或当地购买的产品和服务增值税。

园区所在地奥兰省水资源丰富，境内分布有较大型的天然湖泊，靠近地中海，海水资源丰富，具备优良的海运条件，水域面积为 48.69 km^2。园区所在地没有矿产资源分布。园区所在地奥兰省以耕地为主，耕地面积为 1517.67 km^2；灌木面积为 220.68 km^2；裸地面积为 411.43 km^2；林地和草地面积分别为 62.66 km^2、12.43 km^2。阿尔及利亚能源丰富，是世界上主要的能源生产国之一，拥有丰富的石油天然气资源。石油探明储量约 17 亿 t，占世界总储量的 1%，居世界第 15 位，主要是撒哈拉轻质油，油质较高；天然气探明可采储量 4.58 万亿 m^3，占世界总储量的 2.37%，居世界第 10 位。阿尔及利亚水资源丰富，可开发水资源约 172 亿 m^3，水坝 64 座，蓄水能力 710 亿 m^3。未来能源开发潜力巨大。该园区国内新闻报道很多，对其了解程度非常高。阿尔及利亚位于北非，距离中国遥远，距离北京约 9422 km。

阿尔及利亚中国江铃经济贸易合作区平均海拔 119.22 m，地形坡度为 10°～30°，地面相对高差较大，地面起伏较大。园区所在地区发生自然灾害的频率较低，程度较小。阿尔及利亚大型工会组织力量不强，但工会组织较多。阿尔及利亚劳动法规定，在同一公司工作的 3 人以上即可成立工会，如果工会对雇主不满可向当地劳动监察局反映，由劳动监察局对企业展开调查。阿尔及利亚中国江铃经济贸易合作区 10 km 缓冲区内没有保护区。

2.9.4　华夏幸福印尼卡拉旺产业园

华夏幸福印尼卡拉旺产业园位于印度尼西亚首都雅加达东部的勿加泗—卡拉旺走廊中心位置。经济、税收、能源、工会等因素主要从国家尺度分析，该园区的这些因素与印度尼西亚东加里曼丹岛农工贸经济合作区相同。

园区所在位置距离雅加达市中心 47 km，紧邻通往万隆/泗水的高速公路，距离印度尼西亚丹戎不碌港 50 km，高速公路辐射雅加达、万隆、泗水等印度尼西亚主要市场，距离规划建设的雅万高铁卡拉旺站仅 2 km。园区所在区域是印度尼西亚制造业中心，有多个国际化产业集群，是跨国公司投资印度尼西亚的首选区域之一。

园区位于卡拉旺，水资源丰富，水系发达，河流较多，靠近海港，水域面积为 3.81 km^2。园区周边没有矿产资源。该园区及周边以草地为主，面积为 91.77 km^2；其次为林地，面积为 34.27 km^2；耕地面积为 17.04 km^2；建设用地和草地面积分别为 25.78 km^2、27.37 km^2。该园区国内报道次数较多，对其了解程度比较高。该园区位于雅加达附近，距离中国较远，距离中国海南省三亚市约 2739 km。

华夏幸福印尼卡拉旺产业园平均海拔 55.60 m；地形以低缓平原为主，坡度较缓，起伏较小；地势相对较为平整。园区所在地区自然灾害发生频率较高的是洪水，1984 年 4 月 27 日洪水造成 2700 人受影响，直接经济损失 150 万美元；1986

年4月15日洪水造成2人死亡，38000人受影响；1991年1月16日滑坡造成33人死亡。华夏幸福印尼卡拉旺产业园10 km缓冲区内有自然休闲公园。

2.9.5 哈萨克斯坦汽车工业产业园

哈萨克斯坦汽车工业产业园位于哈萨克斯坦北哈萨克斯坦州彼得罗巴甫洛夫斯克市。经济、税收、能源、工会等因素主要从国家尺度分析，该园区的这些因素与哈萨克斯坦(阿拉木图)中国商贸物流园相同。

彼得罗巴甫洛夫斯克市是哈萨克斯坦北部城市，为北哈萨克斯坦州首府。其在西西伯利亚平原的西南部，伊施姆河畔，西伯利亚大铁道和哈萨克纵贯铁路的交会处，人口为22.6万(1985年)人，1752年建为要塞，1807年建市。其周围农业、畜牧业发达。工业有肉类、奶制品、面粉等食品加工、轻工(制革等)和机械制造业。当地设有师范学院、地志博物馆。园区所在地交通较为便利。

园区周围水资源丰富，水系较为发达，周边分布许多类型的天然湖泊，水域面积为0.95 km^2。园区周边没有矿产资源。园区所在地以耕地为主，面积为50.88 km^2；林地和草地面积分别为0.86 km^2、5.91 km^2；建设用地面积为3.75 km^2。该园区国内新闻报道较多，国内对其了解程度较高。哈萨克斯坦与中国新疆接壤，距离边境关口霍尔果斯口岸约1433 km。

哈萨克斯坦汽车工业产业园平均海拔137.24 m；地形以低缓平原为主，坡度较缓，地形起伏较小，靠近公路，交通便利；地势相对较为平整。自然灾害主要是干旱，发生频率偏高，危害偏大。哈萨克斯坦法律要求员工人数超过500人的企业必须成立工会。遇到劳资纠纷时，工会具有较大影响力。因此，了解该国劳动法，加强与工人沟通，妥善处理和当地工会的关系是避免劳资纠纷的良好途径。哈萨克斯坦汽车工业产业园10 km缓冲区内有拉姆萨尔湿地等国际重要湿地。

2.9.6 印尼中苏拉威西省摩罗哇里工业园区

印尼中苏拉威西省摩罗哇里工业园区位于印度尼西亚苏拉威西省。经济、税收、能源、工会等因素主要从国家尺度分析，该园区的这些因素与印度尼西亚东加里曼丹岛农工贸经济合作区相同。

苏拉威西省是印度尼西亚一级行政区，位于印度尼西亚苏拉威西岛，分为东南、南、西、北、中，五个苏拉威西省。当地工业是弱项，渔业和农业较为发达，教育水平总体不高。园区所在位置交通较为便利。

园区所在地属于热带雨林气候，水资源极为丰富，靠近太平洋，海水资源极为丰富，水域面积为572.83 km^2。摩罗哇里县境内分布有许多镍铁矿场，矿产资源丰富。园区所在地以林地为主，面积为9680.20 km^2；草地面积为222.48 km^2；

耕地面积为 80.56 km^2；裸地面积为 19.51 km^2。该园区国内新闻报道较多。园区距离中国适中，距离北京约 2722 km。

印尼中苏拉威西省摩罗哇里工业园区平均海拔 394.71 km；以山地为主，地形起伏较大；园区内中间地势较低，四周地势较高。园区所在地区干旱和滑坡发生频率偏高，1983 年 7 月洪水造成 11 人死亡，2000 人受影响；1985 年 2 月 4 日河水泛滥，受灾面积为 16540 km^2，21 人死亡，300 人受影响；2000 年 6 月 24 日滑坡导致 520 人受影响；2013 年 9 月 12 日洪水造成 23640 人受影响；2015 年 2 月 5～9 日洪水导致 300 人受影响；2016 年 10 月 23 日～2016 年 11 月 10 日洪水引发滑坡泥石流造成受灾面积 11225.49 km^2，2 人死亡，4500 人受影响。印度尼西亚在全国设立了一个总工会，纵向上另有 13 个行业工会。印尼中苏拉威西省摩罗哇里工业园区 10 km 缓冲区内没有保护区。

2.9.7　哈萨克斯坦中国工业园(中哈阿克套能源资源深加工园区)

哈萨克斯坦中国工业园位于哈萨克斯坦阿克套。经济、税收、能源、工会等因素主要从国家尺度分析，该园区的这些因素与哈萨克斯坦(阿拉木图)中国商贸物流园相同。

阿克套位于哈萨克斯坦西部、里海东岸、曼格斯套州政府阿克套市，为哈萨克斯坦第六大城市，维持着哈萨克斯坦与里海、黑海和地中海国家的联系。哈萨克斯坦的阿克套是里海著名的港口城市，主要向里海沿岸国家出口粮食、汽车、石油和各类矿石资源，向欧洲输送天然气。

园区所在地靠近里海，水资源比较丰富，水域面积为 15.47 km^2，占比为 10.84%，优良的水运条件能为园区的产品和原料运输提供条件。园区周边没有矿产资源。园区及其周边地区以建设用地为主，面积为 103.06 km^2；裸地面积为 17.10 km^2；草地和灌木面积分别为 1.63 km^2、4.62 km^2。该园区国内新闻报道次数较多，对其了解程度较高。

哈萨克斯坦中国工业园平均海拔为 1 m；坡度较缓，地形起伏较小，靠近里海，交通便利；地势相对较为平整。自然灾害发生的频率较小。哈萨克斯坦中国工业园 10 km 缓冲区内有实验植物园。

2.9.8　中匈宝思德经贸合作区

园区位于匈牙利东北部包尔绍德州卡辛茨巴茨卡市。2017 年匈牙利 GDP 为 1391.35 亿美元，国民收入为 1334.47 亿美元，人均 GNI 为 1.29 万美元，城镇人口总量为 695.07 万人，国家总人口数为 978.11 万人。匈牙利地处中东欧的核心地带，位于欧洲四条主要交通走廊的交会处，拥有完备的基础设施条件，可辐射整个欧洲，具有稳定的政治和政策环境，被誉为未来中东欧地区最具有发展潜力的国家之一。当地教育水平也较高。匈牙利的经济稳定性较差，起伏波动较大。外商投资在匈牙利享受国民待遇。匈牙利的优惠政策主要有 5 种：欧盟基金支持、匈牙利政府补贴、税收减免、培训补贴和就业补贴。

合作区周围水资源比较丰富，有一条河流经过，分布数个人工修整或天然的农业灌溉水塘，水域面积为 0.87 km^2。合作区周边无矿产资源。合作区以林地和草地为主，面积分别为 7.68 km^2、9.55 km^2，建设用地面积较大，为 6.17 km^2。匈牙利是个缺能国家，年耗 3000 多万吨标准煤，其中有一半依靠进口，石油、天然气和烟煤的自给率只有 20%左右，30%的电力靠外国供给。该项目响应“一带一路”倡议，该园区国内新闻报道较多，对其了解程度比较高。合作区为中东欧核心地带，距离北京约 7200 km。

中匈宝思德经贸合作区平均海拔 133.15 m，最高点海拔为 136.27 m，最低点海拔为 132.13 m；地形以平原为主，坡度较缓，起伏较小；园区中部较高，两边较低。园区所在地区有滑坡发生，发生频率较低，灾害较小。中国企业要积极参加当地雇主协会，尤其是本行业的雇主协会，了解业内工资待遇水平和处理工会问题的常规办法。中匈宝思德经贸合作区 10 km 缓冲区内有景观保护区。

2.9.9 印尼苏拉威西镍铁工业园项目

印尼苏拉威西镍铁工业园项目位于印度尼西亚苏拉威西岛。经济、税收、能源、工会等因素主要从国家尺度分析，该园区的这些因素与印度尼西亚东加里曼丹岛农工贸经济合作区相同。

印尼苏拉威西岛位于印度尼西亚中部，菲律宾南部，当地工业是弱项，渔业和农业较为发达，教育水平总体不高。园区所在位置交通较为便利。园区为热带雨林地区，水资源非常丰富，靠近海港，海水资源丰富，水域面积为 0.81 km^2。园区周边分布有好几个镍铁矿场，丰富的镍铁矿资源能为园区的生产活动提供充足的原料并减少运输成本。园区及其周边地区以林地为主，面积为 9.06 km^2；草地面积为 0.43 km^2；裸地面积为 0.23 km^2。该园区国内新闻报道次数较多，对其了解程度较高。园区位于东南亚印尼中苏拉威省，距离中国海南省三亚市 2723 km。

印尼苏拉威西镍铁工业园项目平均海拔 395.87 m；以山地为主，地形起伏较大；园区内中间地势较低，四周地势较高。园区所在地区干旱和滑坡发生的频率偏高。印尼苏拉威西镍铁工业园项目 10 km 缓冲区有自然休闲公园。

2.9.10　浙减中意经贸合作区

园区位于意大利。2017 年意大利 GDP 为 1.93 万亿美元，国民收入为 1.95 万亿美元，人均 GNI 为 3.10 万美元，城镇人口总量为 4247.32 万人，国家总人口数为 6055.14 万人。意大利经济处于稳定趋势，由 2014 年的 0.11%上升至 1.5%。意大利教育水平较高，其艺术、设计、时尚类教育在世界范围内都处于领先地位。意大利知名大学有博洛尼亚大学。意大利的汽车工业、食品工业都享誉全球。意大利并无专门针对外商投资的优惠或鼓励政策，一些行业和地区投资优惠措施普遍适用于包括外资在内的所有投资。作为欧盟成员国，意大利必须在欧盟的框架内制定相应的鼓励投资政策，即对按欧盟标准划定的特定地区/行业的投资给予资助，并针对地域和企业规模制定不同的资助标准，南部地区的中小企业享有最大幅度的资助。

园区所在地水资源较为丰富，境内有河流穿过，水域面积为 13.72 km^2，占比为 0.91%。阿斯特北部分布有一露天采矿场，园区附近没有矿产资源分布。园区所在地以林地为主，面积为 828.75 km^2；耕地面积为 446.13 km^2；草地面积为 202.05 km^2；灌木和建设用地面积分别为 2.61 km^2、9.27 km^2。意大利能源匮乏，石油天然气主要依赖进口。意大利自然资源贫乏，仅有水力、地热、天然气等能源，石油和天然气产量只能满足小部分国内市场需求，75%的能源供给和主要工业原料依赖国外进口。意大利传统重要可再生能源为地热和水力，地热发电量为世界第 2，仅次于美国，水力发电量为世界第九。意大利一直重视发展太阳能，2011 年意大利是世界第一光伏装机容量国（占世界份额四分之一），意大利国内可再生能源供给比例已经达到能源总需求的 25%，2008 年可再生能源发电量同比上升 20%。该园区国内新闻报道较少，对其了解程度不高。意大利位于西欧，距离中国遥远，园区距离北京约 8181 km。

浙减中意经贸合作区平均海拔 141.22 m；以丘陵为主，地形起伏较大，坡度较陡；园区北部较高，南部较低。园区所在地区自然灾害发生频率较小。意大利工会较为强大，2014 年 12 月 12 日，意大利 50 多个城市数千名工人及学生参加全国大罢工，抗议政府改革。浙减中意经贸合作区 10 km 缓冲区有安多纳谷、Val Botto 和巴耶格兰德的特殊自然保护区。

2.9.11　特变电工印度绿色能源产业园

园区位于印度古吉拉特邦第三大城市——巴罗达。2017 年印度 GDP 为 2.60 万亿美元，国民收入为 2.60 万亿美元，人均 GNI 为 1820 美元，城镇人口总量为 4.50 亿人，国家总人口数为 13.39 亿人。园区位于肥沃的棉区平原上，纺织工业发达。其附近是印度最大的石油与天然气产区，发展了化学工业，有化肥、药品、染料等工厂，并有炼油和石油化工厂；还有机械、毛织、制烟和砖瓦等工业。巴罗达市为印度中西部城市，位于艾哈迈德巴德东南，曾是巴罗达之国的首都。当地艺术气息浓厚，教育水平在国内相对较好。印度经济稳定性较好，GDP 年增长率稳定在 7%以上。印度现行的一些区域性及产业性税收优惠政策如下。①减免 100%利润和收益税 10 年：包括 2006 年 3 月 31 日前成立的发电企业，或发电并输、配电企业，或配电企业等。②减免 100%利润和收益税 7 年：包括生产或提炼矿物油的公司等。③前 5 年减免 100%所得税，随后五年减免 30%所得税：如 2003 年 3 月 31 日前开始提供电信服务的公司等。④2009～2010 年 100%免除出口利润税：针对位于电子硬件技术园和电子软件技术园的新工业企业。⑤计算机软件等的出口可从出口总收入中减免 50%出口所得税。⑥免除以参股或长期融资形式投资于基础设施开发、维修及运营的基础设施资本公司的红利、利息所得税及长期资本收益税。

园区所在地水资源丰富，西部有一条河流穿过，东北部分布有众多天然湖泊，水域面积为 3.33 km^2。园区周边没有矿产资源。园区所在地巴罗达以灌木为主，面积为 144.32 km^2；耕地面积为 115.95 km^2；林地面积为 78.92 km^2；建设用地面积为 55.14 km^2。该园区国内新闻报道次数较多，对其了解程度较高。印度虽然与中国接壤，距离中国较近，但是由于喜马拉雅山脉的阻挡，交通不是很便利。其距离北京约 4527 km。

特变电工印度绿色能源产业园平均海拔 35.04 m，地形以平原为主，平坦，坡度较缓，地势相对较为平整。园区所在地区最为严重的自然灾害是干旱和洪水，1980 年 7 月洪水造成 11 人死亡，1000 人受影响；1983 年 8 月洪水导致 130 人死亡；1997 年 8 月洪水导致 244 人死亡；2006 年 8 月洪水导致 5000 人受影响；2007 年 8 月 8～15 日河流泛滥造成受灾面积为 133800 km^2，16 人死亡；2017 年 6 月 1～31 日洪水造成 31 人死亡。印度全国工会大会简称全国工大，为国民大会党的全国性工会组织，1947 年 5 月成立国际自由工会联合会成员，会员有 350 万(1984 年)人，下属 3400 多个工会组织。特变电工印度绿色能源产业园 10 km 缓冲区内没有保护区。

2.9.12 尼日利亚宁波工业园区

尼日利亚宁波工业园区位于尼日利亚夸拉州。经济、税收、能源、工会等因素主要从国家尺度分析，该园区的这些因素与越美尼日利亚纺织工业园相同。

夸拉州为尼日利亚一级行政区划。位于尼日利亚中部，是南北门户，也是尼日利亚南北文化的交融点。阿沃洛沃大学农业研究中心设在该州。东北部尼日尔河是该州天然边界，西部则与贝宁接壤。

园区所在地奥贡州位于非洲西海岸，周围水资源比较丰富，南部靠近大西洋，海水资源丰富，水域面积为 27.87 km^2。园区周边没有矿产资源。园区所在地奥贡州以草地为主，面积为 3311.32 km^2；林地面积为 2319.19 km^2；耕地面积为 1137.15 km^2；建设用地面积为 368.24 km^2。该园区国内有相关新闻报道，对其有一定了解，但了解程度不高。尼日利亚位于非洲大陆西岸，距离中国很远，距离北京约 11450 km。

尼日利亚宁波工业园区平均海拔 118.92 m；地形以平原为主，起伏较小，坡度较缓，园区整体地势较为平整。园区所在地区有干旱和洪水发生，灾害程度较大，1985 年 9 月 23 日河水泛滥造成受灾面积 74620 km^2，6000 人受影响，直接经济损失 800 万美元；1999 年 12 月河水泛滥造成 25000 人受影响；2007 年 10 月造成 17 人死亡。尼日利亚宁波工业园区 10 km 缓冲区内有森林保护区。

2.9.13　印度北汽福田汽车工业园

印度北汽福田汽车工业园位于印度马哈拉施特拉邦。经济、税收、能源、工会等因素主要从国家尺度分析，该园区的这些因素与特变电工印度绿色能源产业园相同。

园区位于印度西部孟买，孟买是印度的主要经济和文化中心之一。马哈拉施特拉邦地理位置优越，历史文化悠久，孟买素有印度“商业之都”和“金融之都”之称，也是久负盛名的国际都市。马哈拉施特拉邦的历史文物和名胜古迹有很多。该邦农业发达，主要农作物有水稻，也盛产椰子、香蕉等。其又是印度重要的工业邦之一，有很多大中型企业，如自行车、水泥、化肥、造船业等。当地教育水平很低，文盲率较高。

园区所在地水资源丰富，境内分布众多天然湖泊，水资源面积为 6574.28 km^2，占比为 2.14%。印度矿产资源丰富，铝土储量和煤产量均占世界第五位，云母出口量占世界出口量的 60%。截至 1996 年底，印度主要资源可采储量估计为，煤 463.89 亿 t(不含焦煤)，铁矿石 97.54 亿 t，铝土 22.53 亿 t，铬铁矿 1.24 亿 t，锰矿石 6550 万 t，锌 589 万 t，铜 352 万 t，铅 136 万 t，石灰石 684.77 亿 t，磷酸盐 8100 万 t，黄金 86 t，石油 8.96 亿 t，天然气 6970 亿 m^3。园区所在地以耕地为主，耕地面积为 193926.47 km^2；林地面积为 63352.57 km^2；灌木面积为 29913.42 km^2；草地面积为 3967.36 km^2；裸地面积为 6957.68 km^2。印度虽然与中国接壤，但是由于喜马拉雅山脉的阻挡，交通并不便利，存在一定的阻碍，园区所在地距离北京约 4770 km。

印度北汽福田汽车工业园平均海拔为 461.08 m，地形以丘陵为主，坡度较

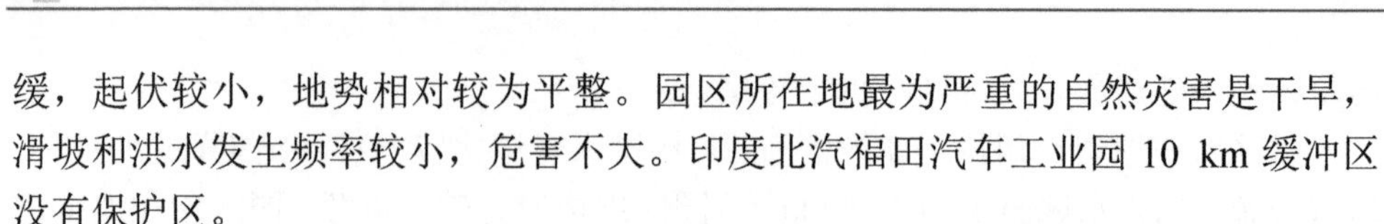

缓，起伏较小，地势相对较为平整。园区所在地最为严重的自然灾害是干旱，滑坡和洪水发生频率较小，危害不大。印度北汽福田汽车工业园 10 km 缓冲区没有保护区。

2.9.14 印度浦那中国三一重工产业园

印度浦那中国三一重工产业园位于孟买东南 200 多公里的浦那。经济、税收、能源、工会等因素主要从国家尺度分析，该园区的这些因素与特变电工印度绿色能源产业园相同。

浦那是印度西部城市，在孟买东南 140 km，为马哈拉施特拉邦第二大城，印度马哈拉施特拉邦的经济、文化和交通中心，浦那专区和县的首府。园区所在地浦那水资源丰富，水系较多，河流密布，西部分布有较多的天然湖泊，园区及其周边水域面积为 6.81 km^2。园区周边没有矿产资源。园区所在地以建设用地为主，面积为 165.41 km^2；裸地面积为 93.64 km^2；灌木面积为 87.67 km^2；耕地面积为 67.14 km^2。该园区国内新闻报道次数较多，对其了解程度较高。

印度浦那中国三一重工产业园平均海拔 573.95 m，海拔较高，地形以盆地为主，园区中间坡度较缓，中间地形较为平坦；地势相对较为平整。园区所在地最为严重的自然灾害是干旱，滑坡和洪水发生的频率较小，危害不大。印度浦那中国三一重工产业园 10 km 缓冲区没有保护区。

2.9.15 赞比亚有色工业园区

赞比亚有色工业园区位于赞比亚卢萨卡。经济、税收、能源、工会等因素主要从国家尺度分析，该园区的这些因素与赞比亚中垦非洲农业产业园相同。

园区所在地水域面积为 1.09 km^2。园区周边没有矿产资源。园区所在地卢萨卡以灌木为主，面积为 152.07 km^2；耕地面积为 91.80 km^2；建设用地面积为 78.80 km^2；草地和林地面积分别为 34.61 km^2、23.15 km^2。该园区国内相关新闻报道较多，对其了解程度较高。赞比亚位于非洲大陆，距离中国比较远，该园区距离北京约 10976 km。

赞比亚有色工业园区平均海拔 1281.44 m；地形以高原为主，但局部地形起伏较小；地势整体较为平整。园区所在地干旱发生频率较高，火山的影响较低，1978 年 2 月洪水造成 11 人死亡，30900 人受影响，直接经济损失 20 万美元，1982 年 1 月和 1983 年 1 月发生干旱；1995 年 8 月发生干旱，造成 1273204 人受影响；2003 年 12 月河流泛滥，造成 4 人死亡，1000 人受影响；2005 年 6～11 月发生干旱，引起食物短缺，造成 120 万人受影响。赞比亚有色工业园区有森林保护区。

2.9.16 塔吉克斯坦中塔工业园

塔吉克斯坦中塔工业园位于塔吉克斯坦北部索格特州的伊斯提克洛尔。经济、税收、能源、工会等因素主要从国家尺度分析，该园区的这些因素与塔吉克斯坦中塔农业纺织产业园相同。

园区所在地的遥感监测区内水域面积为 0 km^2，该地区水资源比较匮乏。园区周边没有矿产资源。园区及其周边地区以林地为主，面积为 1.8 km^2；灌木面积为 1.09 km^2；草地面积为 0.61 km^2；裸地面积为 0.63 km^2；建设用地面积为 0.31 km^2。该园区国内新闻报道次数较多，对其了解程度较高。塔吉克斯坦与中国接壤，距离中国非常近，距离中国新疆喀什约 559 km。

塔吉克斯坦中塔工业园平均海拔 1595.30 m，海拔较高，地形以盆地为主，园区地形较为平坦，地势较为平整。园区所在地区自然灾害主要是干旱和洪水，2002 年 8 月 7～8 日发生洪水，受灾面积 400 km^2，24 人死亡，1713 人受影响，经济损失为 2836000 美元；2007 年 4 月 16～20 日，洪水受灾面积为 58420 km^2，1 人死亡，17184 人受影响；2008 年 10 月干旱造成食物短缺，80 万人受影响；2012 年 2～5 月，5556 人受影响，经济损失为 76 万美元；2014 年 5 月 10 日受灾范围为 41719 km^2，5785 人受影响；2015 年 7 月 15～21 日受灾面积为 56196.01 km^2，5401 人受影响。塔吉克斯坦中塔工业园 10 km 缓冲区没有保护区。

2.10 自由贸易园区

2.10.1 哈萨克斯坦霍尔果斯国际边境合作中心

哈萨克斯坦霍尔果斯国际边境合作中心位于中哈边境走廊。经济、税收、能源、工会等因素主要从国家尺度分析，该园区的这些因素与哈萨克斯坦(阿拉木图)中国商贸物流园相同。

霍尔果斯处于我国西部边陲，位于新疆伊犁哈萨克自治州，与哈萨克斯坦接壤，西承中亚五国，东接内陆省市，是新亚欧大陆桥重要的咽喉地带，也是连霍高速公路的终点。其是我国与其他国家建立的首个跨境边境合作区，总面积为 5.28 km^2，其中中方区域 3.43 km^2，哈方区域 1.85 km^2，目前也是我国西部地区基础设施最好、通关条件最便利的国家一类公路口岸。距离伊宁市 90 km，距乌鲁木齐市 670 km，距离中亚中心城市阿拉木图市 378 km，对外覆盖半径 1000 km 以内的区域是中亚地区人口稠密区、经济发达区和市场中心。

园区周围有较多天然湖泊分布，南部有河流经过，水域面积为 0.83 km^2。园区周围没有矿产资源。园区及其周围地区以耕地为主，面积为 190.22 km^2；建设用地和林地面积分别为 16.17 km^2、8.42 km^2；荒漠、裸地占比非常高。哈萨克斯坦能源丰富，能满足国内生产建设需要，并能向国外出口。该园区国内报道次数非常多，国内对其了解程度非常高。该园区位于新疆伊犁州霍尔果斯口岸，园区在中国境内。

哈萨克斯坦霍尔果斯国际边境合作中心平均海拔为 828.61 m，海拔较高，园区内最高点海拔为 830.53 m，最低点海拔为 828.17 m；位于霍尔果斯河冲积平原，地形较为平坦；地势整体较低。园区所在地区自然灾害主要是洪水和地震，发生的频率较小，危害较小。哈萨克斯坦法律要求员工人数超过 500 人的企业必须成立工会。遇到劳资纠纷时，工会具有较大影响力。哈萨克斯坦霍尔果斯国际边境合作中心 10 km 缓冲区内有保护区。

2.10.2 格鲁吉亚华凌自由工业园

园区位于格鲁吉亚第二大城市库塔伊西。2017 年格鲁吉亚 GDP 为 151.59 亿美元，国民收入为 143.46 亿美元，人均 GNI 为 3790 美元，城镇人口总量为 216.45 万人，国家总人口数为 371.71 万人。格鲁吉亚大学、格鲁吉亚工业大学较为有名。库塔伊西是当地公路枢纽。工业以机械制造(汽车、园艺拖拉机、石油和天然气设备)为主，其次为化工、丝织、皮鞋及食品加工。格鲁吉亚经济总体较为稳定，2014～2017 年 GDP 年增长率分别为 4.62%、2.88%、2.85%和 4.99%。

园区周边水资源丰富，河流穿过园区所在地库塔伊西，河流入黑海，东部有两个大型的天然湖泊，园区所在地水域面积为 1.91 km^2。园区周边没有矿产资源。周边以林地为主，面积为 58.13 km^2；其次为耕地，面积为 15.17 km^2；草地和灌木面积分别为 8.32 km^2、0.62 km^2。格鲁吉亚能源比较匮乏，水电资源较为丰富，蕴藏量 1550 万 kW，有季瓦里水库等大型水库。在格鲁吉亚西部、东部和黑海地区发现了储量可观的石油和天然气资源，石油资源储量为 5.8 亿 t，其中 3.8 亿 t 在陆上，2 亿 t 在黑海，天然气 1520 亿 m^3，但开采难度较大。该园区国内报道次数较多，对其了解程度比较高。格鲁吉亚位于西亚地区，距离中国较远，距离北京约 5992 km。

格鲁吉亚华凌自由工业园平均海拔 194.53；地形以丘陵为主，地形起伏较大，坡度较陡；中间地势低，四周地势较高。其主要自然灾害是洪水，发生频率较小，危害较小。格鲁吉亚华凌自由工业园 10 km 缓冲区在博尔若米-哈拉加乌利国家公园的边缘区域内。

2.10.3　尼日利亚莱基自由贸易区

尼日利亚莱基自由贸易区位于尼日利亚拉各斯州东南部的莱基半岛。经济、税收、能源、工会等因素主要从国家尺度分析，该园区的这些因素与越美尼日利亚纺织工业园相同。

莱基半岛南临大西洋，北依莱基湖。莱基自由贸易区充分利用尼日利亚和当地的投资环境，针对尼日利亚经济发展和市场特点，以生产制造业与仓储物流业为主导，以城市服务业与房地产业为支撑，促进发展工业新城功能，实现莱基自由区产业、市场与人口的合理配置，成为拉各斯国际化大都市的新经济功能区，区位优势明显。

园区所在地水资源极为丰富，位于海港位置，兼具海运和内陆水运条件，境内水系发达，河流密布，水域面积为 542.80 km^2。园区周边没有矿产资源分布。土地利用类型以林地和草地为主，林地和草地面积分别为 817.65 km^2 和 646.51 km^2；建设用地面积为 453.55 km^2；耕地面积为 207.43 km^2；裸地面积为 85.92 km^2。该园区国内新闻报道很多，对其了解程度非常高。园区所在地的尼日利亚莱基自由港口距离中国非常远，距离北京约 11436 km。

尼日利亚莱基自由贸易区平均海拔 7.57 m；地形以沿海平原为主，为单一地貌单元，地形坡度小于 10°，地面相对高差较小，园区整体地势较为平整。园区所在地干旱发生的频率较高。尼日利亚莱基自由贸易区 10 km 缓冲区内没有保护区。

2.10.4　巴基斯坦瓜达尔自贸区

巴基斯坦瓜达尔自贸区位于巴基斯坦瓜达尔港。经济、税收、能源、工会等因素主要从国家尺度分析，该园区的这些因素与巴基斯坦海尔—鲁巴经济区相同。

瓜达尔港位于巴基斯坦俾路支省西南部，为深水港。该位置具有战略意义，对巴基斯坦尤为重要。当地教育不发达。但园区所在位置具有极大的优势，交通便利性较高。园区周边海水资源丰富，水域面积为 426.86 km^2。周边没有矿产资源。园区及周边土地利用类型以裸地为主，面积为 408.72 km^2；建设用地面积为 18.77 km^2。该园区国内新闻报道次数较多，对其了解程度较高。巴基斯坦与中国接壤，距离中国较近，但是由于喜马拉雅山脉的阻挡，交通不是很便利，距离北京约 5268 km。

巴基斯坦瓜达尔自贸区平均海拔 6.45 m；地形以低缓平原为主，坡度较缓，地形起伏较小；地势相对较为平整。在自然灾害中有轻微的洪水和地震发生，1991 年 2 月河流泛滥，造成 24 人死亡。巴基斯坦瓜达尔自贸区 10 km 缓冲区没

有保护区。

2.10.5 尼日利亚广东经贸合作区

尼日利亚广东经贸合作区位于尼日利亚奥贡州。经济、税收、能源、工会等因素主要从国家尺度分析，该园区的这些因素与越美尼日利亚纺织工业园相同。

尼日利亚奥贡州紧靠尼日利亚经济中心拉各斯，距离西非第一大港阿帕帕港50 km，距离拉各斯IKEJA国际机场55 km。奥贡州大学有奥贡州立大学、农业大学和联邦教育学院等。合作区总面积为100 km^2，选址尼日利亚奥贡州，紧靠尼日利亚经济商务中心拉各斯，交通便利、物流渠道畅通。合作区包括加工园区、工业园区和科技园区，同时成为境外原材料基地和经济技术推广基地。

园区一共两个位置，伊贝萨园区南部靠近大西洋，周边水资源和矿产资源匮乏。土地利用类型以草地为主，面积为6.48 km^2；林地面积为5.19 km^2；建设用地面积为0.78 km^2。卡拉巴尔园区所在地水资源非常丰富，水系发达，河流众多，十字河从旁穿流而过，水域面积为2.97 km^2。其周边也没有矿产资源。土地利用类型以林地和草地为主，面积分别为31.91 km^2、32.42 km^2，建设用地面积为9.81 km^2。该园区国内新闻报道次数较多，对其了解程度很高。

尼日利亚广东经贸合作区平均海拔为29.62 m；地形以平原为主；地形起伏较小，坡度较缓，园区整体地势较为平整，靠近公路，交通便利。园区所在地洪涝灾害发生频率较高。1985年9月23日河水泛滥，造成受灾面积74620 km^2，6000人受影响，直接经济损失800万美元；1999年12月河水泛滥，造成25000人受影响；2000年8月14日洪水造成4人死亡，1000多人受影响。尼日利亚广东经贸合作区10 km缓冲区内有森林保护区。

2.10.6 吉布提国际自贸区

园区位于吉布提的哈雷港。2017年吉布提GDP为18.45亿美元，国民收入为18.29亿美元，人均GNI为1880美元，城镇人口总量为74.31万人，国家总人口数为95.70万人。该区域依托哈雷港的优秀资源以及地理位置优势，发展较为迅速。当地教育水平较为落后。吉布提近年来经济较不稳定，从2014～2017年国家GDP数据来看，GDP年增长率分别为8.92%、9.68%、8.72%和4.09%。

园区为吉布提海港，海水资源丰富，水域面积为3.97 km^2。园区周边没有矿产资源。土地利用类型以建设用地为主，面积为39.17 km^2；灌木面积为1.08 km^2。吉布提自然资源贫乏，工农业基础薄弱，95%以上农产品和工业品依靠进口。吉布提主要能源为地热，沿海地区已发现有含油构造，能源未来有一定的开发潜力。该园区国内新闻报道次数较多，对其了解程度较高。园区位于非洲东北部亚丁湾西岸的国家，距离中国较远，距离北京约 7787 km。

吉布提国际自贸区平均海拔 8.8 m；地形以低缓沿海平原为主，坡度较缓，地形起伏较小，靠近海洋，交通便利；地势相对较为平整。园区所在地自然灾害主要是干旱，灾害程度较高，2007 年 1 月干旱造成 42750 人受影响；2008 年 7 月～2009 年干旱造成食物短缺，影响 34 万人。吉布提现有雇主协会、青年承包工会、劳工总联盟和吉布提劳工联合总会等工会组织。这些组织分别代表雇主和职工的利益。一般外国企业发生劳资纠纷时，由劳动监察部门负责调停解决。吉布提国际自贸区 10 km 缓冲区内有动物栖息地和物种保护区及海洋保护景观。

2.11　综合产业园区

2.11.1　马来西亚马中关丹产业园

园区所在位置为马来西亚彭亨州关丹市。2017 年马来西亚 GDP 为 3145.00 亿美元，国民收入为 3642.78 亿美元，人均 GNI 为 9650 美元，城镇人口总量为 2385.96 万人，国家总人口数为 3162.43 万人。关丹是西马东海岸最大的城市，位于关丹河口附近，面向南中国海。旅游业是关丹的一个重要经济支柱，在马来西亚关丹是一个著名的手工艺产地，如白眉印染，同时它是彭亨州的管理和经济中心。贸易和商业也是其经济的重要成分。关丹有数座高等教育机构，如马来西亚国际伊斯兰大学等以及一些私人大学。近年来马来西亚经济稳定，2014～2017 年的 GDP 年增长率别为 6.01%、5.03%、4.22%和 5.9%。外国投资企业可通过马来西亚政府主管部门个案核准形式批准享有优惠政策，这些政策一般以直接或间接的减税形式体现，包括新兴工业地位，获得新兴工业地位称号的公司可获准部分减免所得税，即可仅就其法定所得的 30%缴纳所得税，免税期为 5 年。获得投资税赋抵减奖励的公司，自符合规定的第一笔资本支出起 5 年内，所发生符合规定资本支出的 60%可享受投资税赋抵减政策。

园区周围水系较为发达，紧邻 Kuatan 港口。园区周围没有矿产资源。土地利用类型以林地为主，林地面积为 143.76 km^2，占比达 67.69%；其次为建设用地，面积为 43.96 km^2，占比为 20.70%；耕地面积为 10.76 km^2。马来西亚石油、天然气资源丰富，是世界第三大天然气出口国，仅次于阿尔及利亚和印度尼西亚。马来西亚生产的石油和天然气，除了满足本国消费外，不少用于出口，且随着能源储量、国际市场需求增加而逐渐增加。该园区国内报道次数较多，对其了解程度比较高。距离中国较近，距离中国海南省三亚市 1718 km。

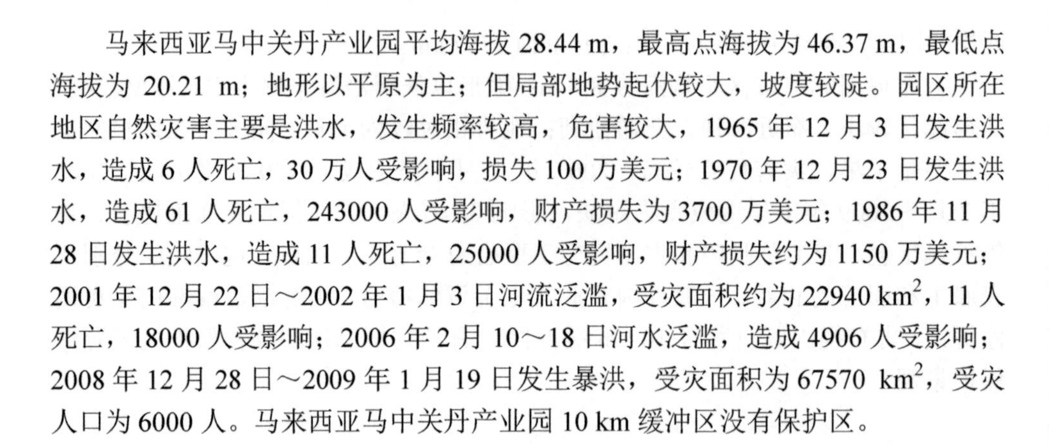

马来西亚马中关丹产业园平均海拔 28.44 m，最高点海拔为 46.37 m，最低点海拔为 20.21 m；地形以平原为主；但局部地势起伏较大，坡度较陡。园区所在地区自然灾害主要是洪水，发生频率较高，危害较大，1965 年 12 月 3 日发生洪水，造成 6 人死亡，30 万人受影响，损失 100 万美元；1970 年 12 月 23 日发生洪水，造成 61 人死亡，243000 人受影响，财产损失为 3700 万美元；1986 年 11 月 28 日发生洪水，造成 11 人死亡，25000 人受影响，财产损失约为 1150 万美元；2001 年 12 月 22 日～2002 年 1 月 3 日河流泛滥，受灾面积约为 22940 km^2，11 人死亡，18000 人受影响；2006 年 2 月 10～18 日河水泛滥，造成 4906 人受影响；2008 年 12 月 28 日～2009 年 1 月 19 日发生暴洪，受灾面积为 67570 km^2，受灾人口为 6000 人。马来西亚马中关丹产业园 10 km 缓冲区没有保护区。

2.11.2 马来西亚马六甲临海工业园

马来西亚马六甲临海工业园位于马六甲海峡马六甲市。经济、税收、能源、工会等因素主要从国家尺度分析，该园区的这些因素与越美尼日利亚纺织工业园相同。

马六甲皇京港项目地处马六甲海峡战略位置，由 3 个人造岛和 1 个自然岛屿组成，占地 1366 英亩[1]。位于吉隆坡和新加坡之间的马六甲市，距离首都吉隆坡不到 150 km。园区周边水运发达，水域面积为 4.73 km^2。周边没有矿产资源。土地利用类型以水域为主，其次为建设用地，面积为 2.52 km^2；林地和草地面积分别为 0.73 km^2、0.16 km^2。该园区国内报道次数较多，对其了解程度比较高。

马来西亚马六甲临海工业园平均海拔为 4.61 m，最高点海拔为 10.48 m，最低点海拔为 0 m；地形以平原为主；但局部地形起伏较大，园区内中部地势较低，两边地势较高。马来西亚自然灾害主要是洪水，发生频率较高，危害较大。马来西亚马六甲临海工业园 10 km 缓冲区内没有保护区。

2.11.3 毛里求斯晋非经济贸易合作区

毛里求斯西北部的 Baie du Tombeau 地区距离毛里求斯首都路易港 3.5 km，距离港口 2 km。2017 年毛里求斯 GDP 为 133.38 亿美元，国民收入为 135.10 亿美元，人均 GNI 为 1.01 万美元，城镇人口总量为 51.65 万人，国家总人口数为 126.46 万人。路易港是毛里求斯的首都和最大港市。当地交通便利，园区区位优势明显。当地拥有著名的毛里求斯大学。毛里求斯经济非常稳定，2014～2017 年的数据显示，其 GDP 年增长率分别为 3.74%、3.47%、3.8%和 3.8%。我国与毛里

① 1 英亩=0.4046856 hm^2。

求斯签订了《关于避免双重征税协定(DTAs)》，规范了双方企业在投资所得中的双重征税和防止偷漏税，确保企业的投资所得：①毛里求斯与其他 34 个国家也签订了避免双重征税的协定；②企业和个人所得税税率为 15%；③资本收益和遗产税低；④无遣返税和资本汇回税；⑤针对国税局(IRS)和房地产计划(RES)项目所需的材料和设备免征进口税。

该园区位于路易港附近，通博湾河流在附近穿过，毗邻印度洋，水资源特别丰富。其水域面积为 1.07 km^2。园区周围没有矿产资源。园区及其周边以草地为主，面积为 3.79 km^2；其次为耕地，面积为 1.94 km^2；建设用地面积为 1.5 km^2；林地面积为 0.32 km^2。毛里求斯国土面积小，能源储量贫乏，未开发潜力不足，石油、天然气等完全依赖进口。毛里求斯晋非经济贸易合作区在中国报道非常频繁，国内对其了解程度很高。毛里求斯距离中国大陆平均是 5000 km，需要 9～11 小时航程(视出发城市而定)。目前国内直飞毛里求斯的城市有北京、上海、广州、成都、香港五个城市。

毛里求斯晋非经济贸易合作区平均海拔为 30.28 m，最高点海拔为 35.57 m，最低点海拔为 26.92 m；地形以沿海平原为主；地形起伏较小，园区整体地势较为平整。园区所在地有干旱和洪水发生，灾害程度较低，灾害较少。毛里求斯工会联合会是毛里求斯最大的全国性工会组织，该组织对华友好，与我国工会组织有传统友好关系，在国际多边场合相互支持。毛里求斯晋非经济贸易合作区 10 km 缓冲区内有巴拉克拉瓦海洋公园、路易港鱼类保护区、拉姆萨尔湿地等国际重要湿地和保护区。

2.11.4　俄罗斯阿穆尔综合园区

俄罗斯阿穆尔综合园区位于俄罗斯阿穆尔州。经济、税收、能源、工会等因素主要从国家尺度分析，该园区的这些因素与俄罗斯跃进工业园相同。

俄罗斯阿穆尔州农业较为发达，中小麦产量占俄远东地区小麦总产量的 1/3，大豆产量占远东地区大豆总产量的 3/4，居全俄之首。园区位于俄罗斯联邦的东南部，其南部、西南部与中国相邻，西部与外贝加尔边疆区接壤，北部与萨哈共和国相邻，东北部和东部与哈巴罗夫斯克边疆区相邻，东南部与犹太自治州相邻。园区区位优势明显。

园区周边水资源丰富，水系发达，河流密布，黑龙江从旁边经过，优良的水运条件为园区运输提供条件，降低运输成本。园区周围没有矿产资源。土地利用类型以草地为主，其次为耕地，有部分林地。该园区国内报道次数较多，对其了解程度比较高。其与中国黑龙江接壤，隔江相望，距离非常近，具有地理优势。

俄罗斯阿穆尔综合园区平均海拔 42.29 m；地形以低缓平原为主，坡度较缓，地形起伏较小，靠近河流，水资源丰富；地势相对较为平整。园区所在地洪水和干旱发生的频率较低，危害较小。俄罗斯阿穆尔综合园区 10 km 缓冲区有自然保护区。

2.11.5 俄罗斯滨海华宇经济贸易合作区

俄罗斯滨海华宇经济贸易合作区位于俄罗斯滨海边区波克洛夫卡。经济、税收、能源、工会等因素主要从国家尺度分析，该园区的这些因素与俄罗斯跃进工业园相同。

园区位于俄罗斯的最东南，东南临日本海，北接哈巴罗夫斯克边疆区，西面分别与中国和朝鲜接壤，是俄罗斯面向亚太地区国家的桥头堡。边疆区是俄罗斯远东地区的重要工业基地，主要产业有渔业、林业、矿业和修船业。2013 年全区 GDP 为 6031 亿卢布。滨海边疆区是俄罗斯远东联邦大学科研中心，截至 2015 年，共有 20 多所高等院校，包括符拉迪沃斯托克国立经济与服务大学、远东联邦大学、太平洋国立医科大学、远东国立渔业技术大学等多所高等学校。

俄罗斯滨海华宇经济贸易合作区有两个园区，分别位于波克罗夫卡、符拉迪沃斯托克。波克罗夫卡园区位于中俄边境俄方一侧，黑龙江从旁边经过，水系发达，水资源丰富，水域面积为 6.33 km^2。园区周边没有矿产资源。土地利用类型以耕地为主，面积为 18.91 km^2；林地面积为 15.07 km^2；草地面积为 8.59 km^2；裸地面积为 6.49 km^2。该园区国内报道次数较少，对其了解程度不高。该园区位于中俄边境，与黑龙江省隔江相望，距离中国非常近，地理位置具有巨大优势。符拉迪沃斯托克园区位于港口城市符拉迪沃斯托克，水资源丰富，水域面积为 15.76 km^2。园区周边没有矿产资源。土地利用类型以耕地为主，面积为 41.55 km^2；其次为林地和草地，面积分别为 26.46 km^2、28.07 km^2；建设用地面积为 21.34 km^2。俄罗斯滨海华宇经济贸易合作区国内报道次数较少，对其了解程度不高；其靠近中国东北边境，距离中国较近。

俄罗斯滨海华宇经济贸易合作区平均海拔 148.74 m；地形以沿海平原为主，坡度较缓，地形起伏较小，靠近太平洋；地势相对较为平整。园区所在地区洪水和干旱发生的频率较高，危害较大，2001 年 8 月 6～12 日发生洪水，受灾面积为 36650 km^2，16 人死亡，25000 人受影响，直接经济损失为 1700 万美元；2003 年发生干旱，受灾人数为 100 万人。俄罗斯滨海华宇经济贸易合作区 10 km 缓冲区内没有保护区。

2.11.6 中国—白俄罗斯工业园

该工业园位于白俄罗斯首都明斯克近郊。2017 年白俄罗斯 GDP 为 544.42 亿美元，国民收入为 523.86 亿美元，人均 GNI 为 5280 美元，城镇人口总量为 742.89 万人，国家总人口数为 950.79 万人。明斯克工业产值占白俄罗斯的 1/4 以上。明斯克主要工业部门为机械制造业、轻工业和食品工业，其中以汽车木材加工、建材工业尤为发达。明斯克的科技发展有着优良的传统。明斯克有白俄罗斯大学、工学院、国民经济学院、师范学院和医学院等 14 所高等院校，170 多所普通教育学校。明斯克市是白俄罗斯首都，是白俄罗斯的政治、经济、科技和文化中心，是明斯克州首府，也是独联体总部所在地。白俄罗斯经济非常不稳定，以 2014～2017 年经济指数为例，GDP 年增长率分别为 1.72%、–3.83%、–2.53%、2.42%。

园区优惠税收政策如下。①从注册之日起 10 年内免缴：销售其在园区内自主生产的商品（产品、服务）而获得利润的利润税；位于园区内的建筑与设施（包括超标未完工建筑）、车位的不动产税（不论其用途如何）；园区内的土地税。②入驻者注册 10 年期满后，下一个 10 年内按照税率的 50%缴纳利润税、土地税、不动产税。③自园区入驻者产生总利润第一年起后的 5 年内，对园区企业创立者（参与者、股东、所有者）免征利润税和由园区入驻者加算的红利或相当于红利的收入税。④2027 年 1 月 1 日前，按 5%的税率向不通过常设代表机构进行经营活动的外国组织征收专利使用费收入税，该专利使用费由园区入驻者为其加算，包括工业、商业或科学实验（包括专有技术）的信息酬金，支付许可证、专利、图纸、有效模型、示意图、公式、工业样品等费用。⑤2027 年前，自然人根据劳动合同从园区入驻者处获得的收入按 9%的税率缴纳个人所得税。

园区周边有一天然的大型湖泊，水域面积为 7.1 km^2。园区周边没有矿产资源。园区以林地和耕地为主，交错分布，面积分别为 292.79 km^2、274.1 km^2；建设用地面积为 51.18 km^2。白俄罗斯能源较为充足，主要能源有天然气、石油、煤炭，白俄罗斯主要使用天然气发电和制热。白俄罗斯最重要的资源是石油，伴生天然气、泥炭、褐煤和易燃板岩，白俄罗斯水资源丰富，拥有大小河流两万多条，湖泊一万多个，有“万湖之国”美誉。该园区国内报道较多，对其了解程度较高。距离中国很远，该园区距离北京约 6447 km。

中国—白俄罗斯工业园平均海拔 215.25 m，最高点海拔为 216.44 m，最低点海拔为 213.68 m；地形以丘陵为主，但局部坡度较缓；地形起伏较小，园区北部地势高，南部地势较低。园区所在地区基本没有自然灾害。白俄罗斯工会在政府指导下发挥职能，基本不会与政府政策、决定发生冲突，与一般外企很少有牵连。中国企业虽然缺少与工会组织打交道的经验和事例，只要依法经营、按规定纳税，工会活动不会对企业造成影响。中国—白俄罗斯工业园 10 km 缓冲区内有自然保护区。

2.11.7 阿联酋中阿产能合作示范园

阿联酋中阿产能合作示范园位于阿联酋阿布扎比哈利法工业区(KIZAD)。经济、税收、能源、工会等因素主要从国家尺度分析，该园区的这些因素与阿联酋中阿(富吉拉)商贸物流园区相同。

园区毗邻阿布扎比哈利法港，距离阿布扎比市和迪拜市分别约 60 km、100 km。KIZAD 规划建设两大区域，其中 A 区 52 km^2，B 区 370 km^2。阿联酋中阿产能合作示范园在 A 区设立 2.2 km^2 的启动区，在 B 区预留 10 km^2 作为远期建设用地。园区区位优势明显，当地拥有著名的阿布扎比大学。

园区所在国家阿联酋位于沙漠地带，淡水资源匮乏。该国水域面积为 523.88 km^2。阿联酋矿产资源比较贫乏。阿联酋土地利用类型以沙漠为主，沙漠覆盖该国绝大部分地区，以沙漠为主的裸地面积为 54691.43 km^2；耕地和灌木面积分别为 543.78 km^2、465.37 km^2。该园区国内新闻报道很多，对其了解程度也高。该园区为阿拉伯半岛，距离中国较远，距离北京约 5700 km。

阿联酋中阿产能合作示范园平均海拔为 20 m；处于沿海平原地区，地形比较平坦；地势较低。自然灾害中干旱发生频率较高，危害较大，滑坡和地震发生频率较小，危害较小。

2.11.8 泰国泰中罗勇工业园

泰国泰中罗勇工业园位于泰国东部海岸。经济、税收、能源、工会等因素主要从国家尺度分析，该园区的这些因素与泰国中国—东盟北斗科技城相同。

园区位于泰国东部海岸，靠近泰国首都曼谷和廉差邦深水港，总体规划面积为 12 km^2，包括一般工业区、保税区、物流仓储区和商业生活区，主要吸引汽配、机械、家电等中国企业入园设厂。

园区水系发达，河流密布，园区东部有三个大型的天然湖泊分布，园区水域面积为 1.19 km^2。园区周围没有矿产资源。土地利用类型以建设用地为主，面积为 51.99 km^2；其次为草地，面积为 35.43 km^2；耕地面积为 13.85 km^2。该园区国内新闻报道较多，国内对其了解程度较高。泰国位于中南半岛，距离中国较近，距离广西南宁市约 1338 km。

泰国泰中罗勇工业园平均海拔 103.53 m，最高点海拔为 111.06 m，最低点海拔为 99.62 m；地形以低缓丘陵为主，地形相对平坦；地势中间低，两边较高。园区所在地区自然灾害主要是干旱和洪水，泰国泰中罗勇工业园所在地区发生洪水，造成 57 人死亡，63 万人受影响，经济损失为 5970 万美元；1994 年 8 月 2 日发生泥石流滑坡，造成 9 人死亡，1 万人受影响。泰国泰中罗勇工业园 10 km

缓冲区内没有保护区。

2.11.9　中国印尼综合产业园区青山园区

中国印尼综合产业园区青山园区位于印尼中苏拉威西省莫罗瓦利县巴霍多皮镇。经济、税收、能源、工会等因素主要从国家尺度分析，该园区的这些因素与印度尼西亚东加里曼丹岛农工贸经济合作区相同。

园区所在地拉威西省是印度尼西亚一级行政区。位于印度尼西亚苏拉威西岛，分东南、南、西、北、中五个苏拉威西省。园区交通便利，工业化水平较为落后，以农业为主。当地教育基础设施有限且水平不高。园区周边水资源十分丰富，水系众多，园区位于海港，面临太平洋，水域面积为 30.28 km^2。园区所在地拥有丰富的红土镍矿资源。园区气候为热带雨林气候，周边林地资源丰富，面积为 30.95 km^2；草地面积为 24.17 km^2；建设用地面积为 3.61 km^2。该园区国内报道次数较多，对其了解程度比较高。园区位于东南亚印尼中苏拉威省，距离中国海南三亚 2722 km。

中国印尼综合产业园区青山园区平均海拔为 110.04 m，最高点海拔为 95.84 m，最低点海拔为 86.52 m；地形以丘陵为主，地形起伏较大，坡度较缓；北部地势低，中间地势高。中国印尼综合产业园区青山园区 10 km 缓冲区内没有保护区。

2.11.10　中国—印尼肯达里工业区

中国—印尼肯达里工业区位于印度尼西亚肯达里。经济、税收、能源、工会等因素主要从国家尺度分析，该园区的这些因素与印度尼西亚东加里曼丹岛农工贸经济合作区相同。

肯达里位于印度尼西亚东南苏拉威西省首府。全市划分为 4 个行政区。东部 65 km 处有著名的风景区莫拉莫大瀑布，以工艺制作为主，为木材出口港。当地教育水平较低。园区位于印度尼西亚雅加达都市区内，该地区水资源丰富，靠近港口，海水资源丰富，水系发达，水域面积为 101.63 km^2。园区周边没有矿产资源。园区所在地雅加达都市区以建设用地为主，面积高达 1009.80 km^2；其次为草地，面积为 221.01 km^2；林地和耕地面积分别为 98.83 km^2、51.55 km^2；裸地面积为 33.30 km^2。该园区国内报道次数较多，对其了解程度比较高。该园区位于雅加达，距离中国较远，距离中国海南省三亚市约 2739 km。

中国—印尼肯达里工业区平均海拔为 17.02 m；地形以低缓平原为主，坡度较缓，地形起伏较小；地势相对较为平整。中国—印尼肯达里工业区 10 km 缓冲区有国家公园。

2.11.11 阿曼杜库姆产业园

该产业园位于阿曼杜库姆经济特区内。2017 年阿曼 GDP 为 726.43 亿美元，国民收入为 701.36 亿美元，人均 GNI 为 1.44 万美元，城镇人口总量为 387.41 万人，国家总人口数为 463.63 万人。杜库姆位于亚洲到非洲和欧洲的东西方海运航道上，在霍尔木兹海峡之外，且距其不远，战略地位十分重要。特区内的道路系统包括两条主干道，分别为 17 km 和 22.5 km，连接港口、机场、旅游区、中心商务区和居民区等主要区域。正在建设中的第三条主干道长约 37 km，除连接市内主要区域外，还融入国家公路网，与阿曼其他主要城市相通。当地教育医疗等基础设施完善，教育水平还算不错。国内拥有著名高校卡布斯苏丹大学。阿曼经济极不稳定，2014～2017 年，阿曼 GDP 年增长率分别为 2.75%、4.74%、5.38%、–0.27%。从 2015 年 7 月初开始，所有的工业公司将免除利润税 5 年，到期后可再延长 5 年。特许工业机构将在项目执行期内享受产业实体免征进口关税政策，如机器、设备、零部件、原材料等；工业部门的实体也将享受 5 年免征所得税。

该园区分为三个园区，分别为阿曼杜库姆产业园（重工业园区）、阿曼杜库姆产业园（轻工业和综合园区）和阿曼杜库姆产业园（旅游园区）。园区靠近印度洋，具备海运条件，能减少园区产品和原材料的运输成本。其周围没有矿产资源。阿曼杜库姆产业园（重工业园区）及其周围以荒漠为主，其次为海域，面积为 34.02 km^2；建设用地面积为 0.06 km^2。阿曼杜库姆产业园（轻工业和综合园区）建设用地面积为 6.3 km^2。阿曼是典型的资源输出型国家，油气产业是国民经济的支柱。油气业产值占 GDP 的 41%，其收入占政府财政收入的 75%。阿曼能源丰富，已探明石油储量 55 亿桶，天然气 8495 亿 m^3，煤矿储量约 1.2 亿 t。该园区国内报道次数较多，对其了解程度比较高。距离中国较远，距离北京约 6012 km。

阿曼杜库姆产业园（重工业园区）平均海拔为 4.07 m，海拔较低，最高点海拔为 4.18 m，最低点海拔为 3.79 m；阿曼杜库姆产业园（轻工业和综合园区）平均海拔为 10.72 m，海拔较低，最高点海拔为 11.99 m，最低点海拔为 7.91 m；阿曼杜库姆产业园（旅游园区）平均海拔为 10.3 m，海拔较低，最高点海拔为 10.64 m，最低点海拔为 9.84 m。它们位于沿海平原地区，地形比较平坦，地势较低。在自然灾害中干旱发生频率较高，危害较大，地震发生频率较低，危害较小。阿曼工会发展的历史还不长，但在石油等领域已经能够发挥较大的作用，因此，中国企业在阿曼投资合作应重视与工会的合作关系。阿曼杜库姆产业园 10 km 缓冲区内有野生动物保护区。

2.11.12　印尼华夏幸福印尼产业新城

印尼华夏幸福印尼产业新城位于印度尼西亚万丹省唐格朗市。经济、税收、能源、工会等因素主要从国家尺度分析，该园区的这些因素与印度尼西亚东加里曼丹岛农工贸经济合作区相同。

万丹省是距离印尼首都雅加达最近的一个省，经济相对比较发达。万丹省全省大致分布是，北部为工业区，这里有印尼最大的钢铁厂(Krakatau Steel)，Tanggerang 区设有工业开发区；中部为城区；南部是农业区、园林种植区、家禽养殖区以及矿产区；西部是巽他海峡。

园区位于雅加达都市区内，该地区水资源丰富，靠近港口，海水资源丰富，水系发达，水域面积为 101.63 km^2。园区周边没有矿产资源。园区所在地以建设用地为主，面积高达 1009.80 km^2；其次为草地，面积为 221.01 km^2；林地和耕地面积分别为 98.83 km^2、51.55 km^2；裸地面积为 33.30 km^2。该园区国内报道次数较多，对其了解程度比较高。该园区位于雅加达，距离中国较远，距离中国海南省三亚市约 2739 km。

印尼华夏幸福印尼产业新城平均海拔为 35.59 m；地形以低缓平原为主，坡度较缓，地形起伏较小；地势相对较为平整。印度尼西亚最为严重的自然灾害是干旱和洪水。印尼华夏幸福印尼产业新城 10 km 缓冲区内没有保护区。

2.11.13　广西印尼沃诺吉利经贸合作区

广西印尼沃诺吉利经贸合作区位于印度尼西亚中爪哇省沃诺吉利县县城北部。经济、税收、能源、工会等因素主要从国家尺度分析，该园区的这些因素与印度尼西亚东加里曼丹岛农工贸经济合作区相同。

园区东边距离著名的梭罗河仅 1 km，距离南部的哇渡加瓜湖 5 km，离沃诺吉利县火车站仅 1.5 km，离北部重要国际港口三宝垄 210 km，交通方便。当地教育水平不高。

园区所在地水资源非常丰富，水系发达，河流众多，南部有一个大型的天然湖泊，园区及其周边水域面积为 0.06 km^2。园区周边没有矿产资源。园区及其周边地区以草地为主，面积为 7.21 km^2；林地面积为 0.77 km^2；裸地面积为 0.36 km^2；耕地面积为 0.1 km^2。该园区国内新闻报道次数较多，对其了解程度较高。园区位于东南亚印度尼西亚日惹特区，距离中国海南省三亚市 2901 km。

广西印尼沃诺吉利经贸合作区平均海拔为 154.75 m；地形以低缓平原为主，坡度较缓，地形起伏较小；地势相对较为平整。广西印尼沃诺吉利经贸合作区 10 km 缓冲区没有保护区。

2.11.14 老挝万象赛色塔综合开发区

老挝万象赛色塔综合开发区位于老挝万象赛色塔。经济、税收、能源、工会等因素主要从国家尺度分析，该园区的这些因素与老挝云橡产业园相同。

开发区占地 11.5 km^2，位于老挝首都万象市主城区东北方 17 km 处，是万象新城区的核心区域。项目区位优越，毗邻 13 号公路等多条主要公路干道。当地工业水平较低，旅游业较为发达。万象市有著名高校老挝国立大学。

园区周围水系较为发达，园区北部有河流通过，周围农业灌溉的水塘较多，水域面积为 2.38 km^2。园区周围没有矿产资源。园区土地利用以耕地为主，面积为 59.52 km^2；其次为建设用地，面积为 18.19 km^2；林地和草地面积分别为 11.53 km^2、17.63 km^2。该园区国内新闻报道较多，国内对其了解程度较高。老挝与中国接壤，距离非常近。

老挝万象赛色塔综合开发区平均海拔 169.4 m，海拔较低，最高点海拔为 172.74 m，最低点海拔为 169.20 m；以平原为主，地形总体平坦，地形起伏较小。园区所在地区自然灾害主要是洪水，发生频率较高，危害较大。老挝万象赛色塔综合开发区 10 km 缓冲区内有南河国家生物多样性保护区和东盟遗产公园。

2.11.15 俄罗斯圣彼得堡波罗的海经济贸易合作区

俄罗斯圣彼得堡波罗的海经济贸易合作区位于俄罗斯圣彼得堡。经济、税收、能源、工会等因素主要从国家尺度分析，该园区的这些因素与俄罗斯跃进工业园相同。

圣彼得堡位于俄罗斯西北部，为列宁格勒州首府，是俄罗斯第二大城市及俄罗斯第二大政治、经济中心，也是俄西北地区中心城市，全俄重要的水陆交通枢纽。高等学府有圣彼得堡大学、国立师范大学等。

园区及周边水域面积为 0.43 km^2。园区周边没有矿产资源。园区及周边以裸地为主，面积为 1.11 km^2；草地面积为 0.82 km；林地面积为 0.36 km^2。该园区国内新闻报道次数较多，对其了解程度较高。园区位于俄罗斯西部地区，靠近波罗的海，距离中国很远，距离北京约 6091 km。

俄罗斯圣彼得堡波罗的海经济贸易合作区平均海拔 123.14 m；地形以低缓平原为主，坡度较缓，地形起伏较小，靠近公路，交通便利；地势相对较为平整。园区所在地区自然灾害发生频率较低。俄罗斯圣彼得堡波罗的海经济贸易合作区 10 km 缓冲区在拉姆萨尔湿地等国际重要湿地的边缘区域内。

2.11.16　青岛印尼综合产业园

青岛印尼综合产业园位于印度尼西亚苏拉威西岛莫罗瓦利地区。经济、税收、能源、工会等因素主要从国家尺度分析，该园区的这些因素与印度尼西亚东加里曼丹岛农工贸经济合作区相同。

青岛印尼综合产业园所在区域与莫罗瓦利港相邻，产业园中心位置到港口路程为 1462.74 m，驾车仅需 2 分钟即可到达，有利于产业园产品的对外运输。产业园北部为布莱伦、托拉特、拉菲三个城市，西北部附近有布莱伦自然保护区，西南部分布有雅米清真寺。产业园与这些地区均有道路沟通，交通便利。综上所述，青岛印尼产业园所在地对外依托港口，对内交通便利，矿产资源丰富，能源供应充足，区位条件良好。

园区与莫若瓦力港相邻，面临太平洋，水资源非常丰富。园区附近有一个大型露天煤矿和一个大型露天镍铁矿场。建区前林地占 65.7%、水域占 26.4%、建设用地占 0.3%、裸地占 7.6%；建区后林地占 65.2%、水域占 26.0%、建设用地占 0.7%、其他(裸地)占 8.1%。建区后区域内主要土地利用类型为林地；无明显海岸线变化，水域面积基本不变；建设用地扩大；林地砍伐及物料运输开路(土路)导致裸地面积略有扩大。该园区国内报道较少，对其了解程度较低。园区位于东南亚印尼中苏拉威省，距离中国海南省三亚市约 2722 km。

青岛印尼综合产业园平均海拔为 70.30 m，最高点海拔为 91.01 m，最低点海拔为 68.42 m；地形以丘陵为主，地形起伏较大，坡度较陡；中间地势低，四周地势较高。园区所在地区较为严重的自然灾害是滑坡，干旱和地震发生的频率较小，危害较小。青岛印尼综合产业园 10 km 缓冲区在海洋保护区边缘区域内。

2.11.17　俄罗斯莫戈伊图伊(毛盖图)工业区

俄罗斯莫戈伊图伊(毛盖图)工业区位于俄罗斯后贝加尔边疆区阿金斯克州毛盖图区。经济、税收、能源、工会等因素主要从国家尺度分析，该园区的这些因素与俄罗斯跃进工业园相同。

园区在后贝加尔铁路沿线上，此铁路通往中国满洲里口岸的重要交通枢纽站。国内拥有莫斯科大学、圣彼得堡大学等著名高校。向南距中国满洲里口岸 270 km，向北距离赤塔市 173 km。铁路、公路直通中国，交通便利。

园区所在地水资源比较匮乏，遥感监测区域内水域面积为 0.001 km^2。园区周边没有矿产资源。园区所在地以耕地为主，面积为 4.14 km^2；草地面积为 0.14 km^2。该园区国内新闻报道次数较多，对其了解程度较高。该园区位于中国黑龙江西北

部，距离中国较近，距离哈尔滨约 993 km。

俄罗斯莫戈伊图伊(毛盖图)工业区平均海拔 646.95 m，海拔较高，地形以山地为主，中间地形较为平坦；地势平整。园区所在地区自然灾害以干旱为主，发生频率较高。俄罗斯莫戈伊图伊(毛盖图)工业区 10 km 缓冲区没有保护区。

2.11.18 缅甸皎漂特区工业园

缅甸皎漂特区工业园项目位于缅甸皎漂经济特区，包括深水港项目和工业园项目。2017 年国家 GDP 为 693.22 亿美元，国民收入为 658.56 亿美元，人均 GNI 为 1190 美元，城镇人口总量为 1618.30 万人，国家总人口数为 5337.06 万人。皎漂港位于缅甸西部的若开邦的皎漂县，地处孟加拉湾西海岸，西邻印度洋。位置较偏僻，周边基建也较为薄弱，但从地理上来看，皎漂深水港在孟加拉国的吉大港、仰光的仰光港和印度的加尔各答港间的水路交通中转方面将发挥重要的作用。缅甸总体教育水平相对落后。缅甸总体经济情况还算稳定，2014～2017 年 GDP 年增长率分别为 7.99%、6.99%、5.87%和 6.37%。根据在发展经济中所扮演的角色，企业将会被分为 1～3 级，在优先领域的企业列为 1 级，将最有可能获得税收优惠。

园区所在地位于港口，水资源极为丰富，水系发达，河流密布，靠近海洋海水资源丰富，水域面积为 1.32 km^2。园区周边没有矿产资源。园区及周边以林地为主，面积为 4.11 km^2；裸地面积为 0.37 km^2；草地面积为 2.36 km^2；灌木面积为 0.5 km^2。缅甸能源丰富，能充分满足国内生产建设需要。石油和天然气在内陆及沿海均有较大蕴藏量。截至 2013 年 6 月，探明煤储量逾 4.9 亿 t，探明大陆架石油储量达 22.73 亿桶，天然气 8.1 万亿立方英尺，共有陆地及近海油气区块 77 个。水利资源丰富，伊洛瓦底江、钦敦江、萨尔温江、锡唐江四大水系纵贯南北，水利资源占东盟国家水利资源总量的 40%，但由于缺少水利设施，其尚未得到充分利用。该园区国内新闻报道次数较多，对其了解程度较高。缅甸与中国云南接壤，距离中国非常近，距离中国云南省昆明市约 1128 km。

缅甸皎漂特区工业园平均海拔为 2.83 m，为低山丘陵，地形坡度小于 10°，为单一地貌单元，地面相对高差较小。园区所在地区自然灾害主要是干旱和滑坡，发生频率较高，危害较大。中资企业要处理好与当地工人和工会的关系，一旦出现问题，首先应了解工人和工会组织的诉求，在沟通过程中可聘请企业在缅甸的合作伙伴或当地有声望的宗教人士与工会组织进行沟通。不要否定、对抗当地合法注册的工会组织，不要主动把工会与政治挂钩。缅甸皎漂特区工业园 10 km 缓冲区没有保护区。

2.11.19　老挝磨憨—磨丁经济合作区

老挝磨憨—磨丁经济合作区位于老挝琅南塔省。经济、税收、能源、工会等因素主要从国家尺度分析，该园区的这些因素与老挝云橡产业园相同。

琅南塔省山林密布，耕地稀少，经济落后，交通不便，是老挝上寮地区通往中国的主要贸易口岸，也是上寮地区比较重要的城镇，南塔河绕城而过，灌溉两岸田地，附近是肥沃的琅南塔盆地，产稻米，放牧牛羊，有铜矿。该合作区所在地是中老泰经济走廊的交通枢纽，中老铁路、昆曼公路两大国际通道以及磨万高速、磨会高速在此交会，发展投资价值巨大。目前，该合作区已规划建设国际商业金融会展、国际文化旅游度假、国际保税物流和国际教育医疗四大产业集群。

园区周围河流较多，水系较发达，优良的水运条件为园区产品和原料的运输提供了便利，减少运输成本。园区周围没有矿产资源。园区及其周边地区以林地为主，林地面积为 87.11 km^2；耕地和建设用地面积分别为 18.36 km^2、6.53 km^2。该园区国内报道次数较多，对其了解程度比较高。该园区一部分位于中国云南西双版纳境内，一部分分布在老挝境内，地理位置上具有巨大的优势。

老挝磨憨—磨丁经济合作区平均海拔为 880.93 m，海拔较高，最高点海拔为 902.63 m，最低点海拔为 866.31 m；以山地为主，地形起伏较大；园区内中间地势较低，四周地势较高。老挝磨憨—磨丁经济合作区 10 km 缓冲区内有南河国家生物多样性保护区和东盟遗产公园。

2.11.20　越南龙江工业园

越南龙江工业园位于越南西南部的前江省新福县。经济、税收、能源、工会等因素主要从国家尺度分析，该园区的这些因素与越南云中工业园相同。

越南龙江工业园位于前江省新福县，属于越南南部胡志明市经济圈，紧邻胡志明市—芹苴高速公路和国道 1A，交通便利。园区周边水系发达，河道纵横分布，水域面积为 1.7 km^2。园区周边没有矿产资源。园区周边范围以耕地为主，面积为 50.81 km^2；其次为林地，面积为 28.02 km^2；建设用地面积为 14.84 km^2；草地面积为 4.23 km^2。越南龙江工业园在国内报道次数较多，国内对其了解程度很高。

越南龙江工业园平均海拔 2.52 m，最低点海拔为 0.0 m，最高点海拔为 2.67 m；土地类型以沿海平原为主，地形平坦，起伏较小；地势较为平整。越南自然灾害洪水发生频率较高，危害较大。越南龙江工业园 10 km 缓冲区没有

保护区。

2.11.21 中国交建墨西哥工业园

该园区位于哈利斯科州。2017 年墨西哥 GDP 为 1.15 万亿美元，国民收入为 1.12 万亿美元，人均 GNI 为 8610 美元，城镇人口总量为 1.03 亿人，国家总人口数为 1.29 亿人。哈利斯科州地理位置优越，自然资源丰富，采矿、电子、纺织、制酒等工业和农牧业及物流处于墨西哥全国领先水平。当地文化底蕴浓厚，教育水平较高。2014～2017 年墨西哥 GDP 年增长率分别为 2.85%、3.27%、2.91%和 2.04%，经济较为稳定。

园区周边水资源比较丰富，周围分布有较多的天然湖泊，南部有一大型湖泊查帕拉湖，园区所在地水域面积为 0.6 km^2。园区周边没有矿产资源。园区所在地以建设用地为主，面积为 279.64 km^2；其次为耕地，面积为 64.29 km^2；林地、草地和灌木面积分别为 9.61 km^2、4.92 km^2、18.55 km^2。墨西哥能源非常丰富，能满足国内生产建设需要。油气资源是墨西哥最重要的矿产资源，据墨西哥经济部统计，截至 2011 年底，墨西哥的石油剩余探明可采储量为 20.62 亿 t，居世界第 18 位；天然气剩余探明可采储量为 3325.14 亿 m^3，居世界第 31 位；常规石油可采资源量为 114 亿 t，居世界第 8 位；常规天然气可采资源量为 5.53 万亿 m^3，居世界第 13 位。此外，墨西哥待发现的石油资源量为 38 亿 t，天然气为 1.32 万亿 m^3。该园区国内有一些相关新闻报道，对其有一定了解，但了解程度不高。墨西哥位于北美洲，距离中国很远，距离北京约 12116 km。

中国交建墨西哥工业园平均海拔为 1564.88 m；海拔较高；地形以高原为主，地形起伏较大，坡度较陡；园区地势整体较高；靠近公路，交通便利。园区所在地区洪水和滑坡发生频率较高；中国交建墨西哥工业园 10 km 缓冲区内有巴兰卡德尔里奥圣地亚哥市政公园、Bosque El Nixticuil-圣埃斯特万市政公园、拉普里马韦拉动植物保护区和 Barranca Oblatos-Huentitán 生态保护区。

2.11.22 塞尔维亚中国工业园

塞尔维亚中国工业园位于塞尔维亚贝尔格莱德(Belgrade)市西北部。经济、税收、能源、工会等因素主要从国家尺度分析，该园区这些因素与塞尔维亚贝尔麦克商贸物流园相同。

贝尔格莱德是塞尔维亚的首都，地处巴尔干半岛核心位置，坐落在多瑙河与萨瓦河的交会处，北接多瑙河中游平原，即伏伊伏丁那平原，南接老山山脉的延伸舒马迪亚丘陵，居多瑙河和巴尔干半岛的水陆交通要道，是欧洲和近东的重要联络点，有很重要的战略意义。贝尔格莱德拥有两所国立大学和数家私立高等教育机构。

园区周边水资源丰富，多瑙河从旁边经过，周围水系较多，水域面积为 43.04 km^2。园区周边没有矿产资源。园区所在地贝尔格莱德以林地为主，面积为 177.56 km^2；其次为耕地，面积为 157.12 km^2。该园区国内新闻报道较多，国内对其了解程度较高。该园区位于欧洲，距离中国较远，距离北京约 7425 km。

塞尔维亚中国工业园平均海拔为 69.08 m；地形以低缓平原为主，坡度较缓，地形起伏较小，靠近公路，交通便利；地势相对较为平整。园区所在地区发生过干旱，灾害程度较轻，损失较小。塞尔维亚中国工业园 10 km 缓冲区内有 Veliko ratno ostrvo 自然保护区、阿卡德姆斯基公园和 Pionirski 公园。

2.11.23　中缅边境经济合作区

中缅边境经济合作区位于中缅边境云南省德宏傣族景颇族自治州(简称“德宏”)。经济、税收、能源、工会等因素主要从国家尺度分析，该园区的这些因素与缅甸皎漂特区工业园相同。

在中缅交往合作中，德宏具有无可替代的优势和作用，德宏与缅甸人缘地缘关系特殊，经贸往来、交流合作历史悠久，胞波友谊源远流长，在德宏建设中缅边境经济合作区具备天时地利人和的条件。在德宏建设中缅边境经济合作区具备成熟的口岸优势。

园区位于中缅边境，瑞丽江从园区旁穿过，水资源丰富，其水域面积为 0.21 km^2。园区周边没有矿产资源。由于园区位于热带地区，遥感影像受云层干扰较为严重，云覆盖面积为 13.51。耕地和林地面积分别为 5.27 km^2、5.26 km^2；建设用地面积为 2.93 km^2。该园区国内新闻报道很多，对其了解程度非常高。该园区位于缅甸和中国云南省交界处，距离中国非常近，在地理位置上具有优势。

中缅边境经济合作区平均海拔 3.12 m，最高点海拔为 4.58 m，最低点海拔为 0.88 m，地形以沿海平原为主，地形较为平坦；地势较为平整。园区所在地区自然灾害主要是干旱，发生频率较高，危害较大。中缅边境经济合作区 10 km 缓冲区内没有保护区。

2.11.24　墨西哥北美华富山工业园

墨西哥北美华富山工业园位于墨西哥新莱昂州蒙特雷市北部约 20 km 处。经济、税收、能源、工会等因素主要从国家尺度分析，该园区的这些因素与中国交建墨西哥工业园相同。

园区距离美国得克萨斯州拉雷多市约 200 km。蒙特雷的海洋地理位置非常优越，为科学家提供了非常便利的深海入口。规模最大、最深(3.2 km)的美国太平洋大峡谷正位于此处。蒙特雷水族馆是北美最大的水族馆之一，位于 Cannery Row 的南端，拥有一些重要的海洋科学实验基地。

园区周边水资源较少，水域面积为 0.07 km²。园区周围没有矿产资源。园区以林地为主，林地面积为 39.5 km²；建设用地面积为 10.64 km²；草地面积为 4.63 km²。该园区国内报道次数较多，对其了解程度比较高。其距离中国较远。

墨西哥北美华富山工业园平均海拔 567.06 m，海拔较高，最高点海拔为 567.80 m，最低点海拔为 566.8 m；地形以高原为主，但局部地形起伏较小；园区地势中部高，四周低。墨西哥北美华富山工业园 10 km 缓冲区内有生态保护区。

2.11.25 尼日利亚卡拉巴汇鸿开发区

尼日利亚卡拉巴汇鸿开发区位于尼日利亚十字河州卡拉巴自由贸易区。经济、税收、能源、工会等因素主要从国家尺度分析，该园区的这些因素与越美尼日利亚纺织工业园相同。

园区所在地水资源非常丰富，水系发达，河流众多，十字河从旁穿流而过，水域面积为 2.97 km²。园区周边没有矿产资源。园区所在地以林地和草地为主，面积分别为 31.91 km²、32.42 km²。建设用地面积为 9.81 km²。该园区国内新闻报道次数较多，对其了解程度很高。园区位于西非，距离中国较远，距离北京约 11198 km。

尼日利亚卡拉巴汇鸿开发区平均海拔 55.77 m；地形以平原为主；地形起伏较小，坡度较缓，园区整体地势较为平整。其靠近公路，交通便利。尼日利亚自然灾害有干旱、洪水和滑坡等，自然灾害发生频率较高，危害较大。尼日利亚卡拉巴汇鸿开发区 10 km 缓冲区在森林保护区的边缘区域内。

2.11.26 乌兹别克斯坦中乌合资鹏盛工业园区

乌兹别克斯坦中乌合资鹏盛工业园区位于乌兹别克斯坦锡尔河州。经济、税收、能源、工会等因素主要从国家尺度分析，该园区的这些因素与乌兹别克斯坦安集延纺织园区相同。

园区水资源较丰富，锡尔河从其北部和东部经过，水域资源面积为 8.65 km²。园区周边没有矿产资源。园区及其周边范围以耕地为主，面积为 133.67 km²；建设用地面积为 28.06 km²；草地面积为 5.45 km²。该园区国内新闻报道较多，国内对其了解程度较高。乌兹别克斯坦位于中亚，距离中国比较近，距离中国新疆霍尔果斯口岸近 1033 km。

乌兹别克斯坦中乌合资鹏盛工业园区平均海拔 256.29 m，最高点海拔为

259.83 m，最低点海拔为 255.32 m；地形以低缓丘陵为主，相对较为平坦；地形起伏较小。乌兹别克斯坦最为严重的自然灾害是干旱，滑坡和地震发生频率较低，危害不大。乌兹别克斯坦工会发展程度低，影响力有限，中国企业在乌兹别克斯坦开展业务很少受到乌兹别克斯坦工会的干预。乌兹别克斯坦中乌合资鹏盛工业园区 10 km 缓冲区内没有保护区。

2.11.27　万达印度产业园

万达印度产业园位于印度哈里亚纳邦。经济、税收、能源、工会等因素主要从国家尺度分析，该园区的这些因素与特变电工印度绿色能源产业园相同。

哈里亚纳邦东以亚穆纳河与北方邦为界，首府为昌迪加尔。当地教育水平落后，与此同时，印度也是世界文盲率最高的国家。园区所在地水资源较为丰富，水系比较多，河流穿城而过，水域面积为 28.44 km^2。园区周边没有矿产资源。园区及其周边地区以耕地为主，面积为 1093.16 km^2；其次为裸地，面积为 746.67 km^2；建设用地面积为 372.71 km^2；灌木面积为 166.29 km^2。该园区国内新闻报道次数较多，对其了解程度较高。

万达印度产业园平均海拔 211.5 m，地形以低缓丘陵为主，坡度较缓，地形起伏较小，地势相对较为平整。园区所在地区最为严重的自然灾害是干旱和洪水。万达印度产业园 10 km 缓冲区内没有保护区。

2.11.28　赞比亚中国经济贸易合作区

赞比亚中国经济贸易合作区有两个园区，分别为位于赞比亚铜带省的谦比西园区和紧邻卢萨卡国际机场的卢萨卡园区。经济、税收、能源、工会等因素主要从国家尺度分析，该园区的这些因素与赞比亚中垦非洲农业产业园相同。

谦比西园区位于赞比亚铜带省中部，距离赞比亚首都卢萨卡 360 km，距离赞比亚第二大城市恩多拉 70 km，距离赞比亚第三大城市基特韦 28 km；卢萨卡园区位于赞比亚首都卢萨卡市东北部，距离市中心 25 km，南侧紧邻卢萨卡国际机场。

卢萨卡园区周边水资源较少，仅园区东部有几个小面积的天然水塘，水域总面积为 0.88 km^2。园区周边无矿产资源。园区以林地为主，林地面积为 19.2 km^2；草地面积为 7.02 km^2；建设用地面积为 4.03 km^2。谦比西分区水资源也非常少，面积只有 0.01 km^2。园区周边分布许多大型采矿场。谦比西分区以裸地为主，面积为 6.1 km^2；绿地面积为 0.99 km^2；道路占地面积为 0.34 km^2。该园区国内新闻报道较多，对其了解程度比较高。

赞比亚中国经济贸易合作区（卢萨卡园区）平均海拔 1281.51 m，海拔较高，最高点海拔为 1282.43 m，最低点海拔为 1280.64 m；地形以高原为主，但局部地形起伏较小；园区地势整体较为平整。而赞比亚中国经济贸易合作区(谦比西园区)平均海拔 1264.99 m，海拔较高，最高点海拔为 1268.63 m，最低点海拔为 1263.42 m；地形以高原为主，但局部地形起伏较小；园区地势西南高，东北低。赞比亚中国经济贸易合作区有森林保护区。

2.11.29 埃塞俄比亚东方工业园

埃塞俄比亚东方工业园位于埃塞俄比亚首都亚的斯亚贝巴附近的杜卡姆市。经济、税收、能源、工会等因素主要从国家尺度分析，该园区的这些因素与埃塞俄比亚阿达马(Adama)轻工业园区相同。

亚的斯亚贝巴是埃塞俄比亚的经济中心。全国半数以上企业集中于城市的西南部，南郊为工业区。城内有咖啡贸易中心。它是公路、铁路交通枢纽，有班机与国内城市和非洲、欧洲、亚洲国家联系。当地拥有亚的斯亚贝巴大学。

园区周边水资源丰富，分布有8个较大型的天然湖泊，面积分别为0.9898 km^2、1.1555 km^2、1.3210 km^2、0.7468 km^2、0.1979 km^2、1.6916 km^2、0.8852 km^2、0.5879 km^2。园区周边无矿产资源。园区周边以耕地为主，耕地面积为 71.10 km^2，占比为 69.1%；其次是建设用地，面积为 21.25 km^2，占比为 20.7%；林地、草地仅占 2.5%和 5.9%。埃塞俄比亚东方工业园是中国在埃塞俄比亚唯一的一家国家级境外经贸合作区，国内经常有新闻报道，对其了解程度比较深。园区位于非洲大陆埃塞俄比亚首都附近，与中国距离遥远，距离北京约 8327 km，距离广州约 8028 km。

埃塞俄比亚东方工业园平均海拔 1912.95 m，海拔较高，最高点海拔为 1918.19 m，最低点海拔为 1908.58 m；地形以高原为主；但局部地形起伏较小，园区整体较为平整。园区所在地灾害发生频率较小，危害较小。埃塞俄比亚工会势力强大，一旦决定通过罢工等方式加薪或保护某员工权益，公司极易处于相当被动的境地。埃塞俄比亚东方工业园 10 km 缓冲区内有国家级森林保护区。

2.11.30 乌干达辽沈工业园

乌干达辽沈工业园距离乌干达首都坎帕拉市约 55 km。经济、税收、能源、工会等因素主要从国家尺度分析，该园区的这些因素与乌干达山东工业园相同。

该园区距离乌干达到肯尼亚的主干道 75 km。坎帕拉是全国政治、文化和经济中心。其有小学 308 所，中学 36 所，教师培训学校 3 所，城市西部坐落着东非地区最早建立的麦克雷雷大学。

园区周围没有河流分布，水资源稀少。园区周围没有矿产资源。园区以草地为主，面积为 16.543 km^2；其次为耕地，面积为 5.807 km^2；林地和建设用地面积分别为 1.395 km^2 和 1.356 km^2。该园区国内报道次数较多，对其了解程度比较高。距离中国较远，距离北京约 9490 km。

乌干达辽沈工业园平均海拔 1116.67 m，海拔较高，最高点海拔为 1117.15 m，最低点海拔为 1115.24 m；地形以高原为主；但局部地形起伏较小，园区北部地势高，南部地势较低。园区所在地区有洪水和滑坡发生，发生频率较低，灾害较小。乌干达辽沈工业园 10 km 缓冲区有森林保护区。

第 3 章

境外产业园区建设进度遥感监测

3.1 重点海外园区建设进度综合排名及具体项目排名

3.1.1 重点海外园区建设进度综合排名

海外园区是我国境外投资的重要平台，应及时、准确地把握我国境外园区的建设进度。本小节采用道路建设进度、施工建设进度、建筑建设进度以及灯光指数等指标来评价 35 个重点海外园区的综合建设进度。在评价体系中，道路建设进度、建筑建设进度、施工建设进度以及灯光指数的权重分别为 0.25、0.25、0.30、0.20，然后对各个园区进行综合排名，结果见表 3-1。

表 3-1　35 个重点海外园区各项指标综合得分及排名

园区名称	道路建设进度	施工建设进度	建筑建设进度	灯光指数	综合得分	综合排名
泰国泰中罗勇工业园	51.00	100.00	68.50	49.05	65.56	1
越南龙江工业园经济贸易合作区	43.50	56.00	56.00	95.22	62.68	2
中白俄罗斯工业园	70.00	76.00	51.00	48.95	60.24	3
中哈霍尔果斯国际边境合作中心	49.50	58.00	55.00	75.27	59.29	4
埃塞俄比亚东方工业园	34.50	68.00	73.00	50.88	56.85	5
中国印尼综合产业园区青山园区	53.50	36.00	52.00	66.71	52.85	6
马中关丹产业园	31.50	32.00	56.00	86.71	52.75	7
苏伊士经贸合作区	34.50	66.00	39.00	74.21	52.08	8
柬埔寨西哈努克港经济特区	34.50	38.00	76.00	50.90	51.75	9
恒逸文莱大摩拉岛一体化石化项目	85.50	36.00	66.50	10.00	51.03	10
亚洲之星农业产业合作区	54.50	42.00	38.50	66.39	50.17	11

续表

园区名称	道路建设进度	施工建设进度	建筑建设进度	灯光指数	综合得分	综合排名
中乌合资鹏盛工业园区	54.50	46.00	42.50	41.48	45.94	12
中匈宝思德经贸合作区	36.00	14.00	59.00	62.20	45.05	13
中老磨憨-磨丁经济合作区	29.50	42.00	55.00	47.74	44.21	14
不来梅产业园	10.00	40.00	53.50	66.22	43.10	15
中欧商贸物流合作园-切佩尔港物流园	53.00	24.00	30.00	62.15	42.59	16
万象赛色塔综合开发区	41.50	50.00	26.50	48.48	40.44	17
中欧商贸物流合作园-布达佩斯商贸城	35.00	16.00	43.00	55.65	38.76	18
俄罗斯乌苏里斯克经贸合作区	28.00	16.00	50.50	51.96	38.34	19
北美华富山工业园区	34.50	56.00	20.00	45.19	37.12	20
中法经济贸易合作区	50.00	30.00	26.00	36.64	35.46	21
赞比亚-中国经济贸易合作区（谦比西园区）	38.00	32.00	33.00	34.83	34.51	22
中国-比利时科技园	51.50	12.00	27.00	43.61	34.28	23
桔井省经济特区	28.00	58.00	10.00	50.48	34.22	24
赞比亚-中国经济贸易合作区（卢萨卡园区）	33.00	32.00	26.50	45.29	33.92	25
科伦坡港口城	30.00	32.00	20.00	55.40	33.75	26
马六甲临海工业园	24.50	24.00	43.50	38.37	33.57	27
乌干达辽沈工业园	23.50	20.00	10.00	78.97	32.62	28
赞比亚奇帕塔产业园	31.50	10.00	23.50	45.36	28.26	29
毛里求斯晋非经济贸易合作区	16.50	16.00	23.50	54.74	28.06	30
青岛印尼综合产业	31.50	10.00	13.50	49.82	26.38	31
中国-阿曼（杜库姆）产业园区（轻工业与综合园区）	10.00	50.00	10.00	26.72	22.18	32
赞比亚佩塔乌凯产业园	26.50	14.00	17.00	23.08	20.29	33
中国-阿曼（杜库姆）产业园区（旅游园区）	10.00	24.00	10.00	26.72	16.98	34
中国-阿曼（杜库姆）产业园区（重工业园区）	10.00	10.00	10.00	26.72	14.18	35

泰国泰中罗勇工业园位于东盟创始成员国泰国。泰国位于东南亚的中心，长期以来一直以其完善的基础设施、宽松的投资环境、较好的市场辐射能力、稳定的社会和政治以及友好丰富的文化吸引着来自世界各国的投资者，拥有较为广阔的发展前景。这些条件使得泰中罗勇工业园发展非常顺利，在 35 个园区中建设进度排名第一。

排名第二的是越南龙江工业园经济贸易合作区，位于越南。越南政治稳定，社会安定。经济自革新开放以来迅速发展，是继中国之后发展最快的国家，经济

极具活力，发展前景为国际社会普遍看好。其宽松的投资贸易环境以及较高的投资回报率吸引越来越多的各国直接投资者，成为国外热衷投资的理想投资地。

排名第三的是中白俄罗斯工业园。该园区位于白俄罗斯，总占地 91.5 km^2，于 2012 年开始规划建设，是中国目前开发面积最大、合作层次最高的境外经贸合作区。由中国和白俄罗斯两国元首倡导，两国政府大力支持推动，国机集团、招商局集团两大央企主导开发运营。因此中白俄罗斯工业园建设进度较其他园区有较大优势。

中国-阿曼产业园区在 35 个园区建设进度排名为最后。该园区在 2016 年才签署投资协议，目前处于项目准备阶段，尚未开始建设，所以排名为最后。赞比亚佩塔马凯产业园排名倒数第三名，该园区占地面积相对较小，以第一产业为主，相比于第二、第三产业以及综合型园区优势较小。

3.1.2 重点园区道路排名

本节利用园区内道路总长度、道路建设速度以及路网密度 3 个指标对 35 个重要海外园区进行园区交通的监测分析评分与排名。评价体系中，道路总长度、建设速度、路网密度所占权重分别为 0.15、0.35、0.5。路网密度是某一计算区域内所有道路的总长度与区域总面积之比，是评价一个地区道路建设发展程度的重要指标。其中各园区排名见表 3-2，评分准则见表 3-3。

表 3-2 重点海外园区道路建设监测各项指标综合得分及排名

园区名称	道路总长度	建设速度	路网密度	综合得分	排名
恒逸文莱大摩拉岛一体化石化项目	70.0	100.0	80.0	85.5	1
中白俄罗斯工业园	100.0	100.0	40.0	70.0	2
亚洲之星农业产业合作区	70.0	40.0	60.0	54.5	3
中乌合资鹏盛工业园	50.0	20.0	80.0	54.5	3
中国印尼综合产业园区青山园区	60.0	70.0	40.0	53.5	5
中欧商贸物流合作园-切佩尔港物流园	30.0	10.0	90.0	53.0	6
中国-比利时科技园	20.0	10.0	90.0	51.5	7
泰国泰中罗勇工业园	80.0	40.0	50.0	51.0	8
中法经济贸易合作区	50.0	50.0	50.0	50.0	9
中哈霍尔果斯国际边境合作中心	60.0	30.0	60.0	49.5	10
越南龙江工业园经济贸易合作区	40.0	50.0	40.0	43.5	11
万象赛色塔综合开发区	50.0	40.0	40.0	41.5	12
赞比亚-中国经济贸易合作区（谦比西园区）	50.0	30.0	40.0	38.0	13

续表

园区名称	道路总长度	建设速度	路网密度	综合得分	排名
中匈宝思德经贸合作区	50.0	10.0	50.0	36.0	14
中欧商贸物流合作园-布达佩斯商贸城	10.0	10.0	60.0	35.0	15
柬埔寨西哈努克港经济特区	50.0	20.0	40.0	34.5	16
苏伊士经贸合作区	50.0	20.0	40.0	34.5	16
北美华富山工业园区	50.0	20.0	40.0	34.5	16
埃塞俄比亚东方工业园	50.0	20.0	40.0	34.5	16
赞比亚-中国经济贸易合作区(卢萨卡园区)	40.0	20.0	40.0	33.0	20
赞比亚奇帕塔产业园	20.0	10.0	50.0	31.5	21
青岛印尼综合产业	40.0	30.0	30.0	31.5	21
马中关丹产业园	40.0	30.0	30.0	31.5	21
科伦坡港口城	30.0	30.0	30.0	30.0	24
中老磨憨-磨丁经济合作区	50.0	20.0	30.0	29.5	25
桔井省经济特区	40.0	20.0	30.0	28.0	26
俄罗斯乌苏里斯克经贸合作区	30.0	10.0	40.0	28.0	26
赞比亚佩塔乌凯产业园	20.0	10.0	40.0	26.5	28
马六甲临海工业园	40.0	10.0	30.0	24.5	29
乌干达辽沈工业园	20.0	30.0	20.0	23.5	30
毛里求斯晋非经济贸易合作区	20.0	10.0	20.0	16.5	31
不来梅产业园	10.0	10.0	10.0	10.0	32
中国-阿曼(杜库姆)产业园区(重工业园区)	10.0	10.0	10.0	10.0	32
中国-阿曼(杜库姆)产业园区(轻工业与综合园区)	10.0	10.0	10.0	10.0	32
中国-阿曼(杜库姆)产业园区(旅游园区)	10.0	10.0	10.0	10.0	32

表 3-3 道路指标评分准则

道路总长度/km	评分	建设速度/(km/a)	评分	路网密度/(km/km^2)	评分
>100	91～100	>10	91～100	>40000	91～100
85～100	81～90	8～10	81～90	30000～40000	81～90
70～85	71～80	7～8	71～80	20000～30000	71～80
55～70	61～70	6～7	61～70	10000～20000	61～70
40～55	51～60	5～6	51～60	7000～10000	51～60
20～40	41～50	4～5	41～50	5000～7000	41～50
10～20	31～40	3～4	31～40	2000～5000	31～40
5～10	21～30	2～3	21～30	1000～2000	21～30
1～5	11～20	1～2	11～20	100～1000	11～20
<1	1～10	<1	1～10	<100	1～10

由表 3-4 可知，自由贸易园区、综合产业园区以及重工业园区的平均道路长度较长，而从路网密度看，高新技术园区、物流合作园区等路网密度值较高，说明此类园区内部交通通达程度较高，交通灵活便利。

表 3-4 各类型海外园区的道路建设情况

参数	高新技术园区	经济特区	农业及农产品加工园区	轻工业园区	物流合作园区	重工业园区	自由贸易园区	综合产业园区
平均道路长度/km	16.60	21.30	19.90	19.10	4.32	29.10	49.09	35.90
平均建设速度/(km/a)	2.29	1.77	1.18	1.37	0.65	9.23	2.58	4.08
平均路网密度/(km/km^2)	21018.00	2027.50	9810.50	2839.00	9812.50	7634.00	8766.00	3367.40

表 3-5 为各大洲及地区各园区道路建设指标。从园区的地理位置来看，亚洲产业园有 18 个，欧洲产业园有 8 个，非洲产业园有 8 个，北美洲产业园有 1 个。由表 3-5 可以看出，欧洲和亚洲地区的园区平均道路长度较长，平均建设速度相对于其他大洲更是遥遥领先。从平均路网密度数据可以看出，欧洲地区园区拥有更发达的交通，拥有较大的交通优势，而非洲和拉丁美洲地区在道路建设速度方面略有落后，与当地发展程度以及政府政策支持力度有着密不可分的联系。

表 3-5 各大洲及地区各园区道路建设指标

参数	亚洲	欧洲	非洲	拉丁美洲
平均道路长度/km	23.16	44.70	14.07	34.00
平均建设速度/(km/a)	73.32	41.15	9.81	1.50
平均路网密度/(km/km^2)	88091.50	444121.90	10961.30	4014.20

3.1.3 重点园区建筑排名

本节利用园区内建筑面积、建筑建设速度以及建筑密度 3 个指数对 35 个重要海外园区进行园区建筑面积的监测与排名。评价体系中，建筑面积、建筑建设速度、建筑密度所占权重分别为 0.3、0.35、0.35。建筑密度是指在一定范围内，建筑物的基底面积总和与占用地面积的比例，它可以反映出一定用地范围内的空地率和建筑密集程度。重点海外园区建筑监测综合排名见表 3-6，评分准则见表 3-7。

表 3-6　重点海外园区建筑监测各项指标综合得分及排名

园区名称	建筑面积	建筑建设速度	建筑密度	综合得分	排名
柬埔寨西哈努克港经济特区	90	80	60	76	1
埃塞俄比亚东方工业园	80	40	100	73	2
泰国泰中罗勇工业园	100	50	60	68.5	3
恒逸文莱大摩拉岛一体化石化项目	70	100	30	66.5	4
中匈宝思德经贸合作区	80	20	80	59	5
马中关丹产业园	70	50	50	56	6
越南龙江工业园经济贸易合作区	70	60	40	56	6
中哈霍尔果斯国际边境合作中心	90	40	40	55	8
中老磨憨-磨丁经济合作区	90	40	40	55	8
不来梅产业园	50	10	100	53.5	10
中国印尼综合产业园区青山园区	80	50	30	52	11
中白俄罗斯工业园	100	40	20	51	12
俄罗斯乌苏里斯克经贸合作区	40	10	100	50.5	13
马六甲临海工业园	40	20	70	43.5	14
中欧商贸物流合作园-布达佩斯商贸城	50	20	60	43	15
中乌合资鹏盛工业园	60	40	30	42.5	16
苏伊士经贸合作区	60	30	30	39	17
亚洲之星农业产业合作区	70	20	30	38.5	18
赞比亚-中国经济贸易合作区（谦比西园区）	40	30	30	33	19
中欧商贸物流合作园-切佩尔港物流园	30	20	40	30	20
中国-比利时科技园	20	20	40	27	21
赞比亚-中国经济贸易合作区（卢萨卡园区）	30	20	30	26.5	22
万象赛色塔综合开发区	30	30	20	26.5	22
中法经济贸易合作区	40	20	20	26	24
赞比亚奇帕塔产业园	20	20	30	23.5	25
毛里求斯晋非经济贸易合作区	20	20	30	23.5	25
北美华富山工业园区	20	20	20	20	27
科伦坡港口城	20	20	20	20	27
赞比亚佩塔乌凯产业园	10	10	30	17	29
青岛印尼综合产业园	10	10	20	13.5	30
乌干达辽沈工业园	10	10	10	10	31
桔井省经济特区	10	10	10	10	31
中国-阿曼（杜库姆）产业园区（重工业园区）	10	10	10	10	31
中国-阿曼（杜库姆）产业园区（旅游园区）	10	10	10	10	31
中国-阿曼（杜库姆）产业园区（轻工业与综合园区）	10	10	10	10	31

表 3-7 建筑指标评分准则

建筑面积/hm²	评分准则	建筑建设速度/(hm²/a)	评分准则	建筑密度/%	评分准则
>70	91～100	>30	91～100	>35	91～100
60～70	81～90	25～30	81～90	30～35	81～90
50～60	71～80	20～25	71～80	25～30	71～80
40～50	61～70	16～20	61～70	20～25	61～70
30～40	51～60	12～16	51～60	15～20	51～60
20～30	41～50	8～12	41～50	10～15	41～50
10～20	31～40	4～8	31～40	5～10	31～40
5～10	21～30	1～4	21～30	1～5	21～30
1～5	11～20	0.1～1	11～20	0.1～1	11～20
<1	1～10	<0.1	1～10	<0.1	1～10

由表 3-8 可以看出自由贸易区、综合产业园区以及经济特区建筑面积广大，而高新技术园区和物流合作园区的平均建筑面积较小。从平均建筑密度方面来看，轻工业园区平均建筑密度较大，建筑物较密集，而农业及农产品加工型园区平均建筑密度较低，与其耕地面积较大、建筑物较少的特征相符。

表 3-8 各类型海外园区的建筑建设情况

参数	高新技术园区	经济特区	农业及农产品加工园区	轻工业园区	物流合作园区	重工业园区	自由贸易园区	综合产业园区
平均建筑面积/hm²	7.27	33.58	15.17	25.68	13.52	29.00	65.63	33.81
平均建筑建设速度/(hm²/a)	0.39	6.69	0.33	1.68	0.26	9.52	6.81	3.90
平均建筑密度/%	4.20	5.64	2.89	28.11	15.46	7.93	5.41	6.68

由表 3-9 可以看出，欧洲和亚洲的园区平均建筑面积相对于其他大洲较大，非洲地区的园区建设较为落后。从建筑密度角度看，欧洲地区的园区遥遥领先，建筑物较为密集。而非洲地区的海外园区建筑密度超过了亚洲的海外园区，说明非洲地区海外园区的发展已经不断改善，并且潜力巨大。

表 3-9　各大洲及地区建筑建设情况

参数	亚洲	欧洲	非洲	拉丁美洲
平均建筑面积/hm^2	32.10	37.42	13.88	1.00
平均建筑建设速度/(hm^2/a)	6.62	0.89	1.38	0.40
平均建筑密度/%	5.73	18.84	6.12	0.10

3.1.4　重点园区施工排名

本节利用园区内施工面积、施工面积增量以及施工速度 3 个指数对众多重要海外园区进行监测评分与排名，评价体系中，施工面积、施工面积增量、施工速度所占权重分别为 0.2、0.4、0.4。各园区施工监测综合排名见表 3-10，评分准则见表 3-11。

表 3-10　重点海外园区施工监测各项指标综合得分及排名

园区名称	施工面积	施工面积增量	施工速度	综合得分	排名
泰国泰中罗勇工业园	100	100	100	100	1
中白俄罗斯工业园	100	60	80	76	2
埃塞俄比亚东方工业园	60	80	60	68	3
苏伊士经贸合作区	70	70	60	66	4
桔井省经济特区	30	60	70	58	5
中哈霍尔果斯国际边境合作中心	50	70	50	58	5
越南龙江工业园经济贸易合作区	40	70	50	56	7
北美华富山工业园区	40	50	70	56	7
万象赛色塔综合开发区	50	60	40	50	9
中国-阿曼(杜库姆)产业园区(轻工业与综合园区)	30	40	70	50	9
中乌合资鹏盛工业园	70	50	30	46	11
亚洲之星农业产业合作区	70	40	30	42	12
中老磨憨-磨丁经济合作区	30	50	40	42	12
不来梅产业园	40	40	40	40	14
柬埔寨西哈努克港经济特区	30	50	30	38	15
恒逸文莱大摩拉岛一体化石化项目	20	30	50	36	16
中国印尼综合产业园区青山园区	20	40	40	36	16
赞比亚-中国经济贸易合作区(谦比西园区)	40	40	20	32	18
赞比亚-中国经济贸易合作区(卢萨卡园区)	20	40	30	32	18

续表

园区名称	施工面积	施工面积增量	施工速度	综合得分	排名
科伦坡港口城	60	30	20	32	18
马中关丹产业园	20	40	30	32	18
中法经济贸易合作区	70	20	20	30	22
中欧商贸物流合作园-切佩尔港物流园	40	20	20	24	23
马六甲临海工业园	20	20	30	24	23
中国-阿曼(杜库姆)产业园区(旅游园区)	20	20	30	24	23
乌干达辽沈工业园	20	20	20	20	26
毛里求斯晋非经济贸易合作区	20	20	10	16	27
俄罗斯乌苏里斯克经贸合作区	20	20	10	16	27
中欧商贸物流合作园-布达佩斯商贸城	20	20	10	16	27
赞比亚佩塔乌凯产业园	10	20	10	14	30
中匈宝思德经贸合作区	30	10	10	14	30
中国-比利时科技园	20	10	10	12	32
赞比亚奇帕塔产业园	10	10	10	10	33
中国-阿曼(杜库姆)产业园区(重工业园区)	10	10	10	10	33
青岛印尼综合产业	10	10	10	10	33

表 3-11　施工建设情况指标评分准则

施工面积/hm^2	评分准则	施工面积增量/hm^2	评分准则	施工速度/(hm^2/a)	评分准则
>5000	91～100	>2000	91～100	>200	91～100
4000～5000	81～90	1500～2000	81～90	175～200	81～90
3000～4000	71～80	1100～1500	71～80	150～175	71～80
2500～3000	61～70	800～1100	61～70	125～150	61～70
2000～2500	51～60	500～800	51～60	100～125	51～60
1500～2000	41～50	300～500	41～50	75～100	41～50
1000～1500	31～40	150～300	31～40	50～75	31～40
500～1000	21～30	80～150	21～30	25～50	21～30
100～500	11～20	10～80	11～20	5～25	11～20
<100	1～10	<10	1～10	<5	1～10

由表 3-12 中的数据可以看出，轻工业园区、高新技术园区以及自由贸易园区的施工面积较为广阔，与其本身的类型属性有着密不可分的联系。其次，由

施工速度可以看出，自由贸易园区、经济特区和综合产业园区比其他园区发展建设较快。

表 3-12　各类型海外园区的施工建设情况

参数	高新技术园区	经济特区	农业及农产品加工园区	轻工业园区	物流合作园区	重工业园区	自由贸易园区	综合产业园区
平均施工面积/hm^2	1629.50	679.50	876.24	1900.50	1291.20	549.75	1617.00	1326.74
平均施工面积增量/hm^2	34.50	529.00	93.56	512.50	110.36	91.25	1006.00	644.41
平均施工速度/(hm^2/a)	5.69	89.60	15.46	51.18	26.13	28.15	91.45	86.99

由表 3-13 可知，欧洲园区的施工建设较为完善，而亚洲和非洲建设进度较快，发展较为迅速，尤其是亚洲园区，平均施工速度达 79.19 hm^2/a。而拉丁美洲情况较为特殊，由于 35 个园区中只有一个园区位于拉丁美洲，仅代表该园区的情况，拉丁美洲其他园区的建设状况需要具体分析。

表 3-13　各大洲及地区施工建设情况

参数	亚洲	欧洲	非洲	拉丁美洲
平均施工面积/hm^2	1202.06	1504.35	868.41	1064.00
平均施工面积增量/hm^2	594.17	149.55	361.96	417.00
平均施工速度/(hm^2/a)	79.19	33.56	36.72	139.00

3.1.5　重点园区灯光指数排名

境外各产业园区的灯光数据变化可以反映出各个产业园区在一段时间内的发展情况。利用 DMSP 和 VIIRS 灯光数据产品对亚洲、欧洲、非洲、北美洲的 24 个国家的 33 个园区的灯光变化进行监测，监测产业园及周边区域建设前到 2018 年的灯光指数变化情况，采用最大灯光指数、最大灯光指数增长率、年均最大灯光指数增长率和建设前后灯光指数差四个指标对各园区进行评分和排名(表 3-14 和表 3-15)。

表 3-14 各园区灯光数据各项指标综合得分及排名

园区名称	年均最大灯光指数增长率	最大灯光指数增长率	最大灯光指数	建设前后灯光指数差	综合得分	排名
越南龙江工业园经济贸易合作区	100.0	84.7	100.0	99.3	95.2	1
马中关丹产业园	100.0	55.7	100.0	100.0	86.7	2
乌干达辽沈工业园	100.0	100.0	0	63.2	79.0	3
中哈霍尔果斯国际边境合作中心	82.1	51.8	51.1	100.0	75.3	4
苏伊士经贸合作区	48.5	100.0	100.0	65.6	74.2	5
中国印尼综合产业园区青山园区	80.6	43.4	33.6	87.1	66.7	6
亚洲之星农业产业合作区	64.7	88.1	12.0	64.6	66.4	7
不来梅产业园	56.8	30.6	100.0	100.0	66.2	8
中匈宝思德经贸合作区	63.1	68.1	19.6	69.6	62.2	8
中欧商贸物流合作园-切佩尔港物流园	61.6	50.0	55.0	77.2	62.2	8
中欧商贸物流合作园-布达佩斯商贸城	55.0	39.3	55.0	72.9	55.7	11
科伦坡港口城	46.3	51.5	76.7	61.2	55.4	12
毛里求斯晋非经济贸易合作区	56.3	36.7	46.3	74.1	54.7	13
俄罗斯乌苏里斯克经贸合作区	50.9	45.1	34.3	65.8	52.0	14
柬埔寨西哈努克港经济特区	58.2	33.7	17.5	71.9	50.9	15
埃塞俄比亚东方工业园	59.8	37.1	10.7	69.1	50.9	15
桔井省经济特区	62.2	33.5	15.7	67.3	50.5	17
青岛印尼综合产业园	45.5	57.5	3.4	62.0	49.8	18
泰国泰中罗勇工业园	51.9	28.0	42.9	69.3	49.0	19
中白俄罗斯工业园	46.4	47.8	21.6	61.7	48.9	20
万象赛色塔综合开发区	53.3	37.3	18.3	64.8	48.5	21
中老磨憨-磨丁经济合作区	50.7	42.6	8.5	63.0	47.7	22
赞比亚奇帕塔产业园	54.0	29.0	10.3	64.7	45.4	23
赞比亚-中国经济贸易合作区(卢萨卡园区)	51.2	27.7	20.7	65.2	45.3	24
北美华富山工业园区	50.9	27.4	21.8	65.1	45.2	25
中国-比利时科技园	37.6	37.1	63.3	49.5	43.6	26
中乌合资鹏盛工业园	41.6	34.4	10.5	58.8	41.5	27
马六甲临海工业园	39.0	21.0	31.8	57.4	38.4	28
中法经济贸易合作区	38.5	20.7	23.1	55.2	36.6	29

续表

园区名称	年均最大灯光指数增长率	最大灯光指数增长率	最大灯光指数	建设前后灯光指数差	综合得分	排名
赞比亚-中国经济贸易合作区(谦比西园区)	28.4	41.1	75.4	21.5	34.8	30
中国-阿曼(杜库姆)产业园区(项目还未开始)	20.3	10.9	42.3	43.7	26.7	31
赞比亚佩塔乌凯产业园	13.6	7.3	10.2	52.7	23.1	32
恒逸文莱大摩拉岛一体化石化项目	0	0	100.0	0	10.0	33

表 3-15　灯光数据评分标准

年均最大灯光指数增长率	得分	最大灯光指数排名	得分	最大灯光指数增长率	得分	建设前后灯光指数差	得分
>20%	90～100	>387	90～100	>64%	90～100	>104	90～100
15%～20%	80～90	345～387	80～90	54%～64%	80～90	67～104	80～90
10%～15%	70～80	300～345	70～80	44%～54%	70～80	30～67	70～80
7%～10%	60～70	263～300	60～70	35%～44%	60～70	–8～30	60～70
0～7%	50～60	220～263	50～60	24%～35%	50～60	–45～–8	50～60
–3%～0	40～50	180～220	40～50	15%～24%	40～50	–83～–45	40～50
–5%～–3%	30～40	138～180	30～40	5%～15%	30～40	–120～–83	30～40
–10%～–5%	20～30	95～138	20～30	–5%～5%	20～30	–157～–120	20～30
–10%～–15%	10～20	50～95	10～20	–15%～–5%	10～20	–194～–157	10～20
–30%～–20%	0～10	0～50	0～10	–30%～20%	0～10	–231.5～–194	0～10

从监测的园区类型来看(表 3-16)，主要有 2 个高新技术园区、16 个综合园区、3 个重工业园区、2 个轻工业园区、4 个物流园区、1 个自由贸易园区、3 个农业及农产品加工园区、2 个经济特区。综合园区的最大灯光指数差距比较悬殊，其中马中关单产业园灯光指数达 4495、越南龙江工业园经济贸易合作区灯光指数为 863。但青岛印尼综合产业园灯光指数为22，乌干达辽沈工业园灯光指数只有7.82。农业及农产品加工园区最大灯光指数为 53.47，是灯光指数最低的产业园类型。物流园区最大灯光指数平均为 554.4，约是农业及农产品加工园区的 10 倍。高新技术园区和重工业园区平均最大灯光指数分别为 189.9 和 315.69，但是平均增长率分别为–4.74%和–8.75%，从平均增长率来看，高新技术园区和重工业园区发展状况不如其他类型的园区。

表 3-16　各类型产业园平均指数

类型	平均最大灯光指数增长率/%	平均灯光指数增长率/%	平均增长率/%
物流园区	554.40	17.28	4.21
农业及农产品加工园区	53.47	15.92	–1.56
轻工业园区	815.25	74.32	1.42
重工业园区	315.69	17.28	–8.75
综合园区	424.13	23.35	9.37
高新技术园区	189.90	3.55	–4.74
经济特区	77.87	8.17	7.01
自由贸易园区	223.20	26.07	18.61

从各大洲产业园平均指数来看(表 3-17)，亚洲的平均最大灯光指数最大，为 716，其次为欧洲，325.93，非洲为 272.6，北美洲为 99.9。但是综合来看，非洲平均最大增长率和平均增长率都大于其他大洲，从数据上来看，非洲产业园发展速度要快于其他地区。

表 3-17　各大洲产业园平均指数

参数	亚洲	欧洲	非洲	北美洲
平均最大灯光指数	716.00	325.93	272.60	99.90
平均最大灯光指数增长率/%	17.91	16.77	35.84	2.05
平均灯光指数增长率/%	6.91	2.25	7.15	2.05

3.2　各行业建设进度分析与排名

3.2.1　综合产业园区排名

本章进行监测的海外园区共 34 个，其中综合产业园区有 17 个。根据道路建设进度、建筑建设进度、施工建设进度以及园区灯光指数等指标对园区进行排名，排名结果见表 3-18。

从数量和排名顺序来看，综合产业园区在我国海外园区建设中占很大的份额，在建设快速、中速、慢速梯队中分布比较均匀。其中排名前 5 名的是泰国泰中罗勇工业园、越南龙江工业园经济贸易合作区、中白俄罗斯工业园、埃塞俄比亚东方工业园、中国印尼综合产业园区青山园区。排名后 5 位的分别是乌干达辽沈工业园、毛里求斯晋非经济贸易合作区、青岛印尼综合产业园、中国-阿曼(杜库姆)

产业园区(轻工业与综合园区)、中国-阿曼(杜库姆)产业园区(旅游园区)。

表 3-18　综合产业园区排名

园区名称	园区类型	道路综合得分	施工综合得分	建筑综合得分	灯光指数综合得分	最终得分	综合排名
泰国泰中罗勇工业园	综合产业园区	51.00	100.00	68.50	49.05	65.56	1
越南龙江工业园经济贸易合作区	综合产业园区	43.50	56.00	56.00	95.22	62.68	2
中白俄罗斯工业园	综合产业园区	70.00	76.00	51.00	48.95	60.24	3
埃塞俄比亚东方工业园	综合产业园区	34.50	68.00	73.00	50.88	56.85	5
中国印尼综合产业园区青山园区	综合产业园区	53.50	36.00	52.00	66.71	52.85	6
马中关丹产业园	综合产业园区	31.50	32.00	56.00	86.71	52.75	7
中乌合资鹏盛工业园	综合产业园区	54.50	46.00	42.50	41.48	45.94	12
中老磨憨-磨丁经济合作区	综合产业园区	29.50	42.00	55.00	47.74	44.21	14
万象赛色塔综合开发区	综合产业园区	41.50	50.00	26.50	48.48	40.44	17
北美华富山工业园区	综合产业园区	34.50	56.00	20.00	45.19	37.12	20
赞比亚-中国经济贸易合作区(卢萨卡园区)	综合产业园区	33.00	32.00	26.50	45.29	33.92	25
马六甲临海工业园	综合产业园区	24.50	24.00	43.50	38.37	33.57	27
乌干达辽沈工业园	综合产业园区	23.50	20.00	10.00	78.97	32.62	28
毛里求斯晋非经济贸易合作区	综合产业园区	16.50	16.00	23.50	54.74	28.06	30
青岛印尼综合产业园	综合产业园区	31.50	10.00	13.50	49.82	26.38	31
中国-阿曼(杜库姆)产业园区(轻工业与综合园区)	综合产业园区	10.00	50.00	10.00	26.72	22.18	32
中国-阿曼(杜库姆)产业园区(旅游园区)	综合产业园区	10.00	24.00	10.00	26.72	16.98	34

3.2.2 轻工业园区排名

如表 3-19 所示，本章所监测的 35 个海外园区中，轻工业园区有两个，分别为苏伊士经贸合作区和俄罗斯乌苏里斯克经贸合作区，它们在 35 个重要园区中的建设排名分别为 8 和 19。

表 3-19 轻工业园区综合排名

园区名称	园区类型	道路综合得分	施工综合得分	建筑综合得分	灯光指数综合得分	最终得分	综合排名
苏伊士经贸合作区	轻工业园区	34.50	66.00	39.00	74.21	52.08	8
俄罗斯乌苏里斯克经贸合作区	轻工业园区	28.00	16.00	50.50	51.96	38.34	19

3.2.3 重工业园区排名

重工业园区有 4 个，它们分别为恒逸文莱大摩拉岛一体化石化项目、中匈宝思德经贸合作区、赞比亚-中国经济贸易合作区(谦比西园区)、中国-阿曼(杜库姆)产业园区(重工业园区)，在综合排名中排名靠后(表 3-20)。

表 3-20 重工业园区综合排名

园区名称	园区类型	道路综合得分	施工综合得分	建筑综合得分	灯光指数综合得分	最终得分	综合排名
恒逸文莱大摩拉岛一体化石化项目	重工业园区	85.50	36.00	66.50	10.00	51.03	10
中匈宝思德经贸合作区	重工业园区	36.00	14.00	59.00	62.20	45.05	13
赞比亚-中国经济贸易合作区(谦比西园区)	重工业园区	38.00	32.00	33.00	34.83	34.51	22
中国-阿曼(杜库姆)产业园区(重工业园区)	重工业园区	10.00	10.00	10.00	26.72	14.18	35

3.2.4 物流合作园区排名

物流合作园区在 35 个园区中主要排在中间部分，共有 4 个，分别为不来梅产业园、中欧商贸物流合作园-切佩尔港物流园、中欧商贸物流合作园-布达佩斯商贸城、科伦坡港口城(表 3-21)。

表 3-21　物流合作园区排名

园区名称	园区类型	道路综合得分	施工综合得分	建筑综合得分	灯光指数综合得分	最终得分	综合排名
不来梅产业园	物流合作园区	10.00	40.00	53.50	66.22	43.10	15
中欧商贸物流合作园-切佩尔港物流园	物流合作园区	53.00	24.00	30.00	62.15	42.59	16
中欧商贸物流合作园-布达佩斯商贸城	物流合作园区	35.00	16.00	43.00	55.65	38.76	18
科伦坡港口城	物流合作园区	30.00	32.00	20.00	55.40	33.75	26

3.2.5　农业及农产品加工园区排名

如表 3-22 所示，农业及农产品加工园区在 35 个园区中共有 3 个，分别为亚洲之星农业产业合作区、赞比亚奇帕塔产业园、赞比亚佩塔乌凯产业园，它们分别排在第 11、29、33 名。

表 3-22　农业及农产品加工园区综合排名

园区名称	道路综合得分	施工综合得分	建筑综合得分	灯光指数综合得分	最终得分	综合排名
亚洲之星农业产业合作区	54.50	42.00	38.50	66.39	50.17	11
赞比亚奇帕塔产业园	31.50	10.00	23.50	45.36	28.26	29
赞比亚佩塔乌凯产业园	26.50	14.00	17.00	23.08	20.29	33

3.2.6　经济特区

表 3-23 为经济特区综合排名。35 个重要海外园区中有两个经济特区，它们分别为柬埔寨西哈努克港经济特区和桔井省经济特区，它们的排名分别为 9 和 24。

表 3-23　经济特区综合排名

园区名称	道路综合得分	施工综合得分	建筑综合得分	灯光指数综合得分	最终得分	综合排名
柬埔寨西哈努克港经济特区	34.50	38.00	76.00	50.90	51.75	9
桔井省经济特区	28.00	58.00	10.00	50.48	34.22	24

3.2.7 高新技术园区排名

表 3-24 为高新技术园区综合排名。35 个重要园区中，高新技术园区占两个。它们分别为中法经济贸易合作区和中国-比利时科技园，它们的排名分别为 21 和 23。

表 3-24 高新技术园区综合排名

园区名称	道路综合得分	施工综合得分	建筑综合得分	灯光指数综合得分	最终得分	综合排名
中法经济贸易合作区	50.00	30.00	26.00	36.64	35.46	21
中国-比利时科技园	51.50	12.00	27.00	43.61	34.28	23

第 4 章

境外园区生态环境影响监测

4.1 周边生态环境状况

本章以 35 个重点园区为例，监测境外产业园区周边的生态环境状况(郧明权等，2020；田定慧，2020；刘卫东等，2021；王琦安等，2019；肖建华等，2020)。其中，园区周边以林地为主的园区有 5 个，主要为综合产业园区和轻工业园区；以草地为主的园区有 7 个，主要为综合产业园区和农林类产业园区；以城市为主的园区有 3 个，主要为物流合作园区；以裸地为主的园区有 8 个，主要为综合产业园区和重工业园区；以耕地为主的园区有 9 个，主要为综合产业园区和农林类产业园区；园区周边以水域为主的园区有 3 个，主要为物流合作园区。这 35 个园区中，周边没有水域的园区有 9 个。各类型园区周边的生态环境分布如图 4-1～图 4-6 所示。

4.1.1 综合产业园区

18 个综合产业园区中，周边以林地为主的园区有 3 个，主要分布于东南亚地区，分别为中国印尼综合产业园区青山园区、中老磨憨-磨丁经济合作区和青岛印尼综合产业园；园区建成后对周边生态环境的影响主要表现为建筑用地增加，林地减少，裸地扩大。周边以耕地为主的园区有 6 个，主要分布于东南亚和非洲，分别为桔井省经济特区、越南龙江工业园经济贸易合作区、埃塞俄比亚东方工业园、中白俄罗斯工业园、中乌合资鹏盛工业园区和万象赛色塔综合开发区；园区建设对生态环境的影响主要表现在建设用地占用耕地和林地，裸地面积扩大。周边以草地为主的园区有 4 个，主要分布于东南亚和非洲，分别为泰国泰中罗勇工业园、马中关丹产业园、乌干达辽沈工业园和毛里求斯晋非经济贸易合作区，园区建设对生态环境没有明显的影响，主要为草地和裸地的季节性变化。以裸地为主的园区有 4 个，主要分布于西亚，分别为中国-阿曼(杜库姆)产业园区(轻工业与综合园区)(未建设)、中国-阿曼(杜库姆)产业园区(旅游园区)(未建设)、赞比亚-中国经济贸易合作区(卢萨卡园区)和北美华富山工业园区，园区建设带来的影响分别为新增少量耕地和裸地的季节性变化。马六甲临海工业园靠近港口，周边主要以水域为主，园区建设主要表现在建设用地扩大。

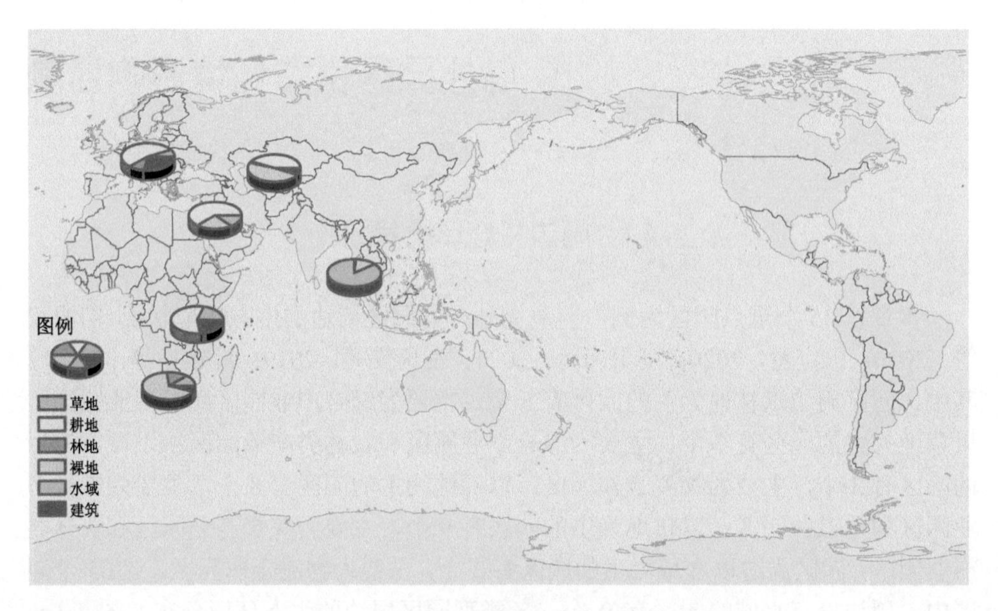

图 4-1　综合产业园区周边生态环境分布图

4.1.2　轻工业园区

3 个轻工业园区中，周边以林地为主的园区有 2 个，分布于东南亚和欧洲，分别为柬埔寨西哈努克港经济特区和俄罗斯乌苏里斯克经贸合作区，园区建设对生态环境的影响主要表现在建筑面积增加，占用林地、草地和耕地。埃及苏伊士经贸合作区周边以裸地为主，园区建设主要表现在建设用地显著扩大，用于工程建设、道路铺设。

4.1.3　重工业园区

4 个重工业园区中，周边以裸地为主的园区有 2 个，分布于西亚和非洲，分别为中国-阿曼(杜库姆)产业园区(重工业园区)(未建设)和赞比亚-中国经济贸易合作区(谦比西园区)，园区建设对生态环境的影响主要表现在建设用地显著扩大，裸地减少。中匈宝思德经贸合作区周边以草地为主，园区收购前建设已较完善，土地利用无明显变化。恒逸文莱大摩拉岛一体化石化项目位于大摩拉岛上，周边以水域为主，园区建设对生态环境的影响主要表现在建设用地面积扩大，林地面积减小。

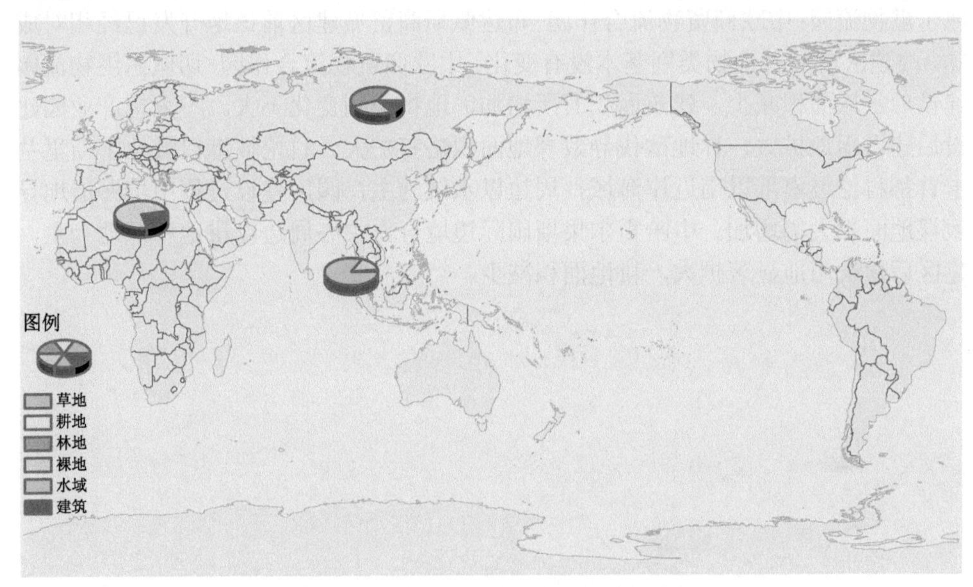

图 4-2　轻工业园区周边生态环境分布图

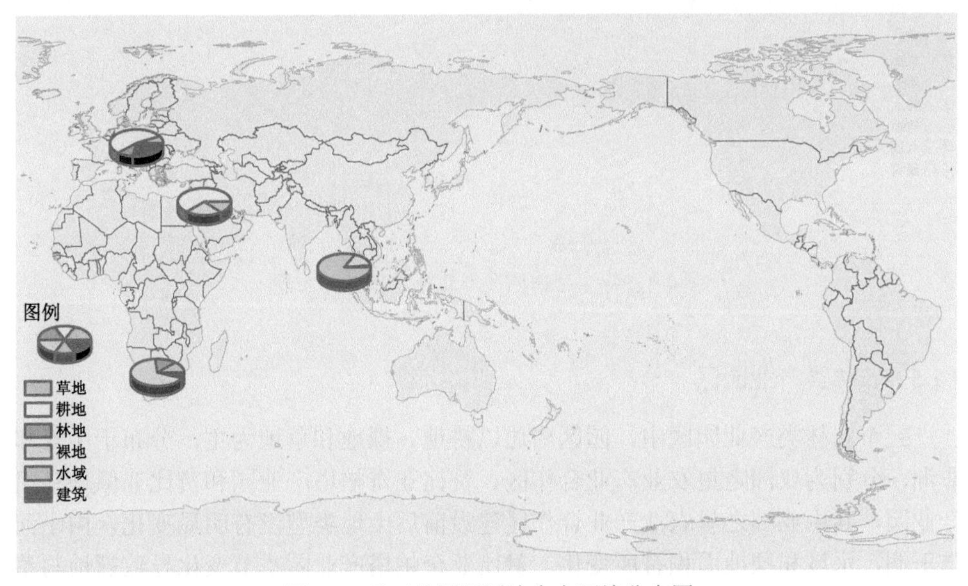

图 4-3　重工业园区周边生态环境分布图

4.1.4 物流合作园区

5 个物流合作园区中，周边以城市为主的园区有 3 个，分布于欧洲，分别为不来梅产业园、中欧商贸物流合作园-布达佩斯商贸城和中欧商贸物流合作园-切佩尔港物流园；中欧商贸物流合作园-布达佩斯商贸城建区前该地开发已经相对成熟，故建区前后各地物类别基本没有变化；中欧商贸物流合作园-切佩尔港物流园建设后水域面积减少，建筑面积有所增加，地物类别变化不大。不来梅产业园建设后建设用地扩大，林地砍伐导致裸地面积略有扩大。科伦坡港口城位于斯里兰卡首都科伦坡南港以南近岸海域，周边以水域为主，园区建设过程中填海造地导致裸地面积大幅增加。中哈霍尔果斯国际边境合作中心周边以耕地和裸地为主，建区后建筑用地显著扩大，耕地面积减少。

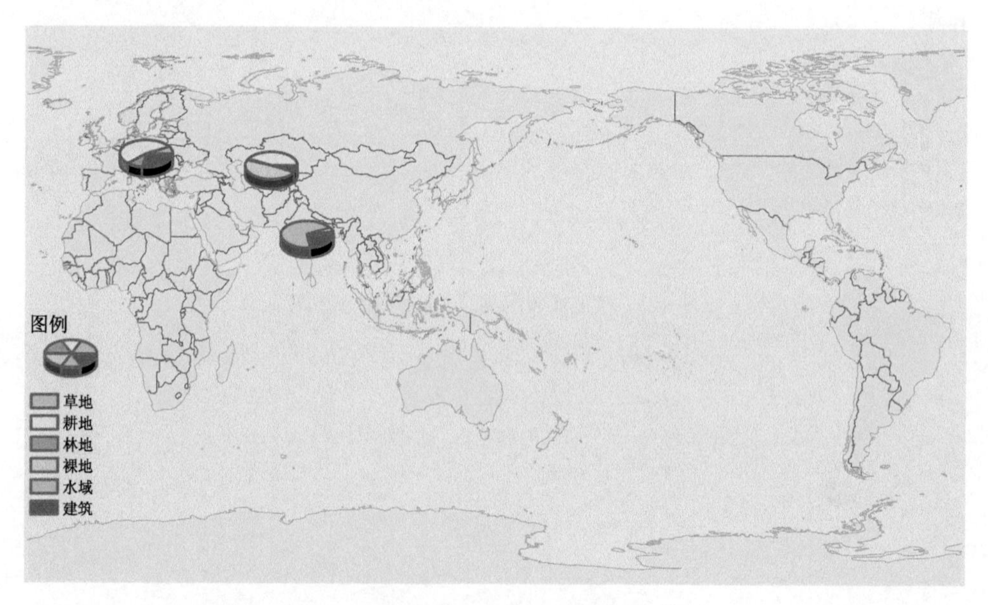

图 4-4 物流合作园区周边生态环境分布图

4.1.5 农林类产业园区

3 个农林类产业园区中，园区周边以耕地、裸地和草地为主，分布于中亚和非洲，分别为亚洲之星农业产业合作区、赞比亚奇帕塔产业园和赞比亚佩塔乌凯产业园，其中亚洲之星农业产业合作区建设前后土地类型没有明显变化，由于河道干涸，水域和裸地面积有所变化。赞比亚奇帕塔产业园季节变化导致裸地与草地周期性变化。赞比亚佩塔乌凯产业园由于开发区建设，建设用地扩大；林地砍伐及物料运输开路(土路)导致裸地面积扩大。

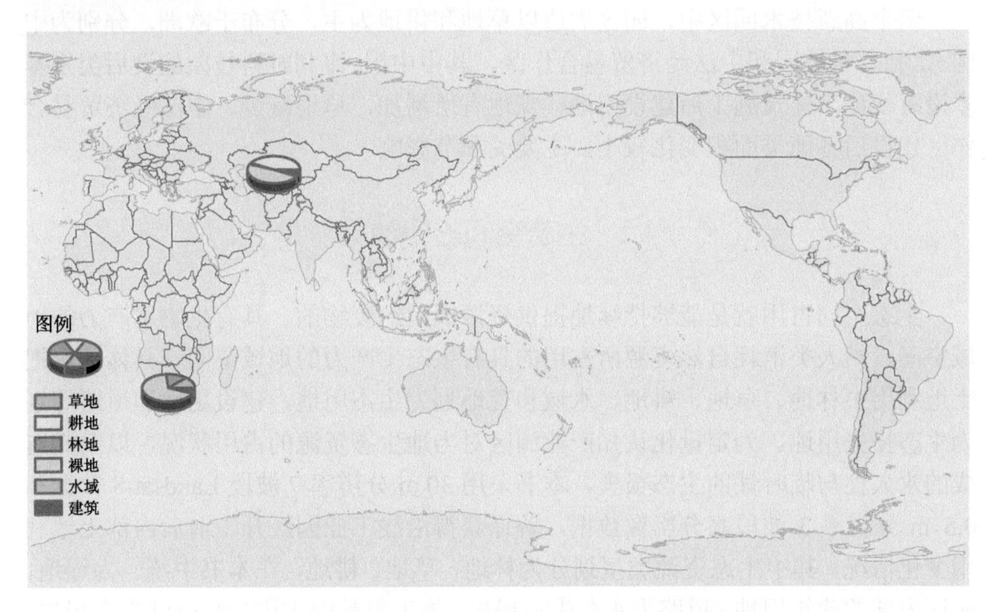

图 4-5　农林类产业园区周边生态环境分布图

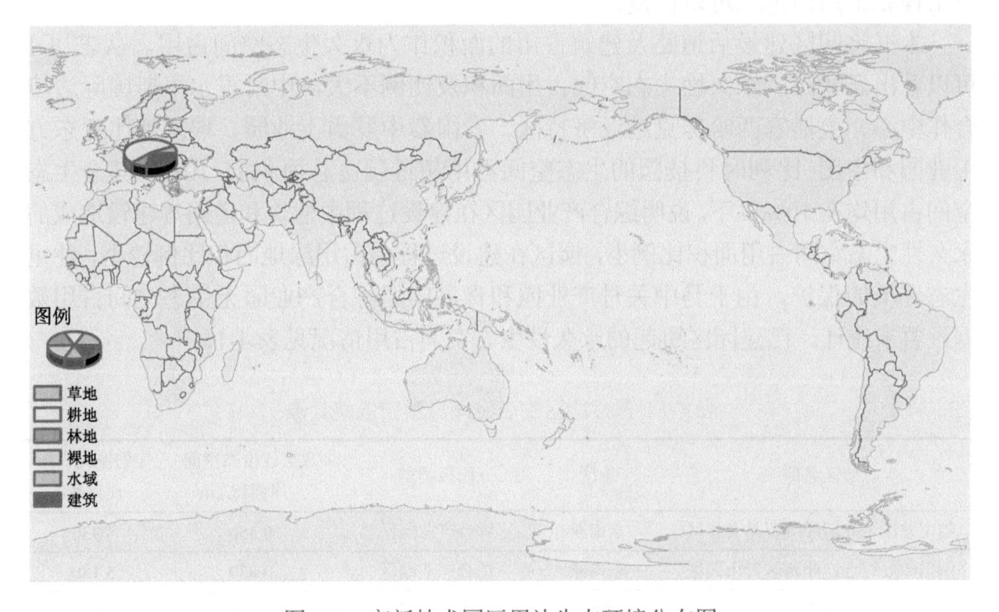

图 4-6　高新技术园区周边生态环境分布图

4.1.6 高新技术园区

两个高新技术园区中，园区周边以草地和耕地为主，分布于欧洲，分别为中国-比利时科技园和中法经济贸易合作区，其中中国-比利时科技园建设后类别基本没有变化，建筑施工后建设用地、裸地有所增加，草地减少。中法经济贸易合作区建设后各地类面积变化较小，主要受季节影响。

4.2 生态空间占用情况

生态空间占用就是能够持续地提供资源或消纳废物的、具有生物生产力的地域空间，指人类消耗自然资源所占用的具有生态生产力的地域空间。具体地，把土地利用中林地、草地、耕地、水域和荒地划为生态用地，建设用地和道路等划为生态损失用地。为定量化认知产业园区对当地生态资源的占用状况，以及其造成的永久性与临时性的生态损失，本书采用 30 m 分辨率 7 波段 Landsat-8 数据和 0.5 m 分辨率 3 波段高分影像数据，解译获得沿线工业园区开工前后内部土地利用变化情况。其中生态资源类型划分为林地、草地、耕地，在本书中统一为绿地。园区内部的建筑用地，道路为永久生态损失，施工引起的占用为临时性生态损失，待工程完工后理论上可以修复。

本书将园区建设后道路及建筑占用的面积作为永久生态空间占用，从表 4-1 可以看出已建园区永久性生态空间占用面积及比例不大，中哈霍尔果斯国际边境合作中心、柬埔寨西哈努克港经济特区、泰国泰中罗勇工业园、埃塞俄比亚东方工业园和中国-比利时科技园的生态空间占用超过园区总面积的 10%，其余生态空间占用均在 10%以下。说明综合产业园区在建设过程中建筑和道路等建设造成的永久性生态空间占用面积比例小，园区在建设过程中占用绿地面积比例较小，注重生态环境的保护。由于马中关丹产业园和青岛印尼综合产业园无生态空间占用数据，暂未统计。已建园区引起的永久性生态空间占用情况见表 4-1。

表 4-1 已建园区生态空间占用情况统计表

园区名称	地区	园区类型	永久性生态空间占用面积/km^2	生态空间占用比例/%
越南龙江工业园经济贸易合作区	东南亚	综合产业园区	0.350	5.930
中国印尼综合产业园区青山园区	东南亚	综合产业园区	0.830	5.180
乌干达辽沈工业园	非洲	综合产业园区	0.018	0.650

续表

园区名称	地区	园区类型	永久性生态空间占用面积/km^2	生态空间占用比例/%
中乌合资鹏盛工业园区	中亚	综合产业园区	0.388	4.820
万象赛色塔综合开发区	东南亚	综合产业园区	0.370	2.890
中国-白俄罗斯工业园	欧洲	综合产业园区	9.190	2.830
中老磨憨-磨丁经济合作区	东南亚	综合产业园区	0.780	8.420
马六甲临海工业园	东南亚	综合产业园区	0.030	6.000
毛里求斯晋非经济贸易合作区	非洲	综合产业园区	0.053	6.110
桔井省经济特区	东南亚	综合产业园区	0.151	1.550
泰中罗勇工业园	东南亚	综合产业园区	1.074	17.980
埃塞俄比亚东方工业园	非洲	综合产业园区	0.650	45.690
赞比亚-中国经济贸易合作区(卢萨卡园区)	非洲	综合产业园区	0.200	3.390
北美华富山工业园区	北美洲	综合产业园区	0.650	5.830
柬埔寨西哈努克港经济特区	东南亚	轻工业园区	0.450	11.300
俄罗斯乌苏里斯克经贸合作区	欧洲	轻工业园区	0.014	4.220
苏伊士经贸合作区	非洲	轻工业园区	0.976	5.050
赞比亚-中国经济贸易合作区(谦比西园区)	非洲	重工业园区	0.390	4.960
恒逸文莱大摩拉岛一体化石化项目	东南亚	重工业园区	0.910	7.300
中匈宝思德经贸合作区	欧洲	重工业园区	0.041	1.800
中国-阿曼(杜库姆 3 个园区)	西亚	重工业、轻工业、旅游和综合园区	0	0.000
赞比亚奇帕塔产业园	非洲	农林类产业园区	0.003	0.620
赞比亚佩塔乌凯产业园	非洲	农林类产业园区	0.002	0.910
亚洲之星农业产业合作区	中亚	农林类产业园区	0.180	1.620
中国-比利时科技园	欧洲	高新技术园区	0.082	43.670
中法经济贸易合作区	欧洲	高新技术园区	0.810	0.270
中哈霍尔果斯国际边境合作中心	中亚	物流合作园区	1.280	11.330
科伦坡港口城	南亚	物流合作园区	0.0753	2.070
不来梅产业园	欧洲	物流合作园区	0.0042	0.650
中欧商贸物流合作园-布达佩斯商贸城	欧洲	物流合作园区	0.020	2.480
中欧商贸物流合作园-切佩尔港物流园	欧洲	物流合作园区	0.030	3.090

4.2.1 综合产业园区

本章进行监测的海外园区共 35 个(包括 4 个未建成园区)，综合产业园区有 18 个(包括 4 个未建成园区)，其中 7 个分布在东南亚，1 个分布在中亚，分别为泰国泰中罗勇工业园、越南龙江工业园经济贸易合作区、中国印尼综合产业园区青山园区、中老磨憨-磨丁经济合作区和万象赛色塔综合开发区，永久性生态空间占用面积及比例分别为泰国泰中罗勇工业园(1.0735 km^2，17.98%)，越南龙江工业园经济贸易合作区(0.35 km^2，5.93%)，中国印尼综合产业园区青山园区(0.83 km^2，5.18%)，中老磨憨-磨丁经济合作区 (0.78 km^2，8.42%)，万象赛色塔综合开发区(0.37 km^2，2.89%)，马六甲临海工业园(0.03 km^2，6.00%)，桔井省经济特区(0.1505 km^2，1.55%)，园区周边以占用裸地和绿地为主。

4 个综合产业园分布在非洲，分别为乌干达辽沈工业园、毛里求斯晋非经济贸易合作区、埃塞俄比亚东方工业园和赞比亚-中国经济贸易合作区(卢萨卡园区)，永久性生态空间占用面积及比例分别为乌干达辽沈工业园(0.01777 km^2，0.65%)，毛里求斯晋非经济贸易合作区(0.053 km^2，6.11%)，埃塞俄比亚东方工业园(0.647 km^2，45.69%)，赞比亚-中国经济贸易合作区(卢萨卡园区)(0.2 km^2，3.39%)，园区周边以占用裸地和其他用地为主。

1 个综合产业园分布在欧洲，为中国-白俄罗斯工业园，永久性生态空间占用面积及生态空间占用比例为 9.19 km^2、2.83%，园区周边以占用裸地为主。1 个综合产业园分布在北美洲，为北美华富山工业园区，永久性生态空间占用面积及生态空间占用比例为 0.648 km^2、5.83%，园区周边以占用裸地为主。

总体上来说，综合产业园区生态空间占用比例大于 10%的有泰国泰中罗勇工业园(17.98%)、埃塞俄比亚东方工业园(45.69%)、柬埔寨西哈努克港经济特区(11.4%)、中国-比利时科技园(43.7%)、中哈霍尔果斯国际边境合作中心(11.33%)，其余园区永久性生态空间占用面积比例较少，均在 10%以下，生态环境保护较好。园区生态空间占用见表 4-2。

表 4-2 已建成综合产业园区生态空间占用表

园区名称	地区	园区类型	永久性生态空间占用面积/km^2	生态空间占用比例/%
埃塞俄比亚东方工业园	非洲	综合产业园区	0.647	45.690
泰国泰中罗勇工业园	东南亚	综合产业园区	1.074	17.980
中老磨憨-磨丁经济合作区	东南亚	综合产业园区	0.780	8.420

续表

园区名称	地区	园区类型	永久性生态空间占用面积/km^2	生态空间占用比例/%
毛里求斯晋非经济贸易合作区	非洲	综合产业园区	0.053	6.110
马六甲临海工业园	东南亚	综合产业园区	0.030	6.000
越南龙江工业园经济贸易合作区	东南亚	综合产业园区	0.350	5.930
北美华富山工业园区	北美洲	综合产业园区	0.648	5.830
中国印尼综合产业园区青山园区	东南亚	综合产业园区	0.830	5.180
中乌合资鹏盛工业园区	中亚	综合产业园区	0.388	4.820
赞比亚-中国经济贸易合作区（卢萨卡园区）	非洲	综合产业园区	0.200	3.390
万象赛色塔综合开发区	东南亚	综合产业园区	0.370	2.890
中国-白俄罗斯工业园	欧洲	综合产业园区	9.190	2.830
桔井省经济特区	东南亚	综合产业园区	0.151	1.550
乌干达辽沈工业园	非洲	综合产业园区	0.018	0.650

4.2.2　轻工业园区

本章所监测的 35 个海外园区中，轻工业园区有 3 个，分布在东南亚、非洲和欧洲，分别为柬埔寨西哈努克港经济特区、苏伊士经贸合作区和俄罗斯乌苏里斯克经贸合作区，永久性生态空间占用面积及生态空间占用比例分别为柬埔寨西哈努克港经济特区（0.45 km^2，11.4%）、苏伊士经贸合作区（0.976 km^2，5.05%）和俄罗斯乌苏里斯克经贸合作区（0.014 km^2，4.22%），园区周边分别以占用耕地、草地、裸地和林地为主。其中，只有柬埔寨西哈努克港经济特区生态空间占用超过10%，为 11.4%，其他园区生态空间占用比例均不大，都在 10%以下。轻工业园区生态空间占用见表 4-3。

表 4-3　轻工业园区生态空间占用表

园区名称	地区	园区类型	永久性生态空间占用面积/km^2	生态空间占用比例/%
柬埔寨西哈努克港经济特区	东南亚	轻工业园区	0.450	11.40
苏伊士经贸合作区	非洲	轻工业园区	0.976	5.050
俄罗斯乌苏里斯克经贸合作区	欧洲	轻工业园区	0.014	4.220

4.2.3 重工业园区

重工业园区有 4 个，分布在东南亚、非洲、欧洲和西亚，分别为恒逸文莱大摩拉岛一体化石化项目、赞比亚-中国经济贸易合作区(谦比西园区)、中匈宝思德经贸合作区、中国-阿曼(杜库姆)产业园区(重工业园区)。永久性生态空间占用面积及生态空间占用比例分别为恒逸文莱大摩拉岛一体化石化项目(0.91 km^2，7.30%)、赞比亚-中国经济贸易合作区(谦比西园区)(0.39 km^2，4.96%)、中匈宝思德经贸合作区(0.041 km^2，1.8%)；中匈宝思德经贸合作区周边无明显生态空间占用情况，其他园区周边分别以占用林地、裸地为主。其中，中国-阿曼(杜库姆)产业园区(重工业园区)未建，无生态空间占用，永久性生态空间占用面积不大，均在 10%以下。园区生态空间占用见表 4-4。

表 4-4 重工业园生态空间占用表

园区名称	地区	园区类型	永久性生态空间占用面积/km^2	生态空间占用比例/%
恒逸文莱大摩拉岛一体化石化项目	东南亚	重工业园区	0.910	7.300
赞比亚-中国经济贸易合作区(谦比西园区)	非洲	重工业园区	0.390	4.960
中匈宝思德经贸合作区	欧洲	重工业园区	0.041	1.800
中国-阿曼(杜库姆)	西亚	重工业园区	0	0

4.2.4 物流合作园区

物流合作园区有 5 个，其中 3 个分布在欧洲，分别为不来梅产业园、中欧商贸物流合作园-切佩尔港物流园、中欧商贸物流合作园-布达佩斯商贸城，永久性生态空间占用面积及生态空间占用比例分别为不来梅产业园(0.0042 km^2，0.65%)、中欧商贸物流合作园—切佩尔港物流园(0.03 km^2，3.09%)、中欧商贸物流合作园—布达佩斯商贸城(0.02 km^2，2.48%)，园区周边以占用绿地为主，生态空间占用率低，生态环境保护好。1 个分布在中亚(中哈霍尔果斯国际边境合作中心)，1 个分布在南亚(科伦坡港口城)，永久性生态空间占用面积及生态空间占用比例分别为中哈霍尔果斯国际边境合作中心(1.28 km^2，11.33%)、科伦坡港口城(0.0753 km^2，2.07%)，园区周边以占用绿地、裸地和水域为主。其中只有中哈霍尔果斯国际边境合作中心生态空间占用在 10%以上，为 11.33%，其他园区永久性生态空间占用面积比例不大，均在 10%以下。园区生态空间占用见表 4-5。

表 4-5　物流合作园区生态空间占用表

园区名称	地区	园区类型	永久性生态空间占用面积/km²	生态空间占用比例/%
中哈霍尔果斯国际边境合作中心	中亚	物流合作园区	1.280	11.330
中欧商贸物流合作园-切佩尔港物流园	欧洲	物流合作园区	0.030	3.090
中欧商贸物流合作园-布达佩斯商贸城	欧洲	物流合作园区	0.020	2.480
科伦坡港口城	南亚	物流合作园区	0.075	2.070
不来梅产业园	欧洲	物流合作园区	0.004	0.650

4.2.5　农林类产业园区

农林类产业园区有 3 个，非洲 2 个，中亚 1 个，分别为赞比亚奇帕塔产业园、赞比亚佩塔乌凯产业园和亚洲之星农业产业合作区。农林类产业园区中各园区生态空间占用情况如下，赞比亚奇帕塔产业园(0.003 km²，0.62%)，赞比亚佩塔乌凯产业园(0.002 km²，0.91%)，亚洲之星农业产业合作区(0.18 km²，1.62%)，园区周边分别以占用绿地、水域和裸地为主。生态空间占用比例都在 2%以下，无明显生态空间占用，环境保护较好。园区生态空间占用见表 4-6。

表 4-6　农林类产业园区生态空间占用表

园区名称	地区	园区类型	永久性生态空间占用面积/km²	生态空间占用比例/%
赞比亚奇帕塔产业园	非洲	农林类产业园区	0.003	0.620
赞比亚佩塔乌凯产业园	非洲	农林类产业园区	0.002	0.910
亚洲之星农业产业合作区	中亚	农林类产业园区	0.180	1.620

4.2.6　高新技术园区

35 个重要园区中，高新技术园区占 2 个，分布在欧洲，分别为中法经济贸易合作区和中国-比利时科技园。中法经济贸易合作区和中国-比利时科技园永久性生态空间占用面积及生态空间占用比例分别为(0.81 km²，0.27%)和(0.082 km²，43.61%)，园区周边分别以占用裸地和绿地为主。其中，中国-比利时科技园生态空间占用比例较高，为 43.61%，中法经济贸易合作区生态空间占用比例较低，基本无生态空间占用。园区生态空间占用见表 4-7。

表 4-7　高新技术园区生态空间占用表

园区名称	地区	园区类型	永久性生态空间占用面积/km²	生态空间占用比例/%
中国-比利时科技园	欧洲	高新技术园区	0.082	43.610
中法经济贸易合作区	欧洲	高新技术园区	0.810	0.270

第 5 章

典型案例遥感监测

中国投资或承建了众多重大产业园区项目，依据各境外产业园区的类型、建设良好程度及所在位置，从中选取了 14 个建设较好的重大产业园区（简称园区）开展遥感监测分析工作，表 5-1 为建设较好的园区概况。

表 5-1　建设较好的园区概况

园区名称	所在国家	大洲	主要产业	建设年份	园区类型
中白俄罗斯工业园	白俄罗斯	欧洲	电子与通信、生物制药等	2012	综合产业园区
泰国泰中罗勇工业园	泰国	亚洲	机械、电子、生物医药等	2005	综合产业园区
中国印尼综合产业园区青山园区	印度尼西亚	亚洲	镍铁、不锈钢	2013	综合产业园区
埃塞俄比亚东方工业园	埃塞俄比亚	非洲	能源、建材、纺织等	2008	综合产业园区
越南龙江工业园经济贸易合作区	越南	亚洲	电子、建材、机械等	2007	综合产业园区
马中关丹产业园	马来西亚	亚洲	钢铁、有色金属、石油化工	2013	综合产业园区
中匈宝思德经贸合作区	匈牙利	欧洲	化工、生物化工	2011	重工业园区
恒逸文莱大摩拉岛一体化石化项目	文莱	亚洲	石油化工	2017	重工业园区
中哈霍尔果斯国际边境合作中心	哈萨克斯坦	亚洲	自由贸易，物流运输	2006	物流合作园区
不来梅产业园	德国	欧洲	物流运输	2012	物流合作园区
柬埔寨西哈努克港经济特区	柬埔寨	亚洲	纺织服装、五金机械	2008	轻工业园区
苏伊士经贸合作区	埃及	非洲	机械制造、纺织服装、能源	2008	轻工业园区
亚洲之星农业产业合作区	吉尔吉斯斯坦	亚洲	种植、养殖、食品深加工	2011	农林类产业园区
中法经济贸易合作区	法国	欧洲	新能源新材料、电子、生物	2012	高新技术园区

通过对建设较好的 14 个园区进行遥感监测分析，结果表明建设较好的境外园区具有以下特点：建筑面积和占地面积大、建设进度快、道路里程长、周围环境好、经济发展好、环境保护好。下文将通过典型园区案例遥感分析说明各个特点。

5.1 园区特点——建筑面积和占地面积大

通过对园区进行遥感监测分析，建设较好同时建筑面积较大的园区分别有轻工业园区柬埔寨西哈努克港经济特区，重工业园区恒逸文莱大摩拉岛一体化石化项目，综合产业园区泰国泰中罗勇工业园、中白俄罗斯工业园、埃塞俄比亚东方工业园、中国印尼综合产业园区青山园区，物流合作园区中哈霍尔果斯国际边境合作中心，重工业园区中匈宝思德经贸合作区。

5.1.1 柬埔寨西哈努克港经济特区

使用 0.6 m 高分影像对园区内部区域进行土地利用变化监测。结果表明该区域建设后建筑面积显著增加，建区前(2013 年 12 月 29 日)为 0.27 km^2，建区后(2016 年 1 月 3 日)为 0.67 km^2，占比由建设前的 6.80%增加到现在的 16.75%，园区建筑面积扩大明显。具体情况如表 5-2、图 5-1～图 5-3 所示。

表 5-2 2013 年与 2016 年园区内部土地利用情况

时间	面积及占比	绿地	裸地	道路	建筑
2013/12/29	面积/km^2	1.71	1.61	0.38	0.27
	占比/%	43.07	40.56	9.57	6.80
2016/1/03	面积/km^2	0.80	2.10	0.43	0.67
	占比/%	20.00	52.50	10.75	16.75

使用 0.6 m 高分影像对云壤镇内部区域进行土地利用变化监测。结果表明该镇 2013～2016 年建筑面积没有明显的增长变化，2013 年为 0.13 km^2，建区后 2016 年为 0.17 km^2，增加了 0.04 km^2，占比由 2013 年的 10.48%，增加到现在的 13.6%，云壤镇建筑面积增加较少。具体情况如表 5-3、图 5-4、图 5-5 所示。

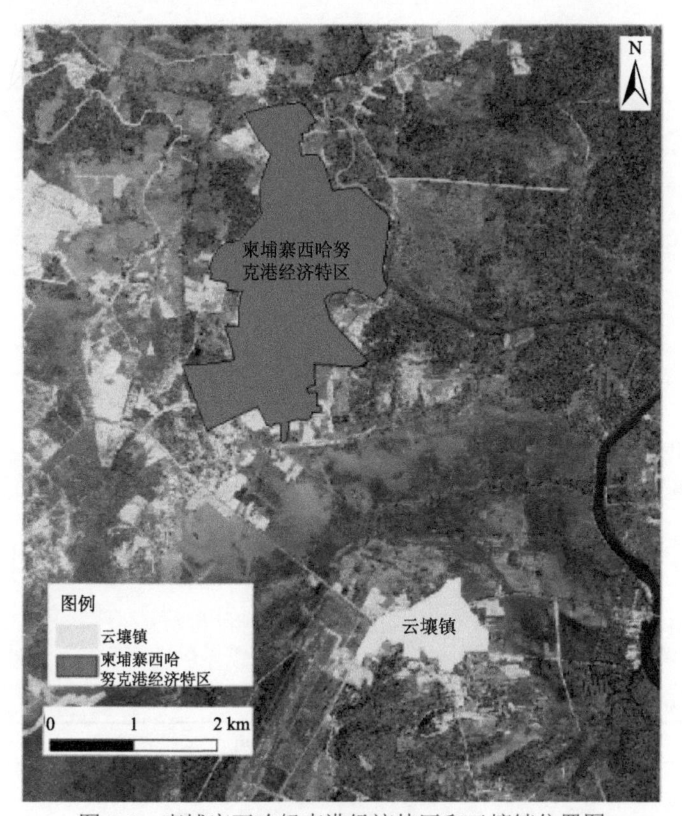

图 5-1　柬埔寨西哈努克港经济特区和云壤镇位置图

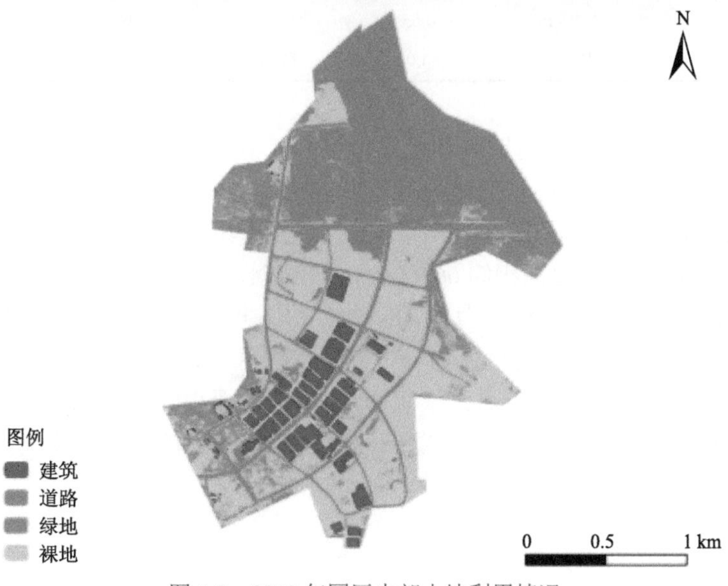

图 5-2　2013 年园区内部土地利用情况

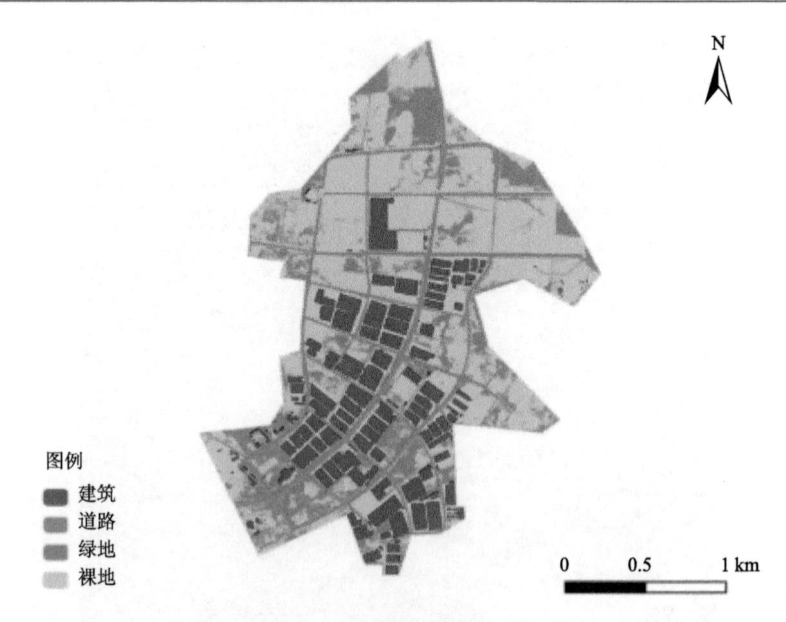

图 5-3 2016 年园区内部土地利用情况

表 5-3 2013 年与 2016 年云壤镇内部土地利用情况

时间	面积及占比	绿地	裸地	道路	建筑
2013/12/25	面积/km^2	0.62	0.11	0.38	0.13
	占比/%	50.00	8.87	30.65	10.48
2016/1/3	面积/km^2	0.55	0.14	0.39	0.17
	占比/%	44.00	11.20	31.20	13.60

使用 0.6 m 高分影像对园区和机场周边的云壤镇 2013(建区前)～2016(建区后)年的建筑面积和占地面积变化进行监测对比,结果表明园区建设后内部建筑面积比云壤镇增加得更明显：2013 年园区建筑总面积约 26.8 hm^2，区域内仅有若干分散农宅，2016 年建筑总面积约 66.9 hm^2，中心建设区新增许多房屋；而机场周边的云壤镇 2013 年建筑总面积约为 13.48 hm^2，2016 年建筑总面积约为 17.12 hm^2，建筑面积没有明显的增长变化；另外，建区前园区占地面积约为 118.7 hm^2，建区后增长到约为 243.2 hm^2，而云壤镇 2013 年占地面积约为 668.7 hm^2，2016 年增长到 751.3 hm^2，这说明园区的发展速度远快于云壤镇。具体情况如图 5-6～图 5-9 所示。

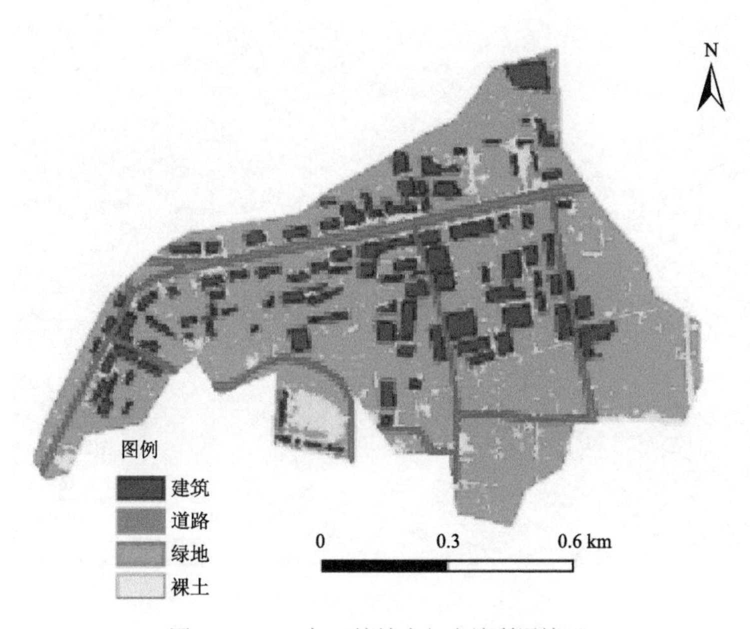

图 5-4　2013 年云壤镇内部土地利用情况

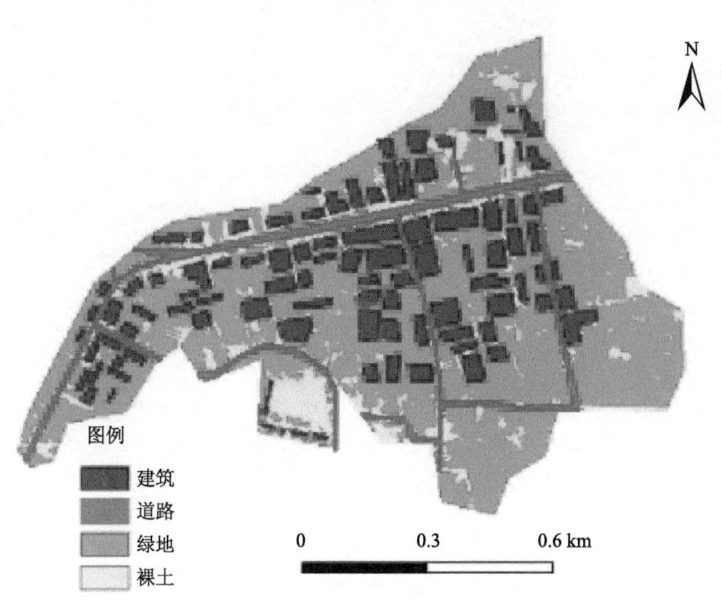

图 5-5　2016 年云壤镇内部土地利用情况

图 5-6 2013 年园区内部建筑情况

图 5-7 2016 年园区内部建筑情况

图 5-8　2013 年云壤镇建筑情况

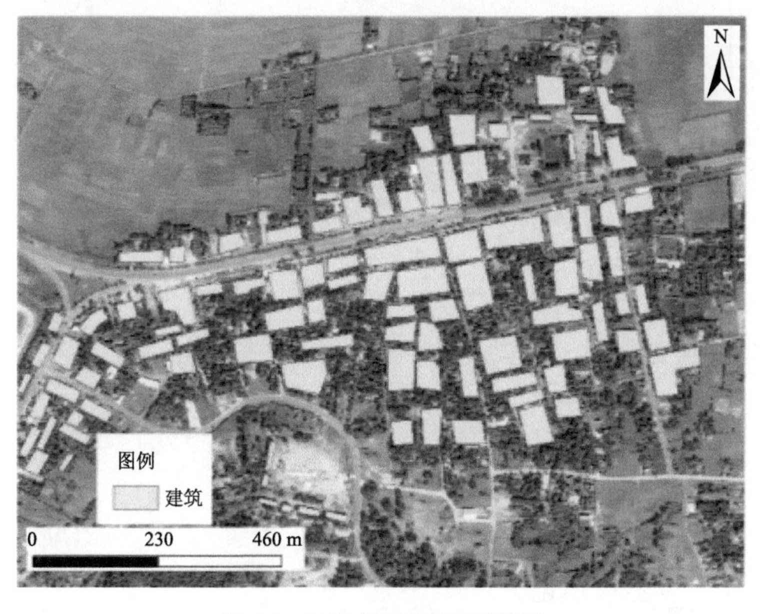

图 5-9　2016 年云壤镇建筑情况

利用 VIIRS 灯光数据，对以园区和机场周边的云壤镇为中心，半径为 1 km 区域的灯光变化情况进行监测对比，分析表明 2012～2018 年园区灯光增长速度和灯光指数均值都高于机场周边的云壤镇，园区灯光指数呈现快速增长态势，增长率平均值高于云壤镇，这主要是由于园区的建设发展较快，吸引众多企业入驻，工业、居民用地扩大，建筑面积显著增加；而云壤镇建筑面积没有太大的增长，但是灯光却有明显的增长，这主要是因为西哈努克作为旅游胜地、商业、投资和物流中心，近年来游客人数增加，经济发展迅速，机场扩建增加了人口流动量，带动云壤镇经济发展，云壤镇多处扩建施工，另外，当地道路修建路灯增加明显。具体情况见表 5-4、图 5-10、图 5-11。

表 5-4　2012～2018 年园区和云壤镇年均灯光指数对比情况

区域	2012 年	2014 年	2016 年	2018 年
柬埔寨西哈努克港经济特区	1.54	1.38	1.46	2.19
云壤镇	0.08	0.08	0.22	1.00

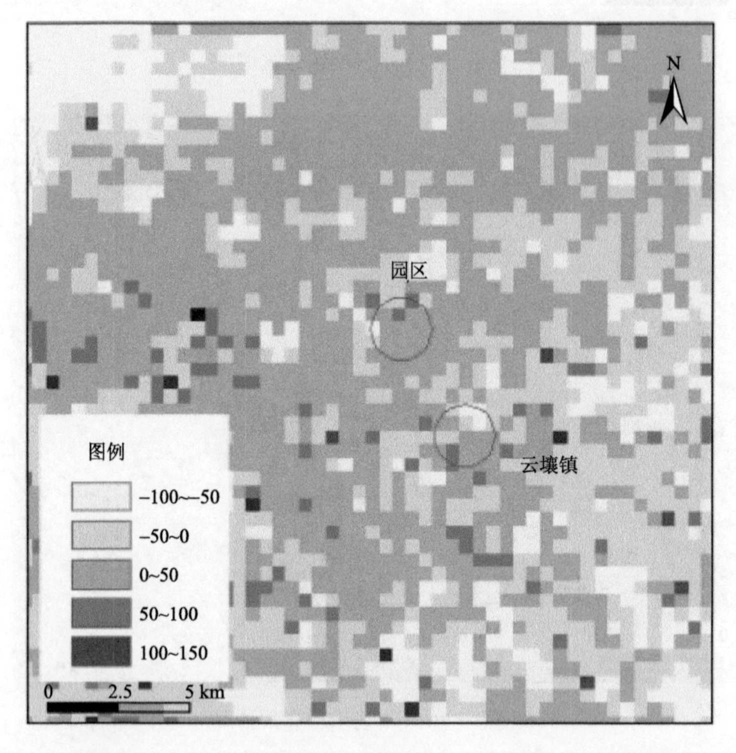

图 5-10　柬埔寨西哈努克港经济特区和云壤镇 1 km 缓冲区内灯光指数增长率分布

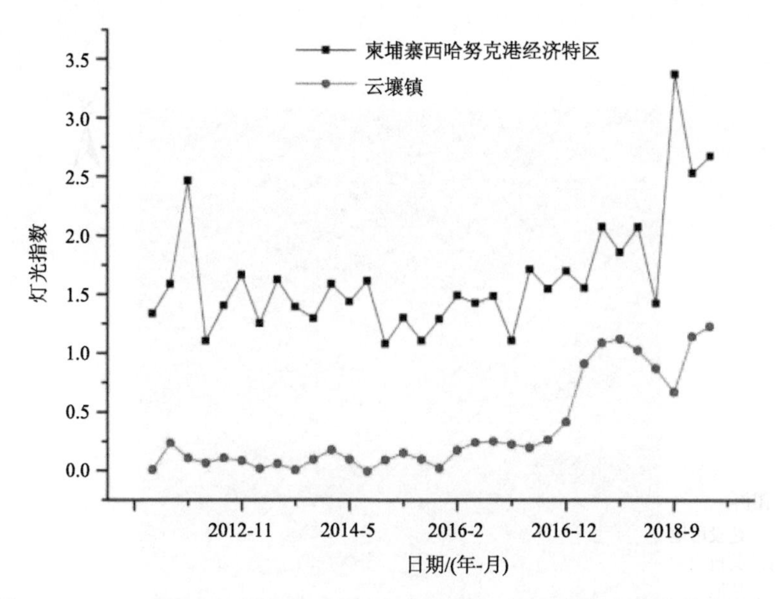

图 5-11 2012～2018 年柬埔寨西哈努克港经济特区和云壤镇灯光指数变化情况

5.1.2 恒逸文莱大摩拉岛一体化石化项目

使用 30 m 分辨率影像对以园区为中心、正南北向、边长约 8 km 的方形区域进行土地利用变化监测。结果表明建设用地显著扩大，建区前(2017 年 3 月 17 日)建设用地面积为 1.96 km^2，建区后(2018 年 8 月 27 日)建设用地面积达 3.35 km^2，建设用地面积明显扩大。具体情况见表 5-5、图 5-12、图 5-13。

表 5-5 恒逸文莱大摩拉岛一体化石化项目园区建设前后各地类面积及占比

日期	面积及占比	其他	林地	水域	建设用地	草地
2017/3/17	面积/km^2	9.34	1.74	51.00	1.96	0.35
	占比/%	14.51	2.70	79.21	3.04	0.54
2018/8/27	面积/km^2	9.16	0.80	50.76	3.35	0.33
	占比/%	14.22	1.24	78.82	5.21	0.51

使用 0.5 m 高分影像对园区内部区域进行土地利用变化监测。结果表明该区域建设后建筑面积显著增加，建区前(2016 年 6 月 5 日)建筑面积只有 0.01 km^2，建区后(2018 年 6 月 19 日)为 0.44 km^2，园区建筑面积明显增大。具体情况见表 5-6、图 5-14、图 5-15。

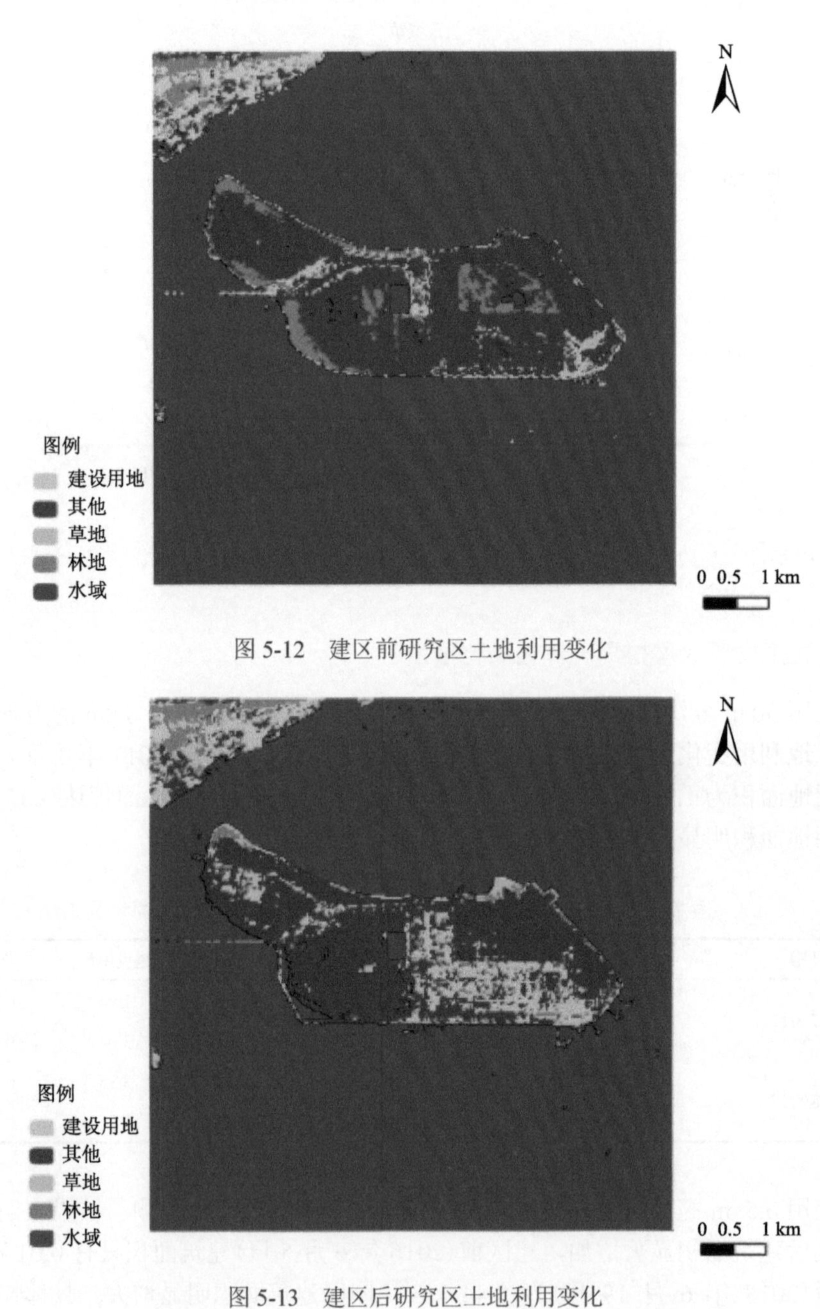

图 5-12　建区前研究区土地利用变化

图 5-13　建区后研究区土地利用变化

表 5-6　2016 年与 2018 年园区内部土地利用情况

日期	面积及占比	绿地	建筑	水泥路	土路	水域	其他
2016/6/5	面积/km^2	1.99	0.01	0	0.24	0.14	8.44
	占比/%	18.39	0.09	0	2.22	1.29	78.01
2018/6/19	面积/km^2	1.81	0.44	0.09	0.63	0.34	9.16
	占比/%	14.51	3.53	0.72	5.05	2.73	73.46

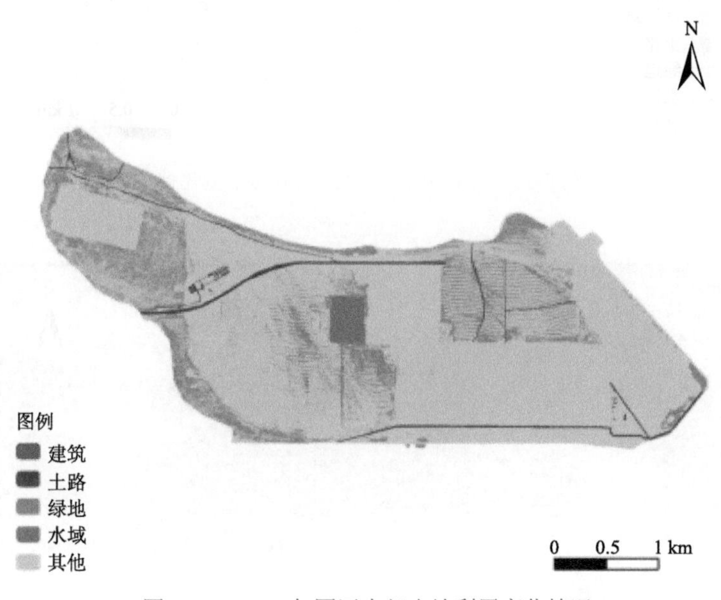

图 5-14　2016 年园区内部土地利用变化情况

园区内部建筑面积显著扩大，主要位于石化生产核心区。建区前建筑总面积约 1.36 km^2。建区后建筑总面积约 43.53 hm^2，主要新增大量厂房、仓储建筑和化工塔。具体情况如图 5-16 和图 5-17 所示。

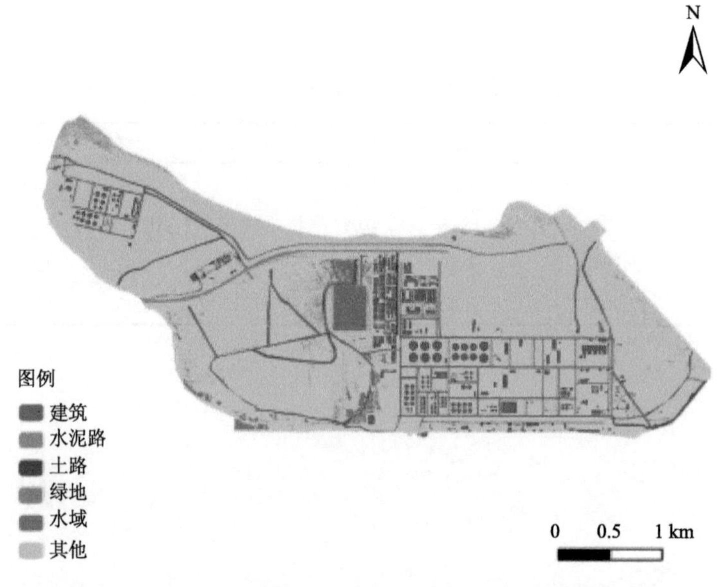

图 5-15　2018 年园区内部土地利用变化情况

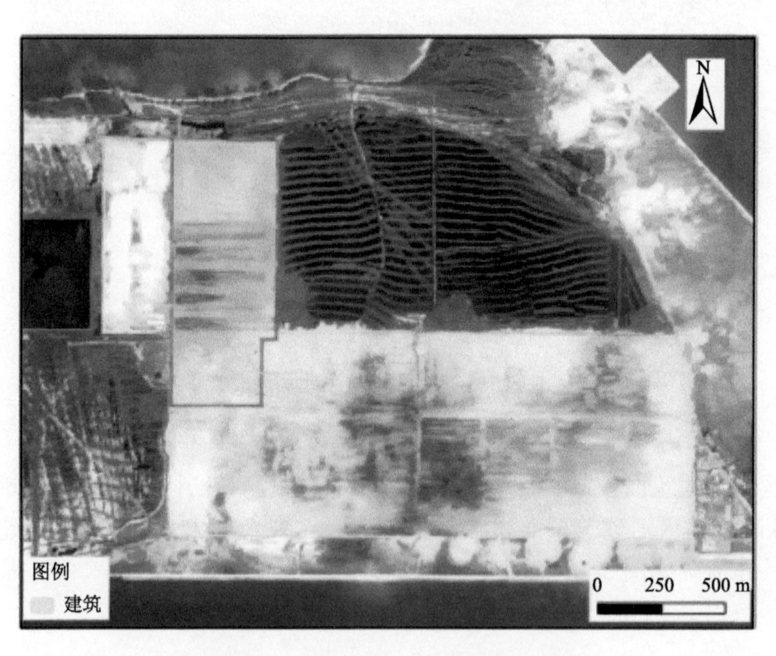

图 5-16　2016 年园区内部建筑变化情况

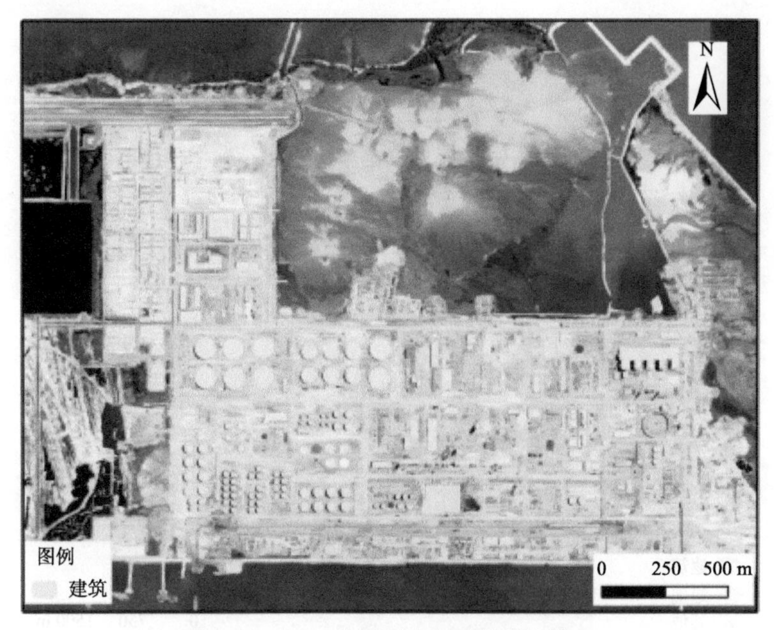

图 5-17　2018 年园区内部建筑变化情况

5.2　园区特点——建设速度快

从建设较好的 14 个园区中选取建设速度快的典型园区进行遥感监测分析说明，主要对道路建设速度、建筑建设进度以及园区灯光指数三个指标进行监测评价，选取的园区有综合产业园区中的泰国泰中罗勇工业园和越南龙江工业园经济贸易合作区。

5.2.1　泰国泰中罗勇工业园

如表 5-7、图 5-18、图 5-19 所示，使用 0.6 m 高分影像对园区内部区域进行土地利用变化监测。监测结果表明，建区前(2004 年 1 月 29 日)建筑面积为 0.0044 km^2，建区后(2017 年 12 月 23 日)为 0.9574 km^2，建筑建设速度为 0.07 km^2/a。

表 5-7　2004 年与 2017 年园区内部土地利用情况

日期	面积及占比	绿地	建筑	土路	水泥路	其他
2004/1/29	面积/km^2	5.7970	0.0044	0.1650	0	0.0039
	占比/%	97.1000	0.0700	2.7600	0	0.0700
2017/12/23	面积/km^2	2.1921	0.9574	0	0.2855	2.5353
	占比/%	36.7200	16.0400	0	4.7800	42.4600

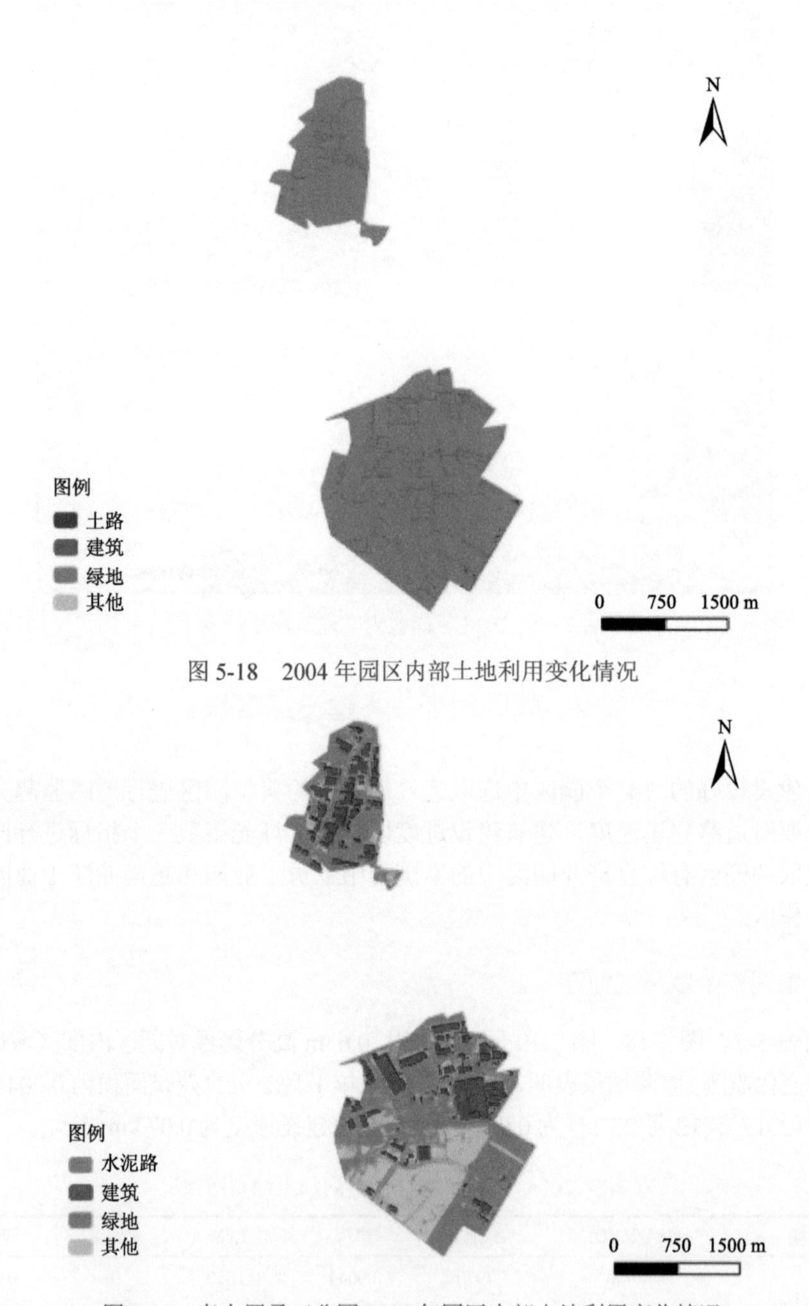

图 5-18 2004 年园区内部土地利用变化情况

图 5-19 泰中罗勇工业园 2017 年园区内部土地利用变化情况

如图 5-20、图 5-21 所示，园区内部道路变化主要表现为，建区前(2004 年 1 月 29 日)土路面积约 0.1650 km^2，区域内仅有田间机耕道；建区后(2017 年 12 月 23 日)水泥路面积为 0.2855 km^2，道路建设速度为 0.009 km^2，贯穿园区、连接建设区域的干线、支线道路明显增多。

图 5-20 2004 年园区内部道路变化情况

图 5-21 2017 年园区内部道路变化情况

如图 5-22、图 5-23 所示，园区内部建筑面积显著扩大，建区前园区内仅有 3 栋在建厂房，占地面积不足 4 hm^2；建区后新增大量厂房、办公及仓储等建筑，占地面积达 50 hm^2。

图 5-22　2004 年园区内部建筑变化情况

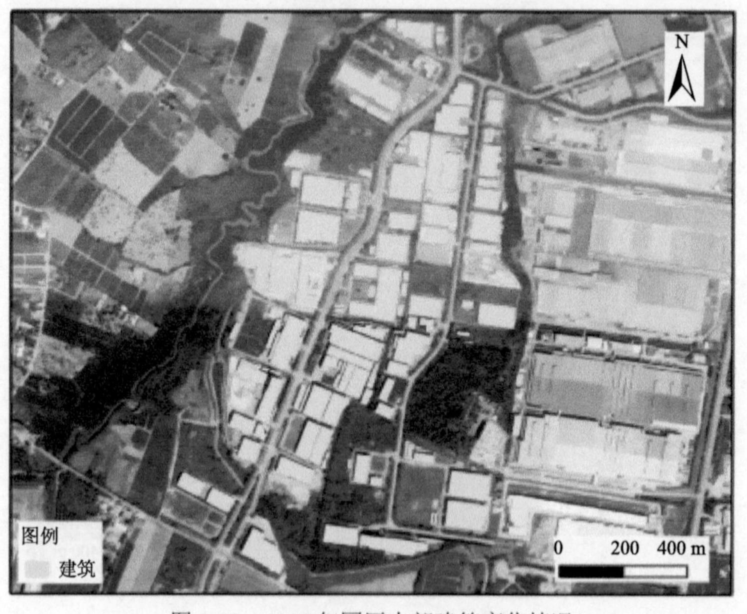

图 5-23　2017 年园区内部建筑变化情况

利用 DMSP 和 VIIRS 灯光数据产品，对园区的灯光变化进行监测，监测产业园及周边区域建设前到 2018 年的灯光指数变化情况，监测表明该园区灯光指数年均最大增长率为 2.61%。

5.2.2　越南龙江工业园经济贸易合作区

如表 5-8、图 5-24、图 5-25 所示，使用 0.6 m 高分影像对园区内部区域进行土地利用变化监测。结果表明建区前(2015 年 1 月 27 日)建筑面积只有 0.21 km^2，建区后(2017 年 1 月 23 日)建筑面积达到 0.46 km^2，建设速度约为 0.125 km^2/a。

表 5-8　2015 年与 2017 年园区内部土地利用情况

日期	面积及占比	绿地	裸地	道路	建筑	水域
2015/1/27	面积/km^2	3.13	2.54	0.14	0.21	0.01
	占比/%	51.91	42.12	2.32	3.48	0.17
2017/1/23	面积/km^2	2.64	2.67	0.24	0.46	0.02
	占比/%	43.78	44.28	3.98	7.63	0.33

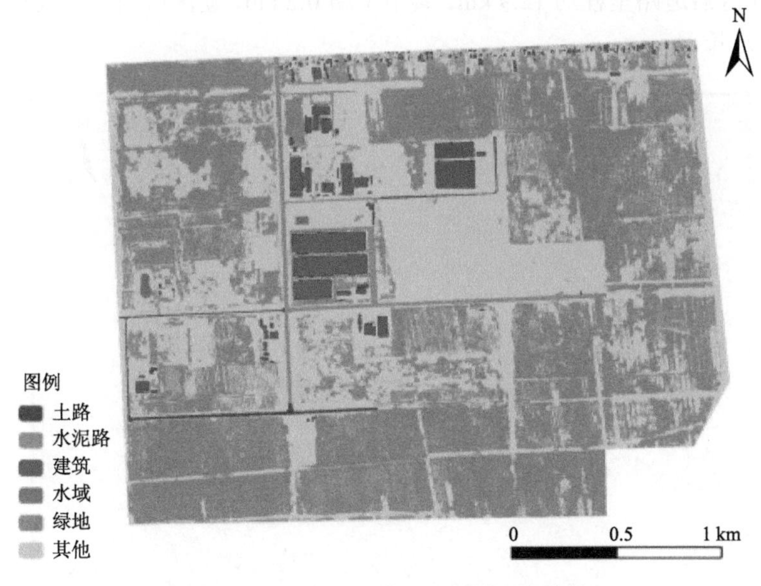

图 5-24　2015 年园区内部土地利用变化情况

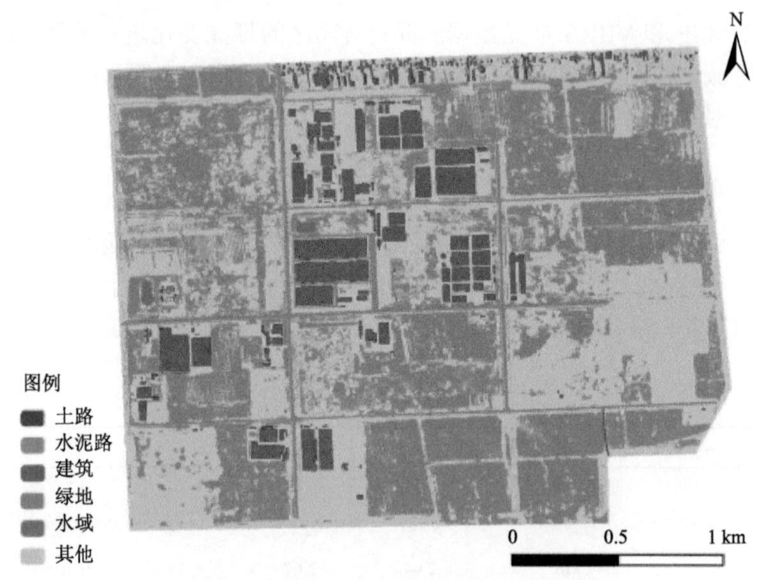

图 5-25　2017 年园区内部土地利用变化情况

如图 5-26、图 5-27 所示，园区内部道路里程建区前约为 6.9 km，其中土路 3.9 km；建区后道路里程约 12.9 km，其中土路 0.2 km，建区后基本完成水泥浇筑，多条路线延长。

图 5-26　2015 年园区内部道路变化情况

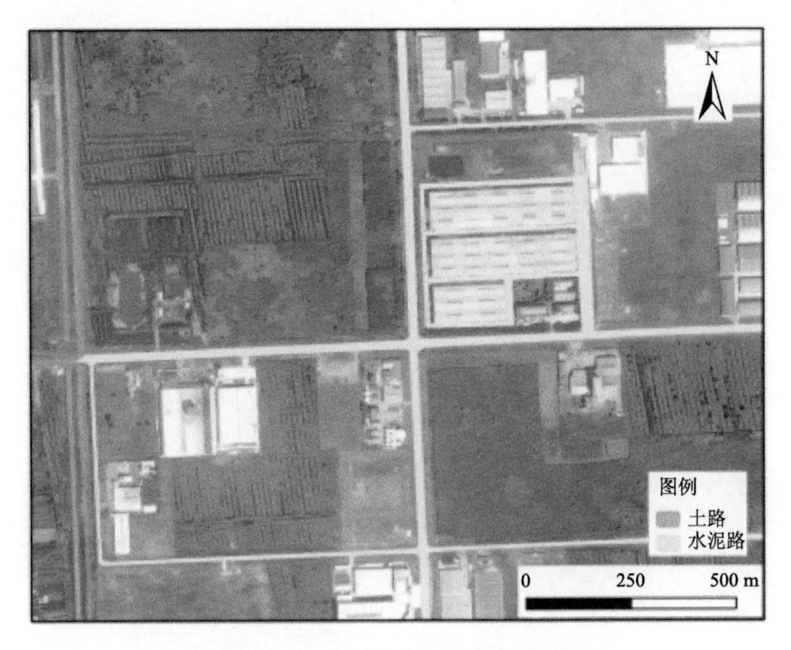

图 5-27　2017 年园区内部道路变化情况

如图 5-28、图 5-29 所示，园区内部建筑面积明显增加，新增多处建筑，2015 年建筑用地总面积约 21 hm^2，2017 年建筑用地总面积约 46 hm^2。

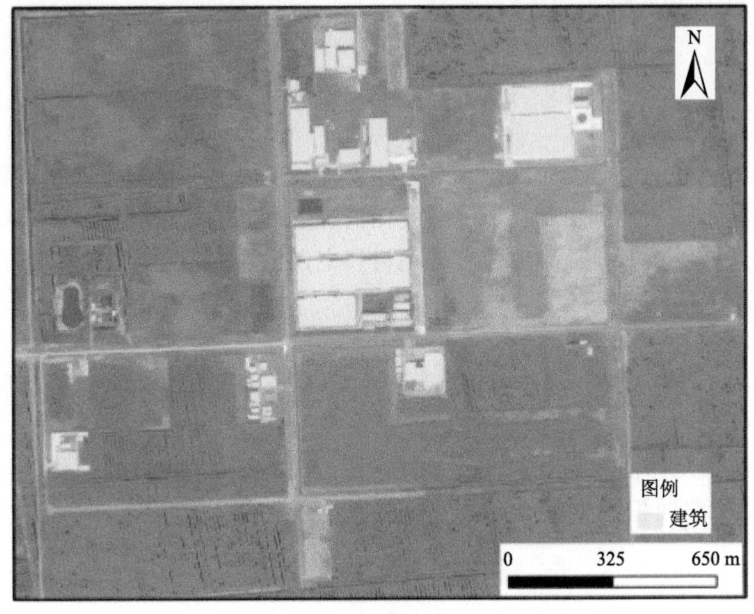

图 5-28　2015 年园区内部建筑变化情况

图 5-29 2017 年园区内部建筑变化情况

利用 DMSP 和 VIIRS 灯光数据产品对园区的灯光变化进行监测，监测园区及其周边区域建设前到 2018 年的灯光指数变化情况，监测表明该园区灯光指数年均最大增长率为 29.67%。

5.3 园区特点——道路里程长

从建设较好的 14 个园区中选取道路里程长的典型园区进行遥感监测分析说明，对园区内部土地利用变化和道路变化情况进行监测，选取的园区有重工业园区中的恒逸文莱大摩拉岛一体化石化项目和中白俄罗斯工业园。

5.3.1 恒逸文莱大摩拉岛一体化石化项目

如表 5-9、图 5-30、图 5-31 所示，使用 0.5 m 高分影像对园区内部区域进行土地利用变化监测。该区域道路建设变化表现为，建区前(2016 年 6 月 5 日)没有建设水泥路，土路面积为 0.24 km^2，建区后(2018 年 6 月 19 日)水泥路面积增加 0.09 km^2，土路面积增加 0.39 km^2。

表 5-9　2016 年与 2018 年园区内部土地利用情况

日期	类型	绿地	建筑	水泥路	土路	水域	其他
2016/6/5	面积/km^2	1.99	0.01	0	0.24	0.14	8.44
	占比/%	18.39	0.09	0	2.22	1.29	78.00
2018/6/19	面积/km^2	1.81	0.44	0.09	0.63	0.34	9.16
	占比/%	14.51	3.53	0.72	5.05	2.73	73.46

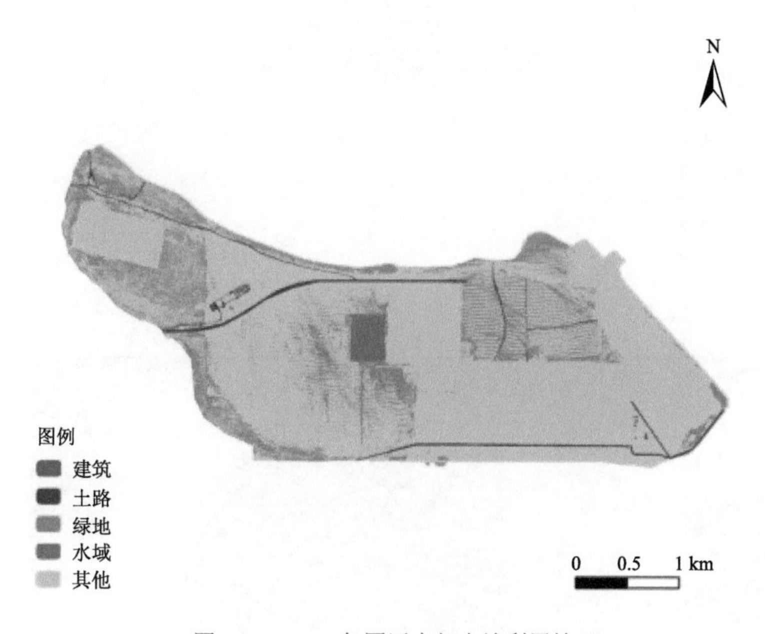

图 5-30　2016 年园区内部土地利用情况

如图 5-32 和图 5-33 所示，建区后园区内部道路增多，主要位于石化生产核心区。建区前土路里程 15.84 km，未进行水泥浇筑；建区后土路里程 54.08 km，水泥路 3.33 km。

5.3.2　中国-白俄罗斯工业园

如表 5-10、图 5-34、图 5-35 所示，使用 1.5 m 高分影像对园区内部区域进行土地利用变化监测。建区前后道路的变化情况表现为，建区前(2002 年 4 月 19 日)道路面积只有 8.7 km^2，建区后(2017 年 9 月 26 日)道路面积增加到 17.65 km^2，道路面积增加明显。

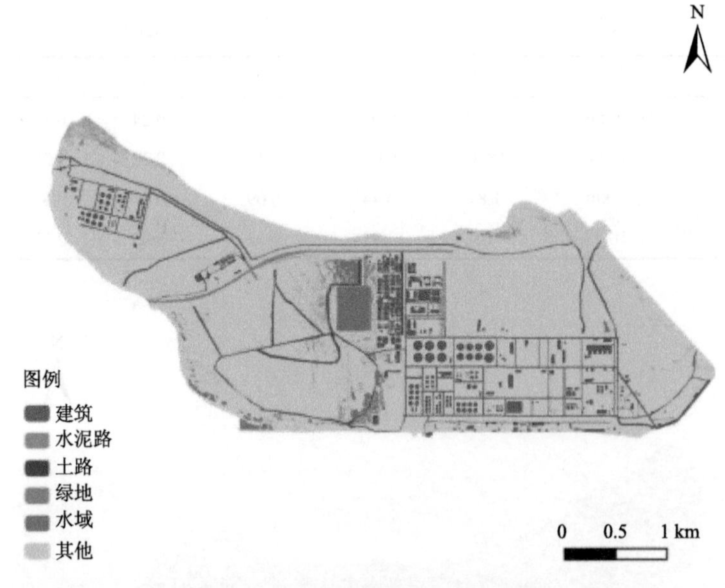

图 5-31 2018 年园区内部土地利用情况

图 5-32 2016 年园区内部道路变化情况

图 5-33　2018 年园区内部道路变化情况

表 5-10　2002 年与 2017 年园区内部土地利用情况

时间	面积及占比	绿地	建筑	道路	裸地	水域
2002/4/19	面积/km^2	229.31	1.33	8.70	76.58	8.25
	占比/%	70.74	0.41	2.68	23.62	2.55
2017/9/26	面积/km^2	252.26	1.57	17.65	45.80	6.90
	占比/%	77.82	0.48	5.44	14.13	2.13

如图 5-36 和图 5-37 所示，园区周边(边长约 15 km 的方形区域)以绿地为主，有若干民房聚集点，道路无明显变化，建区后无新增道路连接产业园区。园区内部建区前道路里程约 107.5 km，建区后道路里程约 286 km，道路增多，主要位于东部机场建设区和中部产业园建设区。

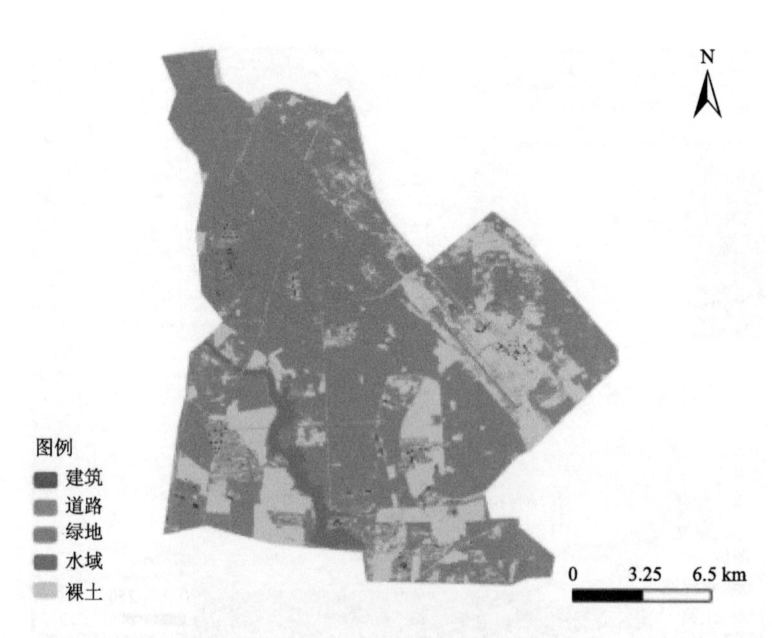

图 5-34　2002 年园区内部土地利用情况

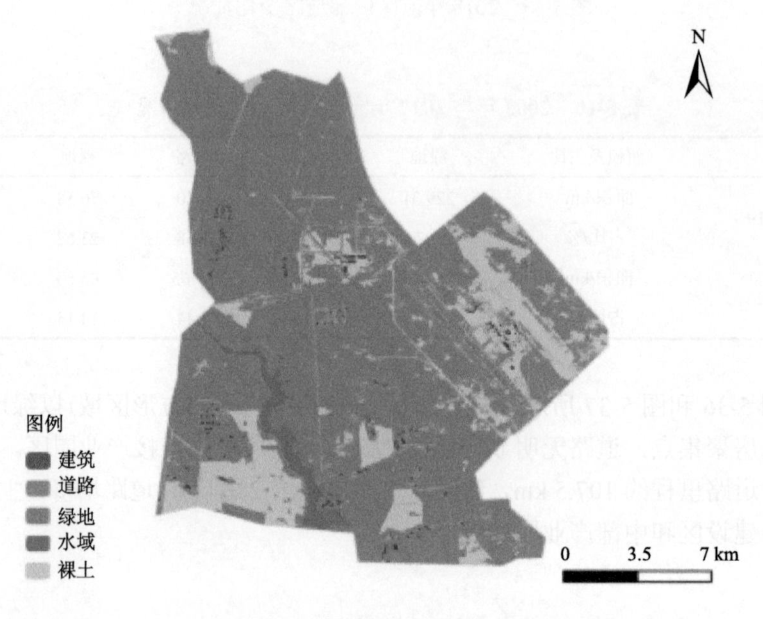

图 5-35　2017 年园区内部土地利用情况

图5-36　2002年园区内部道路变化情况

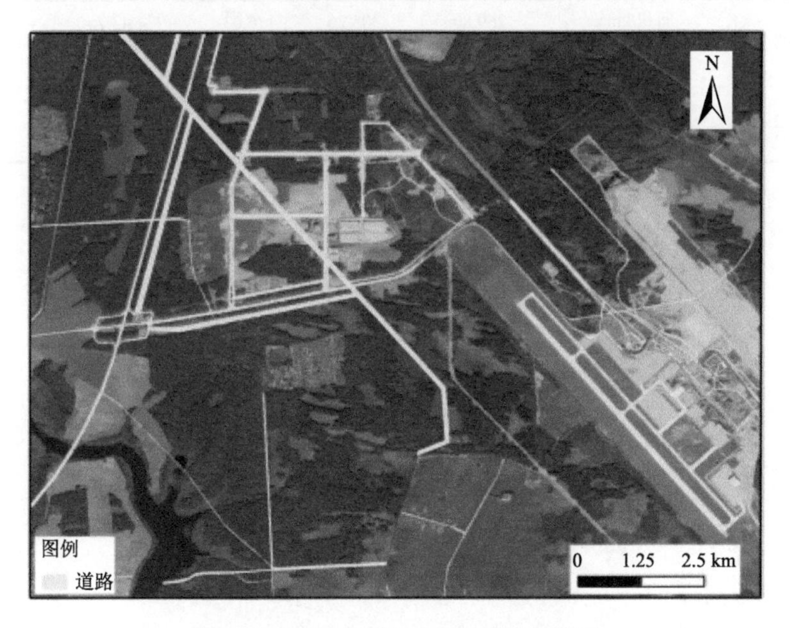

图5-37　2017年园区内部道路变化情况

5.4 园区特点——周围环境好

从建设较好的 14 个园区中选取周围环境好的典型园区进行遥感监测分析说明，对园区周边土地利用变化进行监测分析，选取的园区有综合产业园区中的中白俄罗斯工业园和越南龙江工业园经济贸易合作区。

5.4.1 中国-白俄罗斯工业园

如表 5-11、图 5-38、图 5-39 所示，使用 30 m 分辨率影像数据对以园区为中心、正南北向、边长约 15 km 的方形区域进行土地利用变化监测。建区前/后区域内主要土地利用类型都是林地和耕地，建区后其占所有地类面积的比重分别为 45.73%和 42.81%，建区后耕地面积增加了 4.3 km^2，达到 274.1 km^2，林地面积减少较小，水域面积基本不变，园区周围环境保护较好。

表 5-11 园区建设前后各地类面积及占比

时间	面积及占比	耕地	林地	水域	建设用地	其他
2011/3/8	面积/km^2	269.80	305.26	6.63	43.75	12.83
	占比/%	42.27	47.83	1.04	6.85	2.01
2016/7/2	面积/km^2	274.10	292.79	7.10	51.18	15.14
	占比/%	42.81	45.73	1.11	7.99	2.36

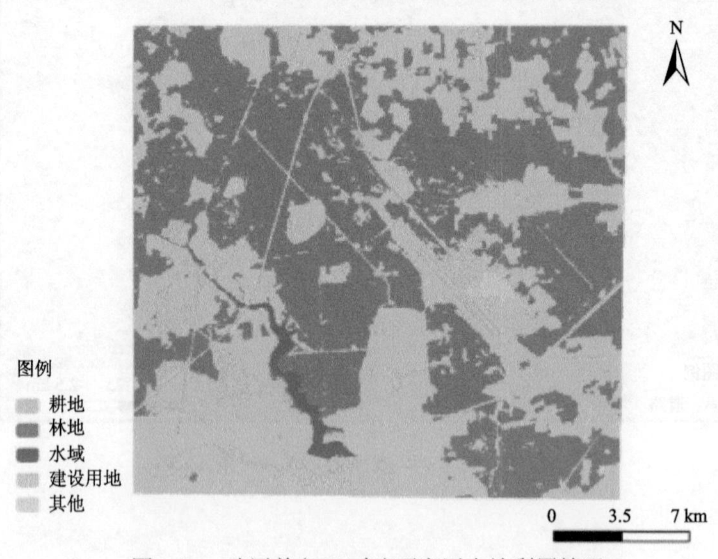

图 5-38 建区前(2011 年)研究区土地利用情况

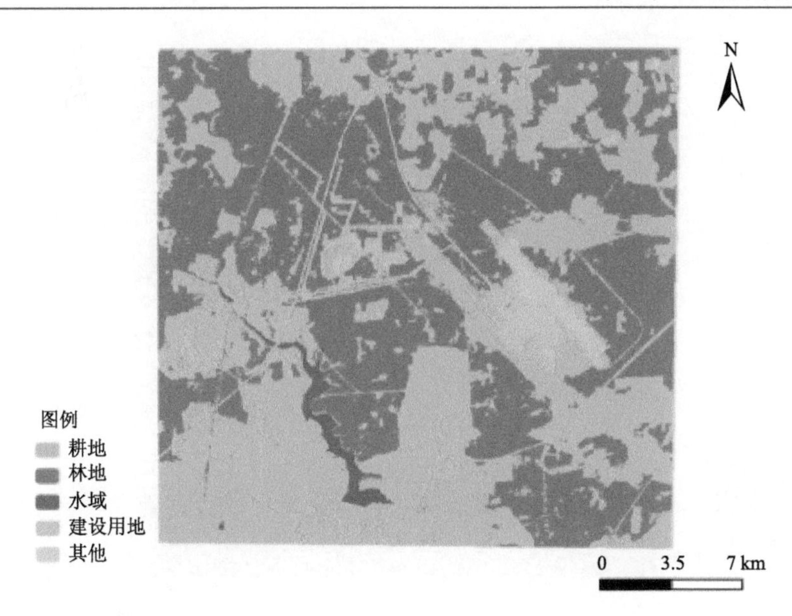

图 5-39　建区后(2016 年)研究区土地利用情况

5.4.2　越南龙江工业园经济贸易合作区

如表 5-12、图 5-40、图 5-41 所示，使用 30 m 高分影像数据对以园区为中心、正南北向、边长约 10.2 km 的方形区域进行土地利用变化监测。区域内主要土地利用类型为耕地和林地。园区建设后耕地面积和林地面积分别增加了 3.48 km^2、3.5 km^2，水域面积减少较小。

表 5-12　园区建设前后各地类面积及占比

日期	类型	耕地	林地	草地	建设用地	水域	其他
2008/3/25	面积/km^2	47.33	24.52	13.38	5.05	2.15	11.6
	占比/%	45.50	23.57	12.86	4.85	2.07	11.15
2017/1/29	面积/km^2	50.81	28.02	4.23	14.84	1.70	4.43
	占比/%	48.84	26.93	4.07	14.27	1.63	4.26

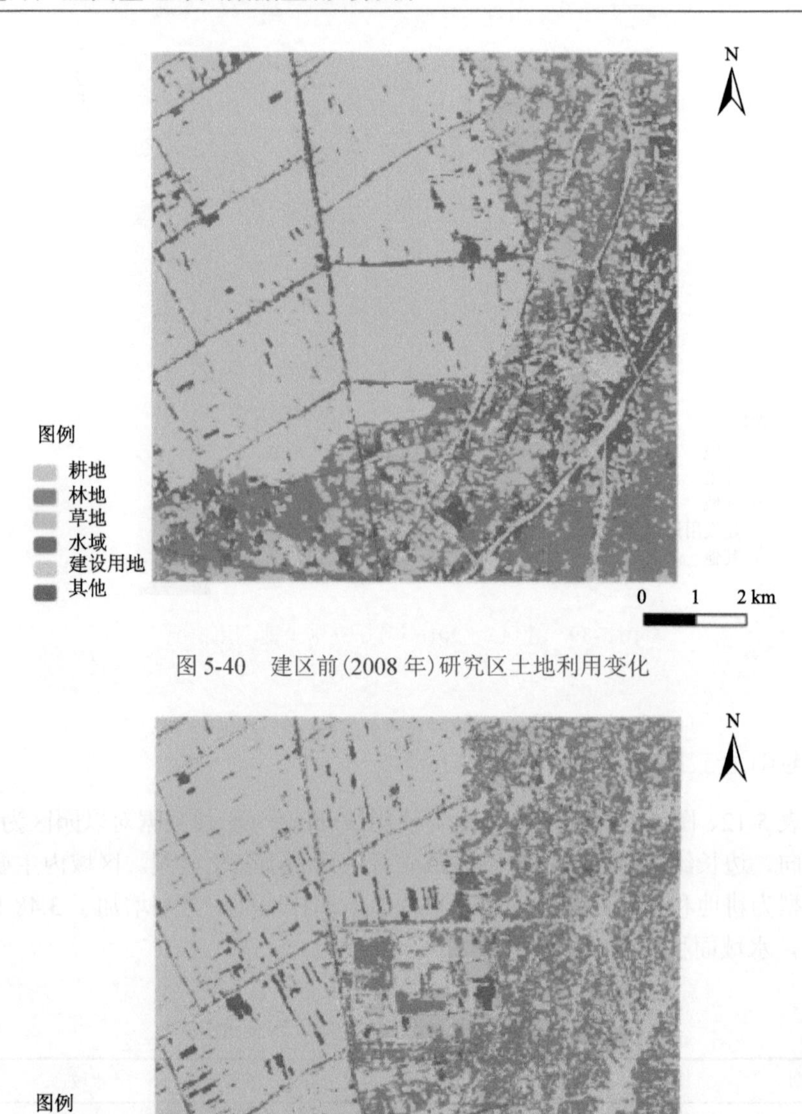

图 5-40　建区前(2008 年)研究区土地利用变化

图 5-41　建区后(2017 年)研究区土地利用变化

5.5　园区特点——经济发展好

灯光指数与 GDP 存在很好的相关性，可以反映经济发展的程度。利用 DMSP 和 VIIRS 灯光数据产品对园区的灯光变化进行监测，监测产业园及周边区域建设前到 2018 年的灯光指数变化情况，主要从最大灯光指数、最大增长率、建设前后灯光指数差和年均最大灯光指数增长率四个指标对各园区进行监测评价。

5.5.1　马中关丹产业园

如图 5-42 和图 5-43 所示，对产业园及其周边区域建设前到 2018 年的灯光指数变化情况进行监测，结果表明园区建设前(2012 年)最大灯光指数仅有 150.84，建设后(2018 年)最大灯光指数达 210.84，建设前后灯光指数差高达 3560.4，最大增长率为 28.46%，灯光指数高主要是因为园区建设拉动当地社会经济的发展。

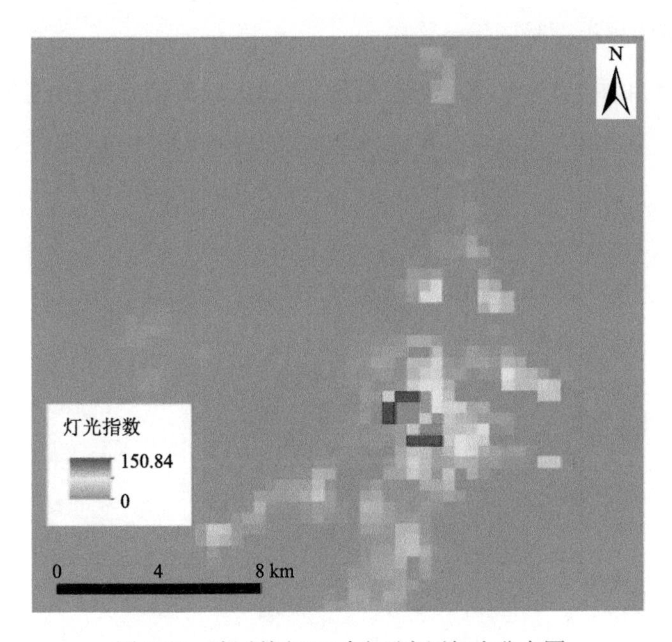

图 5-42　建区前(2012 年)研究区灯光分布图

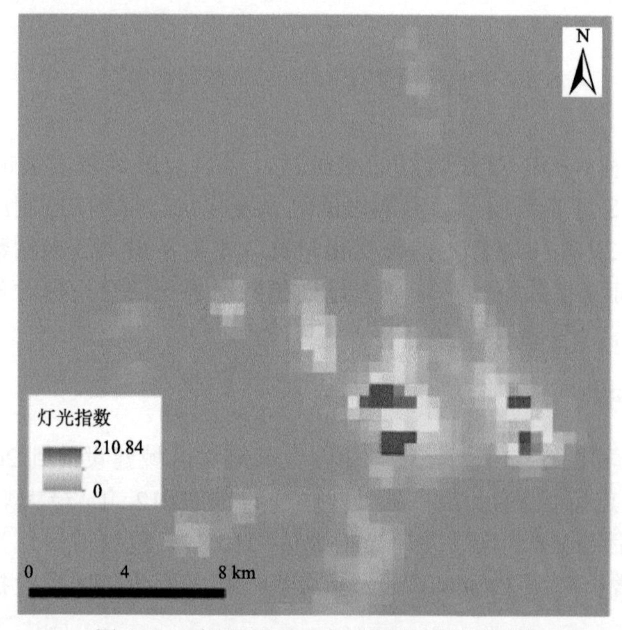

图 5-43　建区后(2018 年)研究区灯光分布图

5.5.2　中哈霍尔果斯国际边境合作中心

如图 5-44 和图 5-45 所示，对园区及其周边区域建设前到 2018 年的灯光指

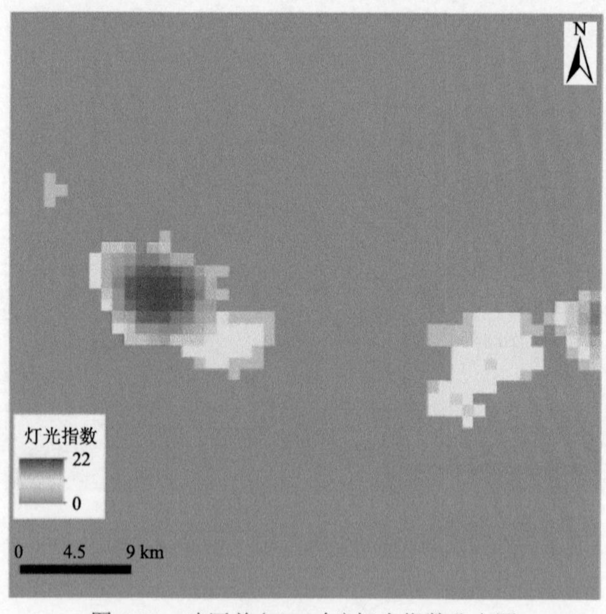

图 5-44　建区前(2006 年)灯光指数分布图

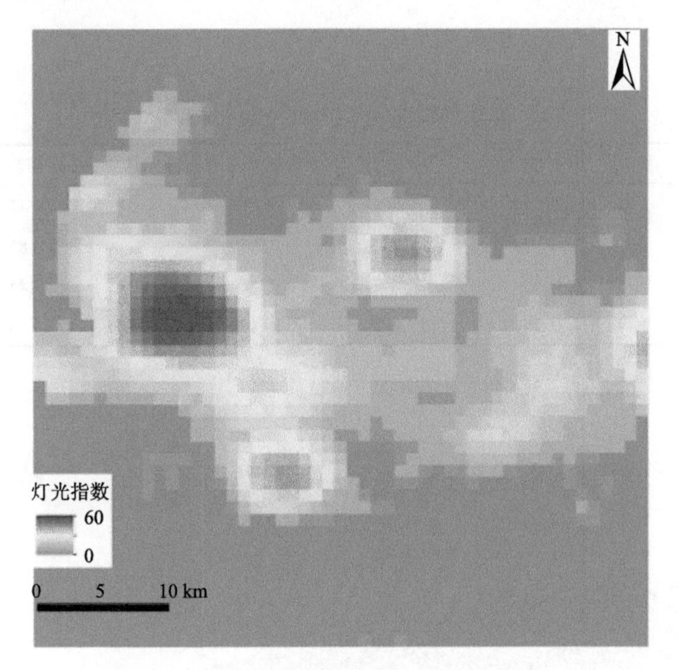

图 5-45　建区后(2016 年)研究区灯光指数分布图

数变化情况进行监测，园区灯光指数变化表现为，园区建设前(2006 年)最大灯光指数仅 22，园区建设后(2016 年)最大灯光指数达到 223.2，建区前后灯光指数差高达 201.2，年均最大灯光指数增长率达 26.07%，园区灯光指数增加显著。

5.6　园区特点——环境保护好

从建设较好的 14 个园区中选取环境保护好的典型园区进行遥感监测分析说明，主要对园区建设生态空间占用、园区内部绿地面积变化进行监测，选取的园区有农林类产业园区中的亚洲之星农业产业合作区和高新技术园区中的中法经济贸易合作区。

5.6.1　亚洲之星农业产业合作区

如表 5-13、图 5-46、图 5-47 所示，使用 0.6 m 高分影像对园区内部区域进行绿地面积变化监测。该区域绿地面积占比约为，建区前(2014 年 4 月 8 日)73.70%，建区后(2017 年 8 月 21 日)72.72%。该区域绿地主要为草地和耕地，园区施工生态空间占用 0.18 km^2，占比 1.62%。

表 5-13　2014 年与 2017 年园区内部土地利用情况

时间	面积及占比	绿地	裸地	水域	建筑	道路
2014/4/8	面积/km^2	7.85	2.12	0	0.41	0.27
	占比/%	73.70	19.91	0	3.85	2.54
2017/8/21	面积/km^2	7.74	2.04	0.003	0.44	0.42
	占比/%	72.72	19.17	0.03	4.13	3.95

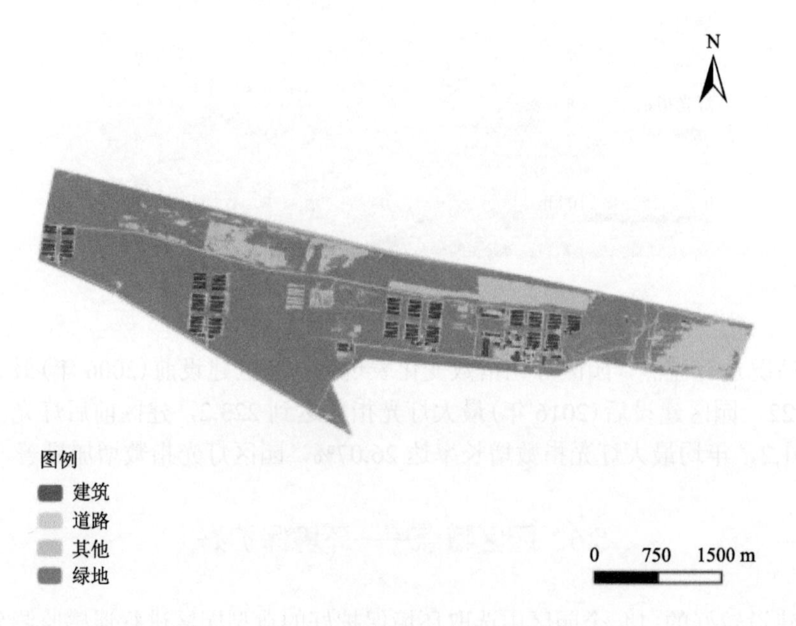

图 5-46　2014 年园区内部土地利用变化情况

5.6.2　中法经济贸易合作区

如表 5-14、图 5-48、图 5-49 所示，使用 30 m 分辨率影像数据对以园区为中心、正南北向、边长约 10 km 的方形区域进行土地利用变化监测。建区前/后区域内主要土地利用类型为耕地和林地；园区建设后耕地面积增加了 12.5 km^2，占比达到 65.92%；园区建设生态空间占用为 0.16 km^2，建设用地面积增幅较小。

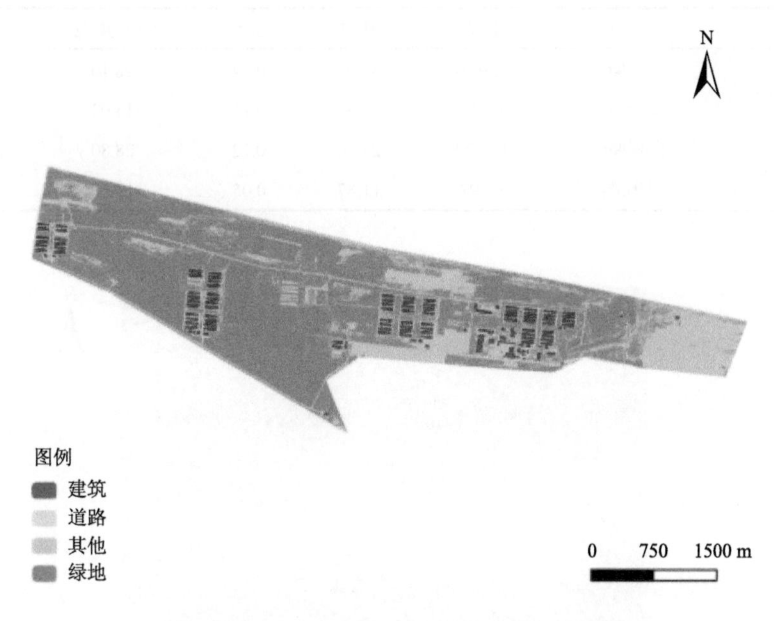

图 5-47　2017 年园区内部土地利用变化情况

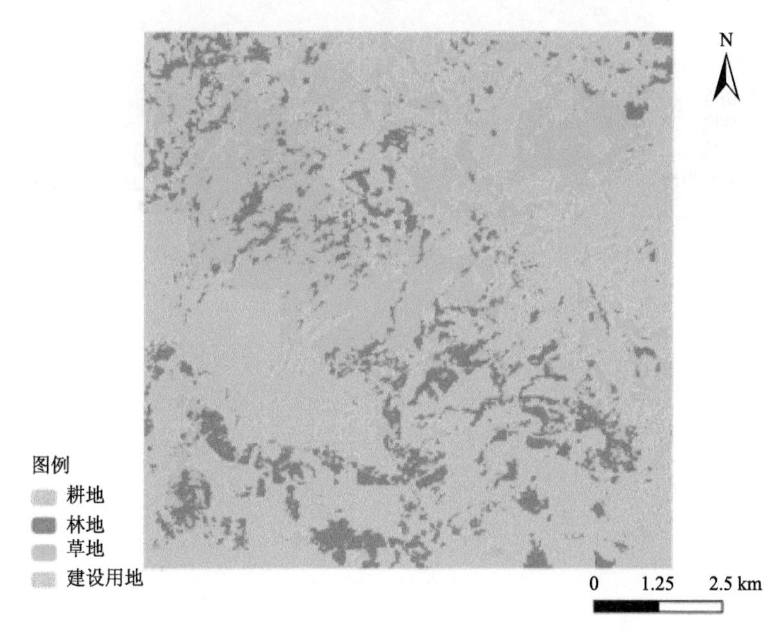

图 5-48　建区前(2011 年)研究区土地利用情况

表 5-14　园区建设前后各地类面积及占比

日期	类型	耕地	林地	水域	建设用地	草地
2011/4/25	面积/km^2	129.70	33.00	0.34	28.10	24.50
	占比/%	60.15	15.30	0.16	13.03	11.36
2018/7/1	面积/km^2	142.20	25.60	0.12	28.80	19.00
	占比/%	65.92	11.87	0.05	13.35	8.81

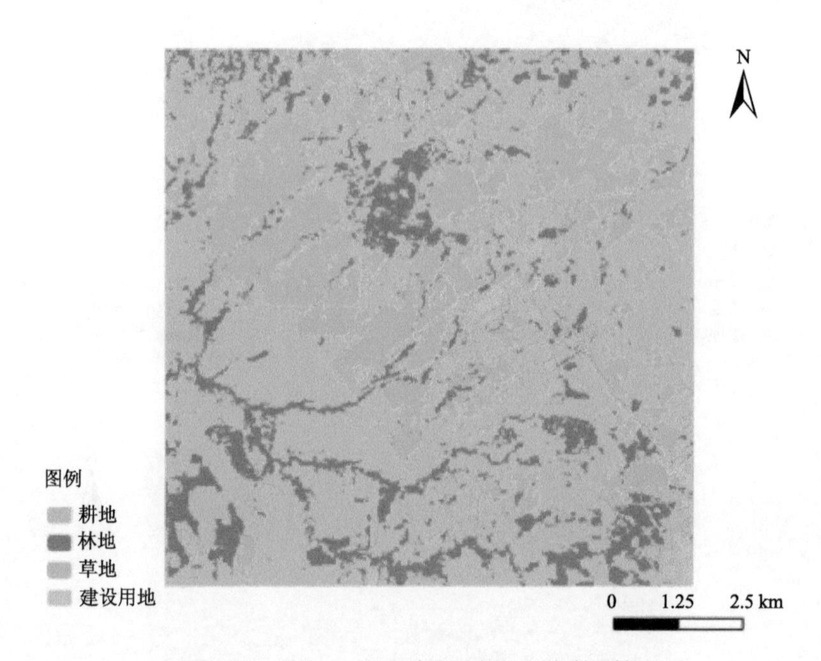

图 5-49　建区后(2018 年)研究区土地利用情况

第 6 章

园区建设影响因素分析

6.1 园区建设的有利因素分析

1. 区位优势突出、交通便利

产业园区拥有的区位优势、交通便利性，成为吸引国内外许多企业进行投资决策的重要因素,如作为六大境外合作区之一的西哈努克港经济特区以及柬埔寨，居于东南亚交通枢纽位置，交通的便利性为其提供快捷的物流通道和低廉的物流成本；同样，中埃苏伊士经贸园位于欧亚非的连接点上，地理位置优越，与其他国家接壤，交通便利；中白俄罗斯工业园则处于欧亚腹地，周边连接着独联体国家和波罗的海等国家，区位优势明显；泰国泰中罗勇工业园可以在欧洲和北非设立生产基地，交通路线是从泰国经缅甸通往印度洋。

2. 本国政府的支持和鼓励

本国政府与园区所在政府就国家间的经贸、税收、外交、劳务等一系列复杂问题进行谈判与协商，为园区建设争取更多的优惠政策。我国对境外园区的鼓励与支持，包括国家领导人在与相关国家元首往来时亲自推介，促成了很多境外园区投资协议的顺利签署，如中白俄罗斯工业园就是由中国和白俄罗斯两国元首倡导，两国政府大力支持推动建设的。

3. 园区所在国家的优惠政策

园区所在国家对我国境外园区的税收、经贸、土地、贸易等政策，对园区的建设和发展都具有重要意义，如中白俄罗斯工业园就是拥有特殊优惠政策的园区之一，卢卡申科签署总统令，以最高立法的形式规定了入驻中白俄罗斯工业园的企业在税收、土地等多方面所享有的优惠政策，吸引众多企业入园投资，另外，白俄罗斯还设立相应的国家管理机构，为园区提供一站式综合服务；在越南龙江工业园，越南政府规定，入园企业自有营业收入之年起，享有15年的所得税优惠期，优惠税率为10%；自盈利之年起前4年免税，并在后续9年税率减半，以帮助园区吸引更多的企业入园投资；同样，在泰国泰中罗勇工业园，入驻企业除了可以享受园区完善的商业生活设施和工业基础设施外，还可以享受企业注册登记、法律、财务、海关、人力资源等一站式中文服务。

4. 园区所在国家贸易壁垒较少

园区所在国家贸易壁垒较少，有特殊的贸易政策，有利于企业将产品出口到其他国家而不受贸易壁垒的限制，如对于入驻柬埔寨西哈努克港经济特区的中国企业而言，柬埔寨不仅是东盟成员国，并在2003年9月加入了世界贸易组织(WTO)，而且柬埔寨可享受欧美等发达国家给予的特殊贸易优惠政策及额外的关税减免优惠。同样，埃塞俄比亚是“东南非共同市场”(COMESA)的成员国，投资东方工业园的中国企业，产品可在一定优惠条件下进入其23个成员国市场。几乎所有产品均可免关税、免配额出口至美欧市场，而出口至其他地区时(如日本等)，其中绝大多数产品也可获得零关税待遇。

6.2 园区建设风险分析

本书通过对17个建设情况排名靠后的园区样本进行分析，亚洲园区5个，非洲园区5个，欧洲园区6个，北美洲园区1个，其中11个园区已经建成，2个园区正在建设中，4个园区自签署协议以来还未开始建设。影响各园区建设的主要因素见表6-1。

表6-1 影响因素表

项目	经济发展水平	教育水平	水资源	能源现状	距离中国远近
受影响园区数量/个	6	7	9	13	11
占比/%	35.29	41.18	52.94	76.47	64.71

由表6-1可知，在分析的17个园区样本中有13个园区的建设过程受到能源因素影响，占样本总园区数量的76.47%；敏感区域、距离中国远近、能源状况等因素占比都高达60%以上，其他因素占比也在30%～50%，同样对园区的建设造成了一定影响。

6.2.1　政策及经济风险

1. 大国利益冲突风险

境外产业园区建设过程中同时与各国存在一定的利益冲突。2011 年美国提出“新丝绸之路”意图遏制俄罗斯等大国在中南亚的政治影响力，建立由美国主导的中亚、南亚新秩序。同时，俄罗斯主导的“欧亚经济一体化”战略参与国家与上海合作组织成员重叠较多，易引发贸易转移。2007 年欧盟提出“与中亚新伙伴关系”战略，在人权、资源和环境保护问题上与中亚国家开展对话，并对其进行投资。

2. 法律风险

境外产业园区所在国拥有不同的法系，主要分为大陆法系和英美法系，此外，一些国家属于伊斯兰法系。不同的法系，其法律分类与术语、审判模式与技巧以及法律的适用规则等都存在较大的差异，同一个纠纷在不同法系国家之间的处理方式各异，同时法律的适用性会被削弱。因此法律体系的不同会给中国的对外投资带来许多无法预测的风险。例如，越南的合同虽有法律依据，但是越南的法律相当复杂，前后矛盾且有待进一步阐释。

3. 文化习俗因素

境外产业园区所在国呈现民族、宗教、文化多样性，企业海外投资必须了解当地传统、民族特性，以及对当地文化进行深入的了解。例如，某些沿线国家，由于历史传统形成了松散的劳动习惯和松散的工作习俗，工作时间较短，休息时间过多，罕有加班工作。这些工作习惯往往与投资项目建设企业的长时间、严要求以及常态性加班制度发生严重的冲突，引发一些不必要的误解，导致当地对中国企业的误解，对“一带一路”倡议的错误理解。另外，某些国家具有特定习俗节日，当地人可以长时间不用工作。这样一来可能会影响工程建设进度。

4. 其他风险

境外产业园区在投资过程中还面临着一些其他因素，影响着园区工程建设的推进。首先基础设施是否健全会影响园区建设项目的进度，沿线许多国家大多属于发展中国家，如乌兹别克斯坦的道路交通设施，国内基础设施大多是继承苏联时代，近些年才开始进行有关基础设施的新建和升级工作，相对落后的基础设施在一定程度上影响园区的建设和发展；阿曼国内的基础设施也相对不健全，未能形成良好的水电输送网络，这些因素在一定程度上影响了2016年签署的阿曼杜库姆综合园区的建设进度。另外，水电资源的设施限制和不完善可能影响园区的建设和发展。例如，2009年开始筹划建设的赞比亚中国经济贸易合作区，在2015年还面临着水电问题，导致合作区经济发展缓慢。

6.2.2 自然环境风险

1. 自然灾害风险

境外产业园区所在国地理位置、气候等条件多样性、自然灾害的种类和频率以及危害度各不相同。沿线国家大多是发展中国家，基础设施不够完善，应急和抗灾能力弱，一旦发生灾害将严重威胁生命财产安全、投资安全，甚至制约经济社会的发展。例如，乌干达辽沈工业园2016年发生干旱，造成15人死亡、1000人受影响，乌干达辽沈工业园2015年签订协议，自然灾害对其造成了影响，导致园区建设发展缓慢；斯里兰卡科伦坡港口城2014年河水泛滥，引发泥石流滑坡等次生灾害，造成27人死亡，10万人受影响；2013年匈牙利中欧商贸物流合作园河流泛滥，造成48565人受影响。灾害不仅会影响园区的建设和发展，同时还可能造成沿线国家经济的连锁反应，造成巨大的经济损失。自然灾害风险是“一带一路”倡议的发展和推进过程面临的重大问题。

2. 气候风险

气候因素可能对境外产业园区的推进产生重大的影响。气候因素将会给“一带一路”倡议的重点区域，如东南亚、南亚、中亚等地区带来一系列安全、社会和经济问题，如贫困加剧、社会动荡、疾病蔓延等。

3. 生态环境风险

如何在工程建设过程中保护生态环境，已经成了国际关注的热点问题(Lechner et al.，2018)。

我国境外工程生态环境方面的负面影响不仅导致相关企业巨大的经济损失，也对我国国际形象造成重大影响，如波兰A2公路对蛙类保护认识不足，导致成本剧增3.94亿美元，而被迫中止该项目；缅甸莱帕当铜矿(Letpadaung copper)和密松电站(Myitsone Dam)的生态环境影响问题导致项目被搁置，造成重大经济损失；几内亚的Koukoutamba电站由于穿过非洲最重要的国家自然公园Moyen-Bafing National Park，被质疑会导致极度濒危的1500只西方黑猩猩死亡，因此有

15 万人请愿终止该项目；柬埔寨的 Sambor 和 Stung Treng 电站被 WWF 质疑会淹没大量的湄公河森林（Mekong Flooded Forest）与上丁湿地（Stung Treng wetlands），从而影响海豚等濒危物种的栖息地，导致其灭亡；印度尼西亚的巴丹托鲁（Batang Toru）电站危及 2017 年首次发现的极度濒危的塔帕努利猩猩（Tapanuli orangutans），因而受到了世界自然保护联盟（International Union for Conservation of Nature and Natural Resources，IUCN）的正式反对（IUCN，2019）；2020 年 2 月 29 日，印尼雅万高铁因安全、环境等问题被印度尼西亚公共工程和公共住房部暂停两周。

第 7 章
结论与建议

(1)近 500 多年来，我国境外产业园区各类型、各数量明显增加，园区已遍布于全球五大洲。园区的分布从劳动密集型、资源密集型的单一类型产业园区向商贸物流、技术研发型的多功能产业园区发展。

我国企业参与投资、承建和收购的海外园区已达 133 个。其中，综合产业园区 31 个，轻工业园区 20 个，重工业园区 18 个，农业与农产品加工园区 17 个，经济特区 12 个，林业经贸园区 10 个，物流合作园区 10 个，高新技术园区 9 个，自由贸易园区 6 个。其中亚洲占比最大，占总数的 42.11%，有 56 个园区；其次是欧洲，数量为 40 个，占 30.08% ；非洲有园区 34 个，占 25.56%；北美洲和南美洲分布园区较少，园区数量为 2 个和 1 个，占比分别为 1.50%和 0.75%。

综合产业园区分布于亚洲、非洲等一些发展中国家；轻工业园区分布于埃塞尔比亚、越南等一些具有大量廉价劳动力的地区；重工业园区主要分布于印度、印尼等自然资源丰富、劳动力充沛的国家或地区；农业及农产品加工园区主要分布在赞比亚、印度尼西亚和俄罗斯等一些农业基础较好、工业化水平较低的地区；林业经贸园区主要分布于俄罗斯远东及西伯利亚地区；物流合作园区分布于亚洲、欧洲等一些经济贸易发达的地区；高新技术园区位于东南亚、东北亚(韩国)中心地带、欧洲核心地带(比利时)、俄罗斯科教文化中心，主要分布于科技发达、科教水平突出以及创新能力强的国家或地区；经济特区主要分布在柬埔寨、巴基斯坦等一些国家的沿岸发达城市群、经济圈和商业圈附近；自由贸易园区主要分布于丝绸之路节点国家的重要口岸。

(2)关于我国海外园区建设进度遥感监测，主要对 35 个重点园区建设进度进行遥感监测，利用道路建设进度、施工进度、建筑面积变化和夜间灯光指数等进行排名分析，得出 35 个重要海外园区建设进度较为不同，综合得分 50 分及以上的园区有 11 个，占比较小。

a)自由贸易园区、综合产业园区以及重工业园区的平均道路长度较长，而从路网密度上看，高新技术园区、物流合作园区等路网密度值较高，说明此类园区内部交通通达程度较高，交通灵活便利。恒逸文莱大摩拉岛一体化石化项目道路建设发展程度最高，中国-阿曼（杜库姆）产业园区（旅游园区）、中国-阿曼（杜库姆）产业园区（轻工业与综合园区）、中国-阿曼（杜库姆）产业园区（重工业园区）、不来梅产业园道路建设发展程度最低。

b）自由贸易区、综合产业园区以及经济特区建筑面积广大，而高新技术园区和物流合作园区的平均建筑面积较小。从建筑密度方面来看，轻工业园区建筑密度较大，建筑物较密集，而农业及农产品加工型园区建筑密度较低，与其耕地面积较大、建筑物较少的特征相符。其中柬埔寨西哈努克港经济特区建筑面积最大，桔井省经济特区、中国-阿曼（杜库姆）产业园区（重工业园区）、中国-阿曼（杜库姆）产业园区（旅游园区）、中国-阿曼（杜库姆）产业园区（轻工业与综合园区）建筑面积最小。

c）轻工业园区、高新技术园区以及自由贸易园区的施工面积较为广阔，与其本身的类型属性有着密不可分的联系。从施工速度可以看出，自由贸易园区、经济特区和综合产业园区比其他园区发展建设快。其中各园区施工监测中泰国泰中罗勇工业园在施工面积、施工面积增量、施工速度方面位居所有园区前列。而赞比亚奇帕塔产业园、中国-阿曼（杜库姆）产业园区（重工业园区）、青岛印尼综合产业排名较后。

d）通过对不同年份最大灯光指数对比分析发现，综合园区的最大灯光指数差距悬殊，其中 2012～2018 年马中关单产业园 2018 年最大灯光指数达 4495；2008～2018 年越南龙江工业园经济贸易合作区 2014 年灯光指数最大，为 863；2012～2018 年青岛印尼综合产业园 2015 年最大灯光指数最低，为 22；2015～2018 年乌干达辽沈工业园 2017 年最大灯光指数最低，只有 7.82。农业及农产品加工园区最大灯光指数为 53.47，是灯光指数最低的产业园类型。物流园区最大灯光指数平均为 554.4，是农业及农产品加工园区的 10 倍。高新技术园区和重工业园区平均最大灯光指数分别为 189.9 和 315.69，但是平均增长率分别为–8.75%和–4.74%，从平均增长率来看，高新技术园区和重工业园区发展状况不如其他类型园区。其中越南龙江工业园经济贸易合作区综合灯光指数最高，恒逸文莱大摩拉岛一体化石化项目最大灯光指数最低。

（3）关于我国海外园区对绿地、裸地、水域、建筑、道路占用面积及占用比例统计发现，海外园区建设生态损失小、生态风险防范得当，其中永久性生态空间占用面积及生态空间占用比例较小。

已建园区永久性生态空间占用面积及生态空间占用比例不大，说明园区建设者施工过程中注重生态环境保护，其中只有中哈霍尔果斯国际边境合作中心、赞

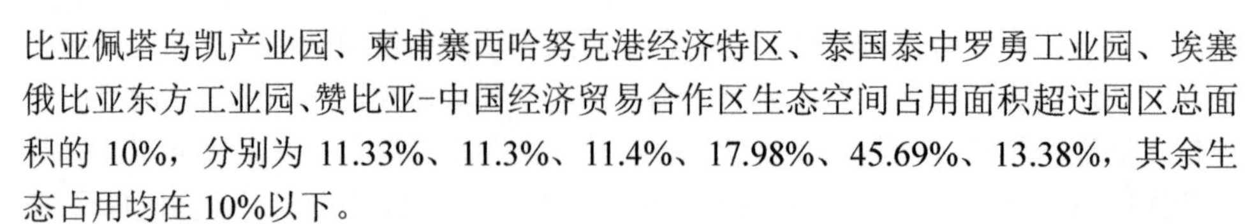

比亚佩塔乌凯产业园、柬埔寨西哈努克港经济特区、泰国泰中罗勇工业园、埃塞俄比亚东方工业园、赞比亚-中国经济贸易合作区生态空间占用面积超过园区总面积的 10%，分别为 11.33%、11.3%、11.4%、17.98%、45.69%、13.38%，其余生态占用均在 10%以下。

(4) 境外产业园区快速推进的同时也将面临大国利益冲突风险、政局变化风险、安全局势风险(宗教矛盾、排外，民族冲突，经济发展水平)、法律风险、文化习俗因素及生态环境等风险。

a) 通过对 17 个境外产业园区建设情况排名靠后的园区样本进行分析发现，17 个园区样本中有 13 个园区的建设过程受到能源因素影响，占样本总园区数量的 76%；14 个园区受到宗教因素的影响，占比为 82.35%；敏感区域、距离中国远近、民族冲突、能源状况等因素占比都高达 60%以上，其他因素占比也在 30%～50%，同样对园区的建设造成了一定影响。

b) 境外产业园区建设推进的同时也将面临一系列风险和挑战。首先，境外产业园区所在国文化具有多样性，价值观、宗教、政治力量相互渗透从而造成地区性的矛盾和不稳定，这些不稳定性因素将会带来巨大的风险。其次，沿线国家大多面临政治、经济、社会转型问题，导致商业合作环境差，给我国企业海外投资带来了较大的风险。

c) 境外产业园区沿线国家地理位置、气候等条件具有多样性，自然灾害种类，频率以及危害度各不相同。沿线国家大多是发展中国家，基础设施不够完善，应急和抗灾能力弱，一旦发生灾害将严重威胁生命财产安全、投资安全，甚至制约经济社会的发展。

(5) 主要建议如下。

a) 境外产业园区主要分布在发展中国家，园区分布格局有待提升。总体上来看，境外产业园区从东南向西北数量递减，沿着六大经济走廊从中间向两边递减。呈现出大分散小集中的空间特征；目前，产业园区主导产业单一，产业园区以劳动密集型和资源密集型为主；产业集群效应不明显，领导企业拓展不深，产业链较短，不够完善，产业集群效应有待提高。打破原有地理距离对园区建设的限制，园区从东南向西北转移，从经济走廊向两边延伸。提高产业发展层次，向资本和技术密集型产业发展，通过企业抱团走出去，提高整体竞争力，避免个别企业恶性竞争，提高境外产业集群效应。

b) 园区的建设要加强园区之间的国际合作，虽然中国在海外投资的园区数量和类型较多，但在海外园区建设过程中，仍然会受到各种因素制约，需要企业领导人不断地适应和改进，如位于新加坡和阿联酋的一些园区先进的管理经验和发展理念得到国际上多个国家的认可，因此要加强学习先进园区的发展经验，通过跨国家的园区合作，寻找其新的发展模式，内外互动，提高园区的整体发展水平。

c)35个重要海外园区中，只有一个园区位于北美洲，所以对于北美洲的海外园区整体的道路情况、建筑情况、施工建设情况以及灯光指数进行分析，具有一定的不确定性和局限性，不能准确地代表整个北美洲的园区建设情况。因此，需要加强与北美洲地区园区的沟通，推动与北美洲地区的企业合作。同时也要加强对北美洲海外园区的监测力度，提高遥感监测精度。

参 考 文 献

李祜梅, 邬明权, 牛铮, 等. 2019. 1992－2018 年中国境外产业园区信息数据集. 中国科学数据(中英文网络版), 4(4): 68-78.

刘卫东等. 2021. “一带一路”建设案例研究——包容性全球化的视角. 北京: 商务印书馆.

商务部. 2019. 2018 年 1-12 月我国对“一带一路”沿线国家投资合作情况. http: //fec. mofcom. gov. cn/article/fwydyl/tjsj/201901/20190102829089. shtml[2022-9-22].

田定慧, 邬明权, 刘波, 等. 2020. 缅甸蒙育瓦铜矿生态环境和社会经济影响遥感监测. 遥感信息, 35(5): 45-56.

王琦安, 施建成, 等. 2019. “一带一路”生态环境状况及态势. 北京: 测绘出版社.

邬明权, 王标才, 牛铮, 等. 2020. 工程项目地球大数据监测与分析理论框架及研究进展. 地球信息科学学报, 22(7): 1408-1423.

肖建华, 邬明权, 周世健, 等. 2020. “一带一路”重大铁路建设生态与经济影响遥感监测. 科学技术与工程, 20(11): 4605-4613.

IUCN. 2019. IUCN calls for a moratorium on projects impacting the critically endangered Tapanuli orangutan. https: //www. iucn. org/news/secretariat/201904/iucn-calls-a-moratorium-projects-impacting-critically-endangered-tapanuli-orangutan[2020-02-15].

Lechner A M, Chan F K S, Campos-Arceiz A. 2018. Biodiversity conservation should be a core value of China’s Belt and Road Initiative. Nature Ecology & Evolution, 2(3): 408-409.

Liu X, Blackburn T, Song T J, et al. 2019. Risks of Biological Invasion on the Belt and Road. Current Biology, 29(3): 499-505.

WWF. 2017. The Belt and Road initiative-WWF recommendations and spatial analysis. http: //awsassets. panda. org/downloads/the_belt_and_road_initiative___wwf_recommendations_and_spatial_analysis___may_2017. pdf[2020-03-15].

WWF. 2017. WWF and greening the Belt and Road Initiative. 02 November 2017. https: //www. wwf. org. hk/news/featuredstories/?19680/Feature-Story-WWF-and-Greening-the-Belt-and-Road- Initiative [2020-03-15].

附 录

典型园区遥感监测报告

1. 中国-俄罗斯工业园

如图1所示，中国-白俄罗斯工业园（简称中白工业园）总占地面积为91.5 km^2，位于白俄罗斯首都明斯克以东25 km，于2012年开始规划建设，是中国目前开发面积最大、合作层次最高的境外经贸合作区，由中国和白俄罗斯两国元首倡导，两国政府大力支持推动，国机集团、招商局集团两大央企主导开发运营。截至2017年10月，已有来自中国、白俄罗斯、欧洲和美国的入园企业共21家，形成建设、运营一体化的开发局面。

图1　中国-白俄罗斯工业园位置示意图

1) 园区周边土地利用变化监测

如表 1、图 2、图 3 所示，使用 30 m 分辨率 7 波段 landsat-5/8 数据对以开发区为中心、正南北向、边长约 15 km 的方形区域进行土地利用变化监测。建区前/后区域内主要土地利用类型为林地和耕地；水域面积基本不变；由于开发区建设，尤其是机场建设，新建道路、建筑，建设用地扩大；场地基建及物料运输开路（土路）过程中的林地砍伐和耕地占用导致裸土（其他）面积扩大。

表 1　中白工业园园区建设前后各地类面积及占比

时间	面积和占比	耕地	林地	水域	建设用地	其他
2011/3/8	面积/km²	269.80	305.26	6.63	43.75	12.83
	占比/%	42.27	47.83	1.04	6.85	2.01
2016/7/2	面积/km²	274.1	292.79	7.10	51.18	15.14
	占比/%	42.81	45.73	1.11	7.99	2.36

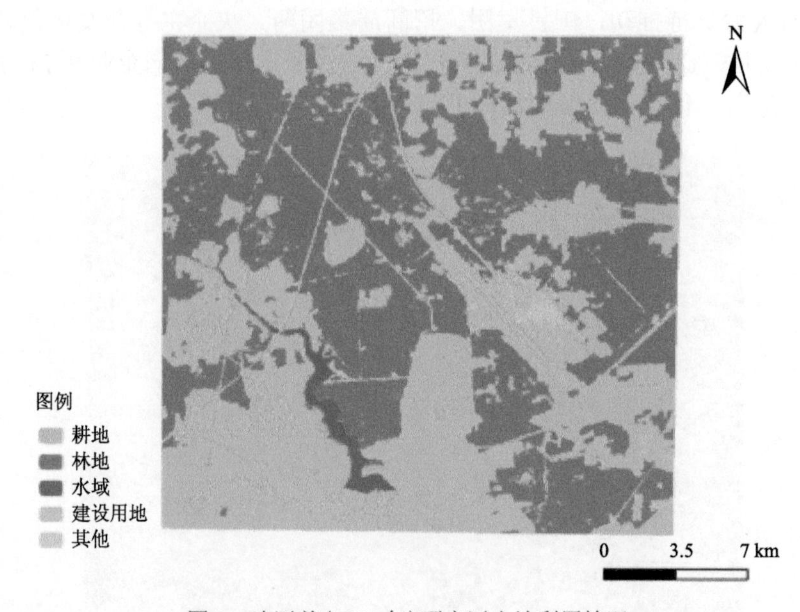

图 2　建区前（2011 年）研究区土地利用情况

2) 园区内部土地利用变化监测

如表 2、图 4、图 5 所示，使用 1.556 m 分辨率 3 波段数据对开发区内部区域进行土地利用变化监测。该区域绿地主要由耕地和林地构成，面积占比约为建区前（2002 年 4 月 19 日）70.74%，建区后（2017 年 9 月 26 日）77.82%，呈季节性变化。

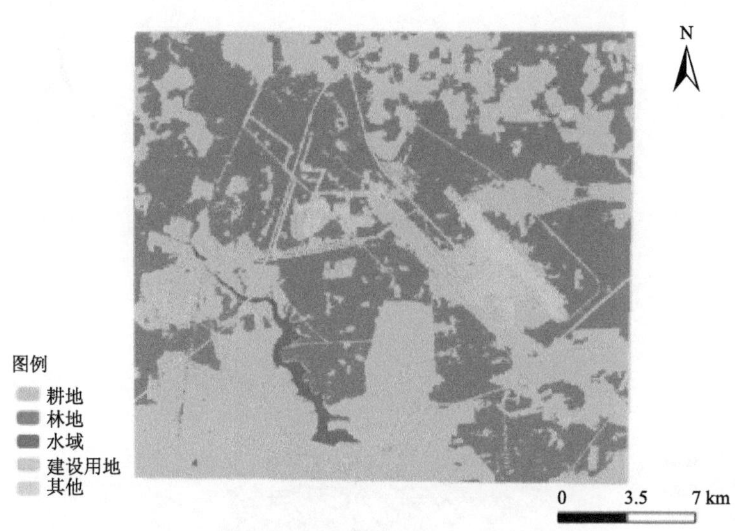

图3　建区后(2016年)研究区土地利用情况

表2　2002年与2017年园区内部土地利用情况

时间	面积和占比	绿地	建筑	道路	裸地	水域
2002/4/19	面积/km²	229.31	1.33	8.70	76.58	8.25
	占比/%	70.74	0.41	2.68	23.62	2.55
2017/9/26	面积/km²	252.26	1.57	17.65	45.80	6.90
	占比/%	77.82	0.48	5.44	14.13	2.13

图4　2002年园区内部土地利用情况

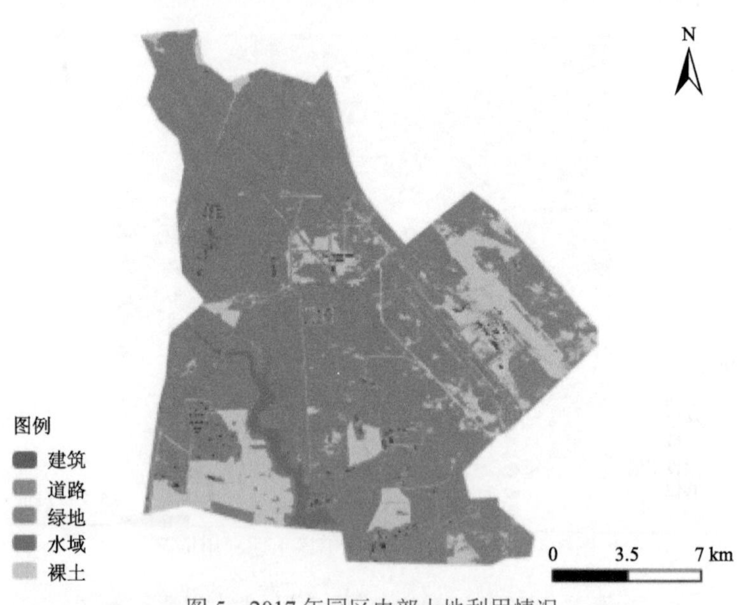

图 5 2017 年园区内部土地利用情况

3)园区内部道路变化情况

如图 6、图 7 所示，园区周边(边长约 15 km 的方形区域)以绿地为主，有若

图 6 2002 年园区内部道路变化情况

图 7 2017 年园区内部道路变化情况

干民房聚集点，道路无明显变化，建区后无新增道路连接产业园区。园区内部建区前道路里程约 107.5 km，建区后道路里程约 286 km，道路增多，主要位于东部机场建设区和中部产业园建设区。

4) 园区内部建筑面积变化情况

如图 8、图 9 所示，园区内部建筑面积扩大，建区前园区主要建筑为民房聚落，总面积为 133 hm^2。建区后建筑总面积为 157 hm^2，园区东部机场和中部产业园新增仓储、办公建筑。

2. 泰中罗勇工业园

泰中罗勇工业园位于泰国东部海岸，靠近泰国首都曼谷和廉差邦深水港，由中国华立集团股份有限公司与泰国安美德集团于 2006 年开始规划建设。该园区位于罗勇府 331 号高速公路旁，周边水、陆、空立体交通网络十分发达，距离曼谷 114 km，距离芭堤雅市 36 km，距离曼谷新国际机场 99 km，距离泰国最大的深水港廉差邦仅 27 km。

1) 园区周边土地利用变化监测

如表 3、图 10、图 11 所示，使用 30 m 分辨率 7 波段 Landsat-5 数据和 Landsat-8 数据对以开发区为中心、正南北向、边长约 10 km 的方形区域进行土地利用变化监测。建区前/后区域内主要土地利用类型分别为草地、建设用地、林地，面积呈季节性变化；建设用地显著扩大，主要表现为包括泰国泰中罗勇工业园在内的多个工业园区建设、道路铺设及乡镇建设。

图 8　2002 年园区内部建筑变化情况

图 9　2017 年园区内部建筑变化情况

表 3　泰中罗勇工业园区建设前后各地类面积及占比

时间	面积和占比	耕地	草地	水域	建设用地	其他
2006/11/4	面积/km²	36.12	65.35	0	2.22	0.74
	占比/%	34.59	62.58	0	2.13	0.71
2018/2/13	面积/km²	13.85	35.43	1.19	51.99	1.97
	占比/%	13.26	33.93	1.14	49.78	1.89

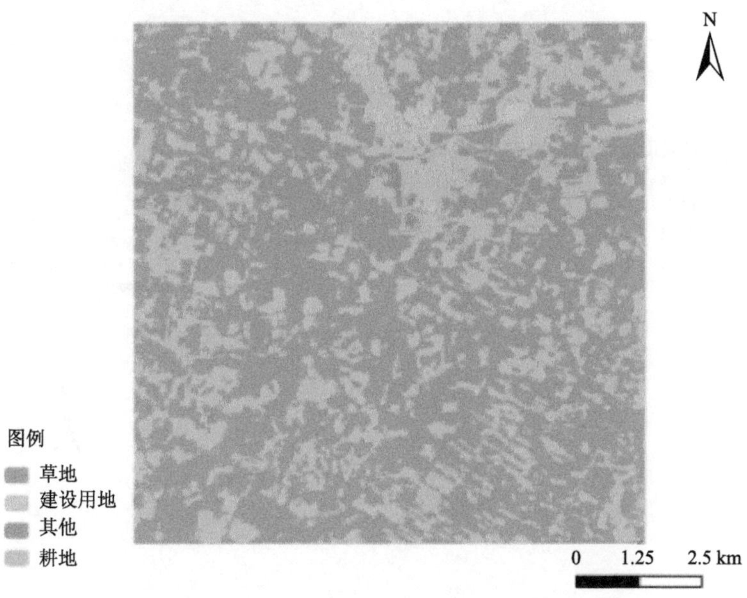

图 10　建区前(2006 年)研究区土地利用变化情况

2)园区内部土地利用变化监测

如表 4、图 12、图 13 所示，使用 0.604 m 分辨率 3 波段数据对开发区内部区域进行土地利用变化监测。该区域绿地面积占比约为，建区前(2004 年 1 月 29 日)97.10%，建区后(2017 年 12 月 23 日)36.72%。园区建设导致建筑和裸地(其他)面积显著增加，绿地面积缩小。

表 4　2004 年与 2017 年园区内部土地利用情况

时间	面积和占比	绿地	建筑	土路	水泥路	其他
2004/1/29	面积/km²	5.7970	0.0044	0.1650	0	0.0039
	占比/%	97.10	0.07	2.76	0	0.07
2017/12/23	面积/km²	2.1921	0.9574	0	0.2855	2.5353
	占比/%	36.72	16.04	0	4.78	42.46

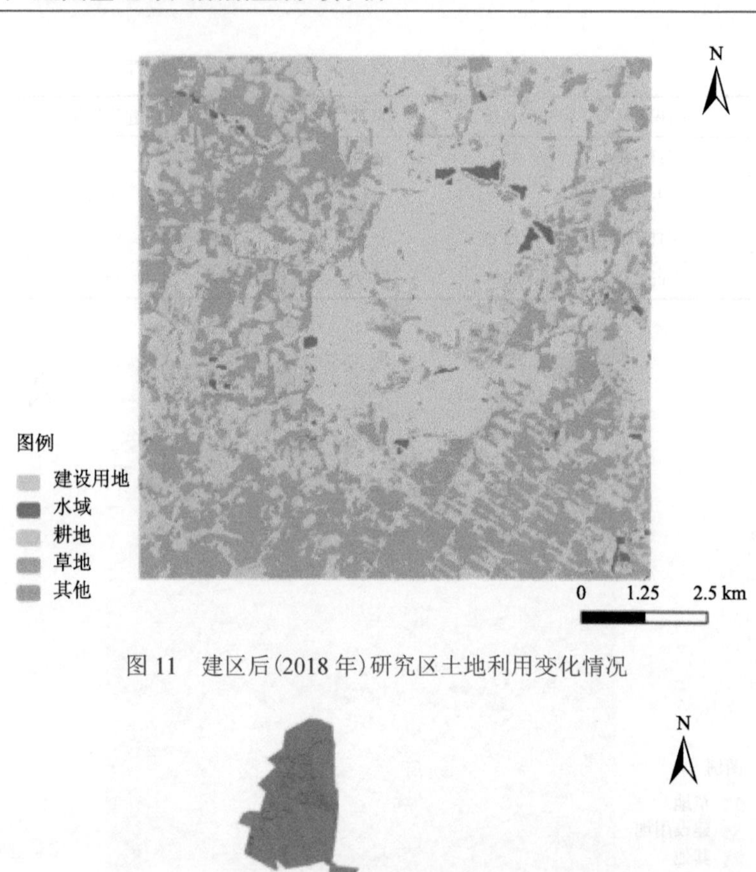

图 11 建区后(2018 年)研究区土地利用变化情况

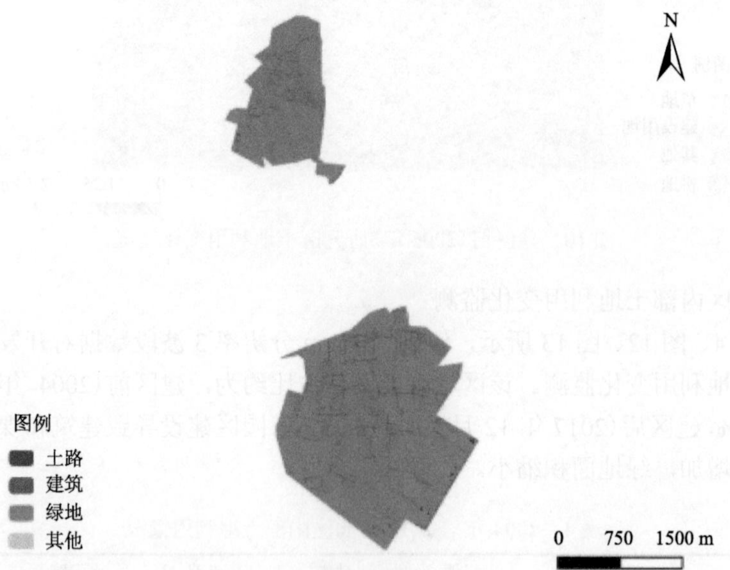

图 12 2004 年园区内部土地利用变化情况

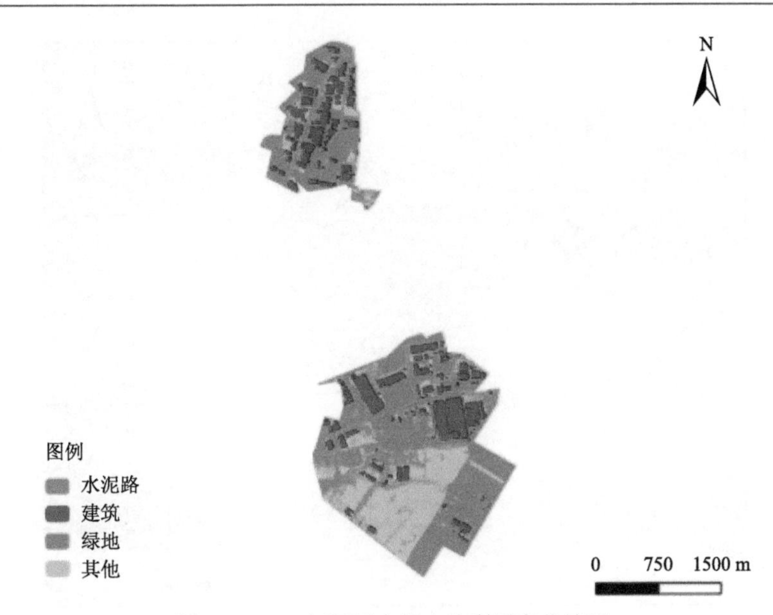

图 13　2017 年园区内部土地利用变化情况

3) 园区内部道路变化情况

如图 14 和图 15 所示，园区内部道路变化主要表现为，建区前(2004 年 1 月 29 日)土路里程约 45.85 km，区域内仅有田间机耕道；建区后(2017 年 12 月 23 日)水泥路长度为 33.35 km，贯穿园区、连接建设区域的干线、支线道路明显增多。

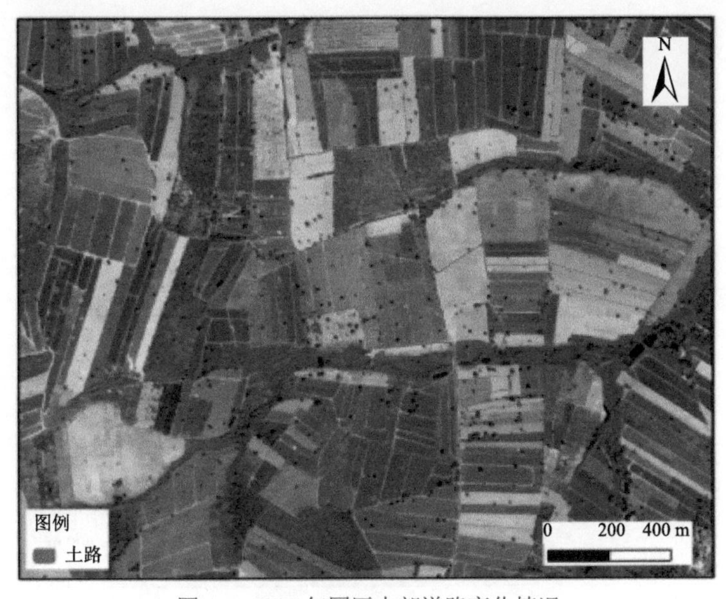

图 14　2004 年园区内部道路变化情况

图 15　2017 年园区内部道路变化情况

4) 园区内部建筑面积变化情况

如图 16、图 17 所示，园区内部建筑面积变化较大：建区前(2004 年 1 月 29 日)总面积为 0.44 hm^2，区域内仅有少量分散农宅；建区后(2017 年 12 月 23 日)总面积为 95.74 hm^2，建筑明显增多。

图 16　2004 年园区内部建筑变化情况

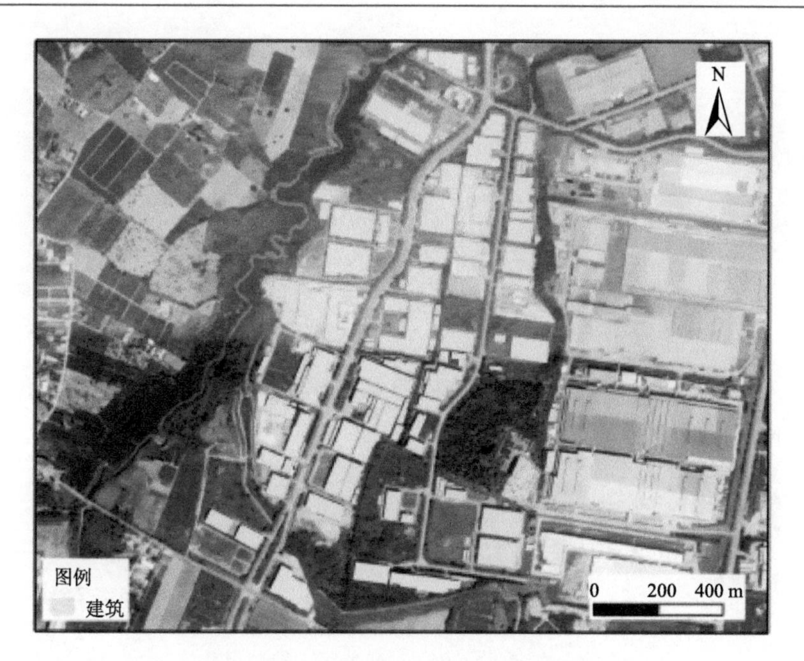

图 17　2017 年园区内部建筑变化情况

3. 埃塞俄比亚东方工业园

埃塞俄比亚东方工业园位于埃塞俄比亚首都亚的斯亚贝巴附近的杜卡姆市，由江苏其元集团有限公司于 2007 年开始规划建设，工业园占地 5 km^2。距离埃塞俄比亚首都亚的斯亚贝巴、博莱国际机场 30 km，距离吉布提港 850 km。

1) 园区周边土地利用变化监测

如表 5、图 18、图 19 所示，使用 30 m 分辨率 7 波段 Landsat-5 数据和 Landsat-8 数据对以开发区为中心、正南北向、边长约 10 km 的方形区域进行土地利用变化监测。建区前/后建设用地显著扩大，其余地类呈现季节性变化。建设用地扩大主要原因为东方工业园区建设及周边城市建设。

表 5　埃塞俄比亚东方工业园区建设前后各地类面积及占比

时间	面积和占比	耕地	林地	草地	建设用地	其他
2009/2/14	面积/km^2	73.50	2.57	9.21	8.09	9.45
	占比/%	71.48	2.50	8.96	7.87	9.19
2018/1/29	面积/km^2	71.10	2.52	6.06	21.25	1.89
	占比/%	69.15	2.45	5.89	20.67	1.84

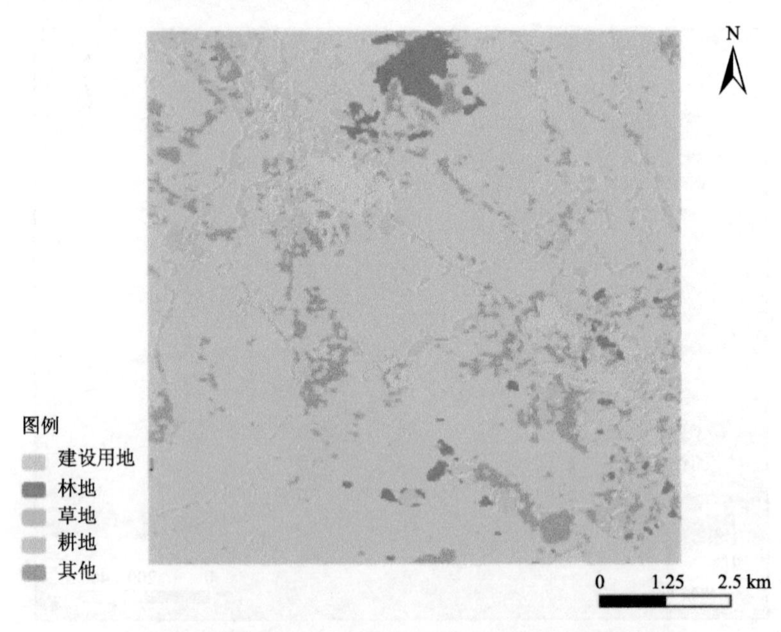

图 18　建区前(2009 年)研究区土地利用变化

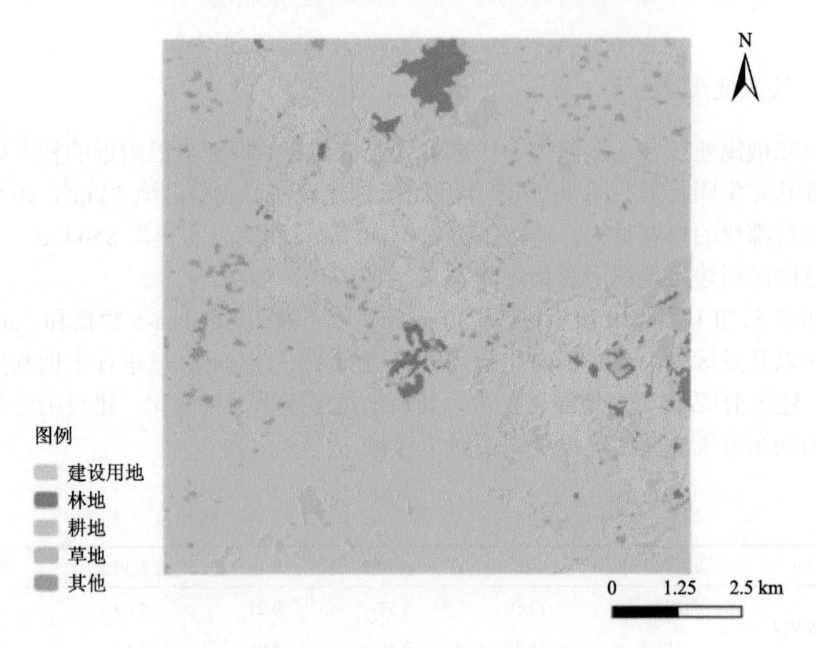

图 19　建区后(2018 年)研究区土地利用变化

2)园区内部土地利用变化监测

如表 6、图 20、图 21 所示，使用 0.604 m 分辨率 3 波段数据对开发区内部区域进行土地利用变化监测。该区域绿地面积占比约为，建区前(2010 年 12 月 4 日)93.17%，建区后(2017 年 12 月 2 日)18.36%。建区前园区范围基本为绿地，至 2010 年 12 月 4 日仅有少量厂房和道路正在建设;2017 年 12 月 2 日园区建设已较为成熟，绿地面积显著减少。

表 6　2010 年与 2017 年园区内部土地利用情况

时间	面积和占比	绿地	建筑	道路	其他
2010/12/4	面积/km²	1.320	0.037	0.054	0.006
	占比/%	93.170	2.610	3.810	0.410
2017/12/2	面积/km²	0.260	0.508	0.230	0.4183
	占比/%	18.360	35.870	16.240	29.530

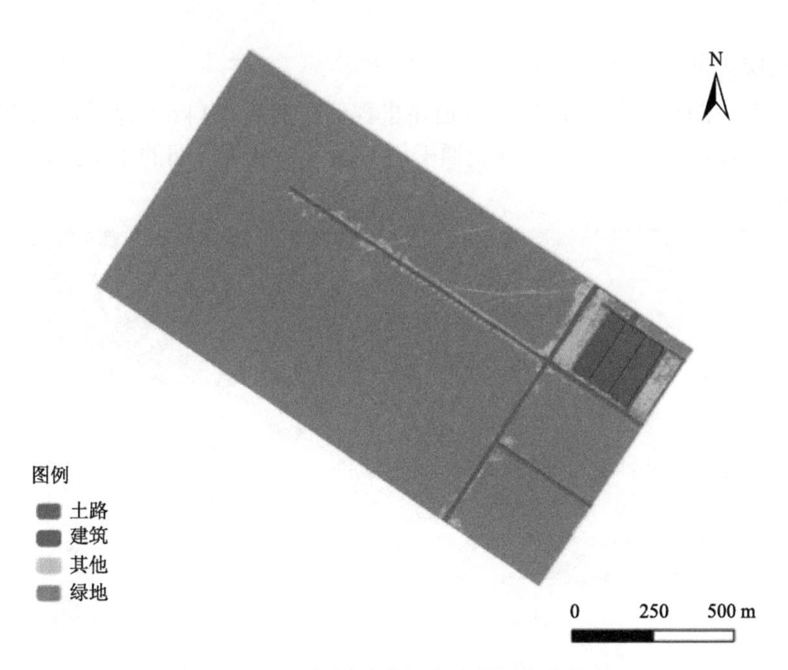

图 20　2010 年园区内部土地利用变化情况

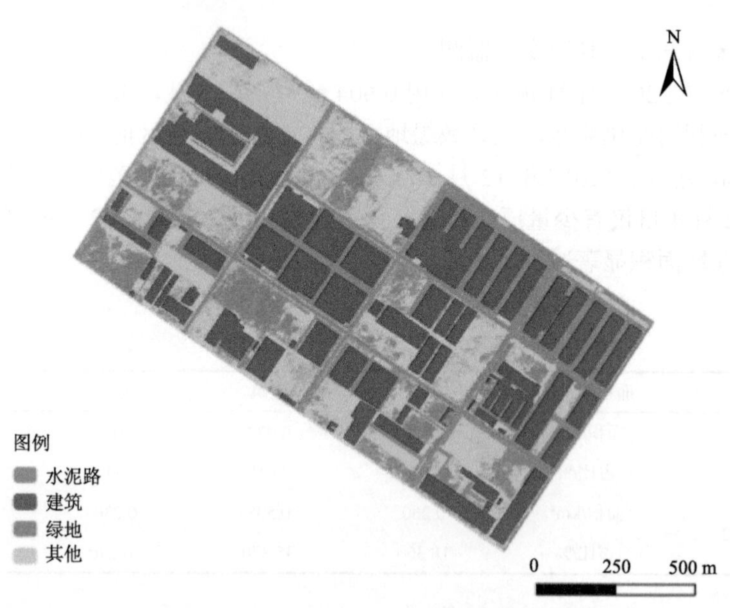

图 21　2017 年园区内部土地利用变化情况

3) 园区内部道路变化情况

如图 22、图 23 所示，园区内部道路里程建区前约 4.4 km，建区后约 20.5 km，道路明显增加，连接园区与对外交通干道、园区各组团之间的主干路及支路形成完备道路网。

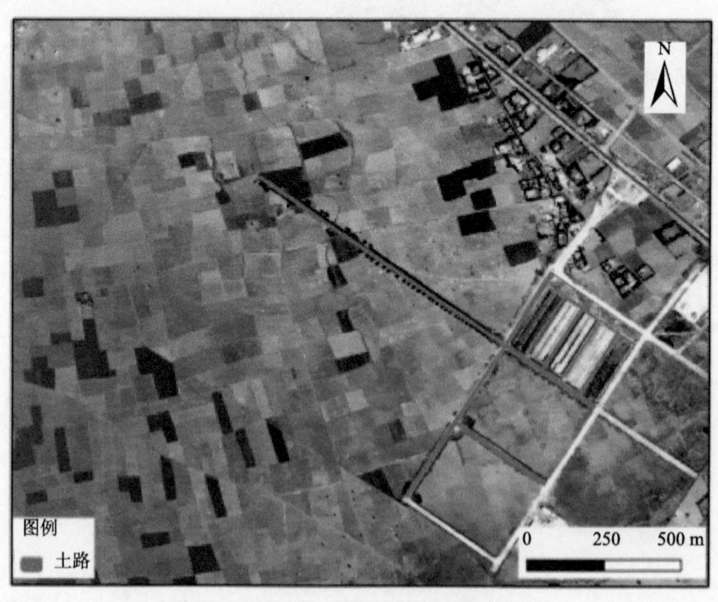

图 22　2010 年园区内部道路变化情况

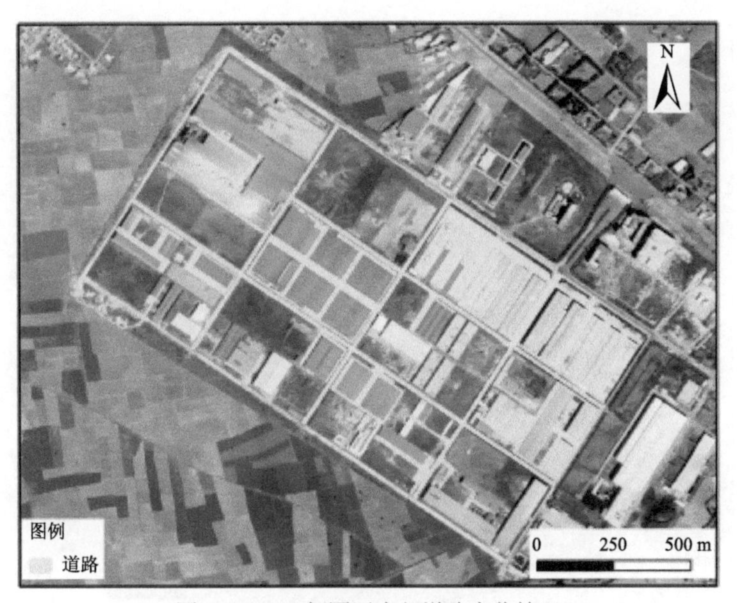

图 23　2017 年园区内部道路变化情况

4) 园区内部建筑面积变化情况

如图 24、图 25 所示，园区内部建筑面积显著扩大：建区前园区内仅有 3 栋在建厂房，占地面积不足 4 hm^2；建区后新增大量厂房、办公、仓储等建筑，占地面积达 50.8 hm^2。

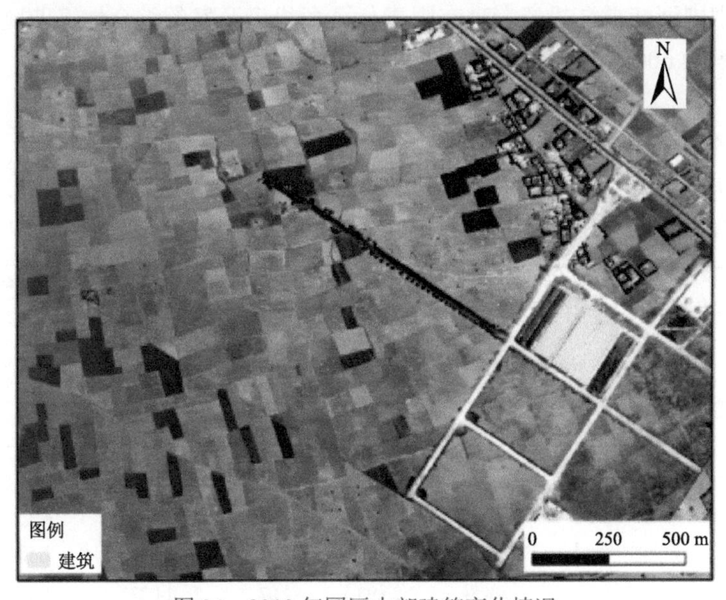

图 24　2010 年园区内部建筑变化情况

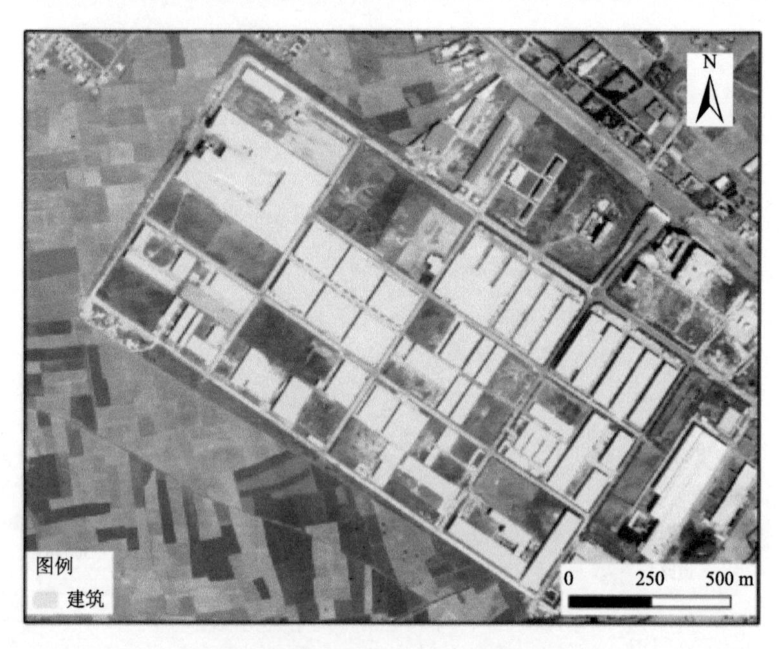

图 25　2017 年园区内部建筑变化情况

4. 越南龙江工业园经济贸易合作区

越南龙江工业园位于越南胡志明市经济圈的前江省，于 2007 年取得投资执照，是由中国浙江前江投资管理有限责任公司投资开发的综合性工业园。园区总体规划面积为 600 hm^2，其中包括工业区 540 hm^2 和住宅服务区 60 hm^2，总投资额 1 亿美元。

1) 园区周边土地利用变化监测

如表 7、图 26、图 27 所示，使用 30 m 分辨率 7 波段 Landsat-8 数据对以开发区为中心、正南北向、边长约 10.2 km 的方形区域进行土地利用变化监测。区域内主要土地利用类型为耕地和林地。越南龙江工业园及周边乡镇建设导致建设用地面积显著扩大，园区西南新开垦大量耕地导致耕地面积略有增加。

表 7　越南龙江工业园区建设前后各地类面积及占比

时间	面积和占比	耕地	林地	草地	建设用地	水域	其他
2008/3/25	面积/km²	47.33	24.52	13.38	5.05	2.15	11.60
	占比/%	45.50	23.57	12.86	4.85	2.07	11.15
2017/1/29	面积/km²	50.81	28.02	4.23	14.84	1.70	4.43
	占比/%	48.84	26.93	4.07	14.27	1.63	4.26

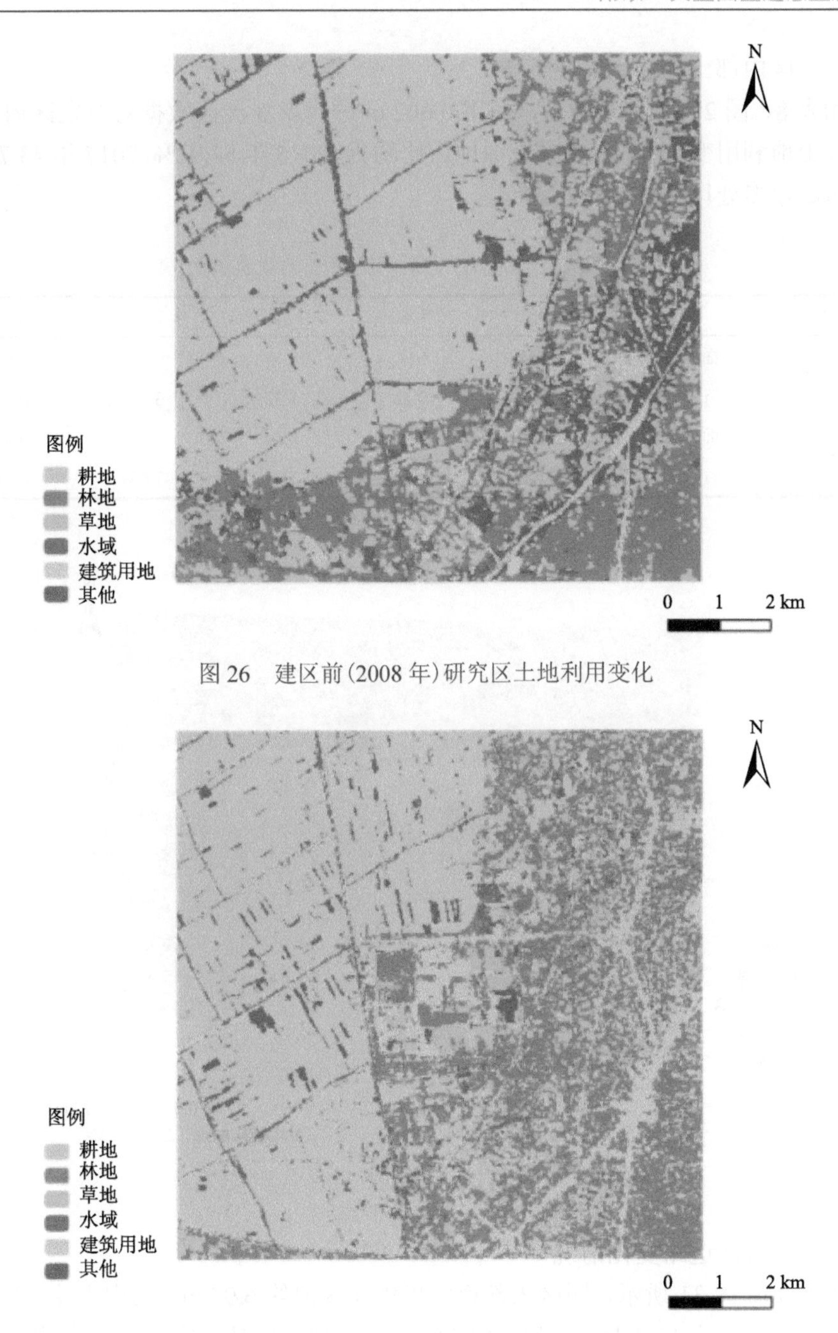

图 26　建区前(2008 年)研究区土地利用变化

图 27　建区后(2017 年)研究区土地利用变化

2）园区内部土地利用变化监测

如表 8、图 28、图 29 所示，使用 0.602 m 分辨率 3 波段数据对开发区内部区域进行土地利用变化监测。该区域绿地占比约为，2015 年 51.91%，2017 年 43.78%，园区内新建多处厂房，部分道路延长。

表 8　2015 年与 2017 年园区内部土地利用情况

日期	类型	绿地	裸地	道路	建筑	水域
2015/1/27	面积/km²	3.13	2.54	0.14	0.21	0.01
	占比/%	51.91	42.12	2.32	3.48	0.17
2017/1/23	面积/km²	2.64	2.67	0.24	0.46	0.02
	占比/%	43.78	44.28	3.98	7.63	0.33

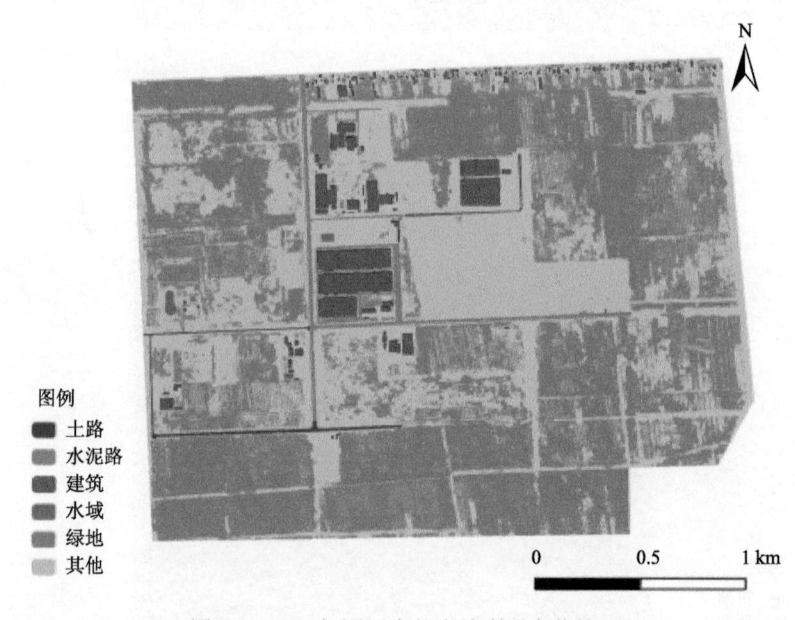

图 28　2015 年园区内部土地利用变化情况

3）园区内部道路变化情况

如图 30、图 31 所示，园区内部道路里程建区前约 6.9 km，其中土路 3.9 km；建区后道路里程约 12.9 km，其中土路 0.2 km，建区后基本完成水泥浇筑，多条路线延长。

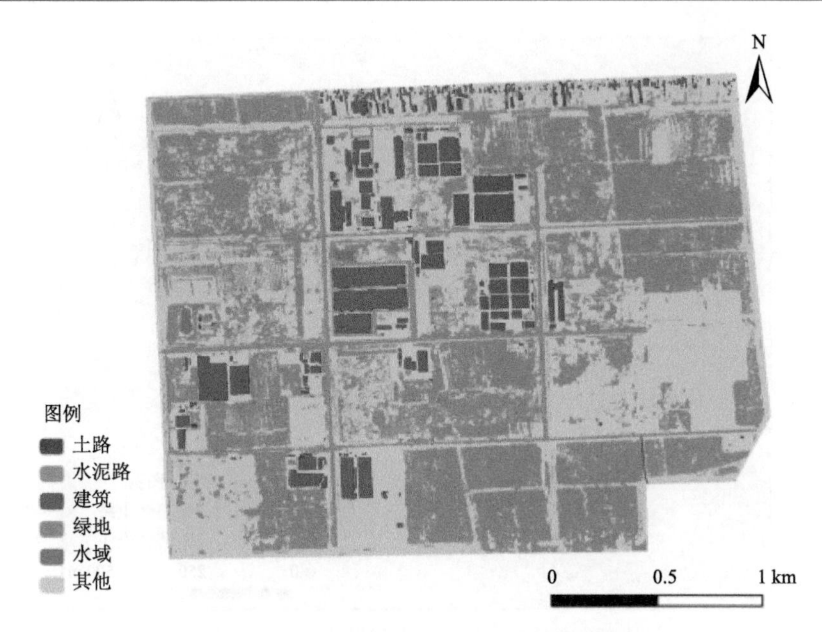

图 29　2017 年园区内部土地利用变化情况

图 30　2015 年园区内部道路变化情况

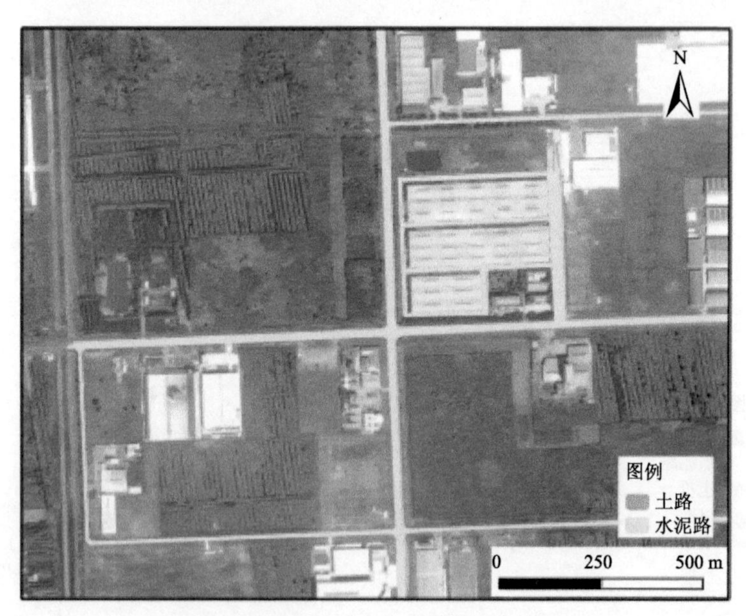

图 31　2017 年园区内部道路变化情况

4）园区内部建筑面积变化情况

如图 32、图 33 所示，园区内部建筑面积明显增加，新增多处建筑，2015 年建筑用地总面积为 21 hm^2，2017 年建筑用地总面积为 46 hm^2。

图 32　2015 年园区内部建筑变化情况

图 33 2017 年园区内部建筑变化情况

5. 中国-印尼综合产业园区青山园区

中国-印尼(中印)综合产业园区青山园区位于印度尼西亚中苏拉威西省摩罗瓦里县，占地超过 2000 hm^2，园区成立于 2013 年，开发业主为中方控股的印尼经贸合作区青山园区(IMIP)。中国印尼综合产业园区青山园区内已完成基础设施投资逾 8 亿美元。已购置土地约 2100 hm^2，其中约 600 hm^2 用地性质已变更为工业建设用地。

1) 园区周边土地利用变化监测

如表 9、图 34、图 35 所示，使用 30 m 分辨率 7 波段 Landsat-8 数据对以开发区为中心、正南北向、边长约 10 km 的方形区域进行土地利用变化监测。建区前/后区域内主要土地利用类型分别为林地和草地，呈季节性变化，兼有林地退化趋势；无明显海岸线变化，水域面积基本不变；由于开发区建设，新建大量厂房、仓储等建筑，建设用地扩大；场地基建及物料运输开路(土路)过程中的林地砍伐导致裸地面积扩大明显。园区建设前后各地类面积与占比见表 9。

表 9　中印综合产业园区青山园区建设前后各地类面积及占比

时间	面积及占比	林地	草地	水域	建设用地	其他
2013/4/20	面积/km²	53.42	9.67	30.67	0.97	5.08
	占比/%	53.52	9.69	30.73	0.97	5.09
2017/11/9	面积/km²	30.95	24.17	30.28	3.61	10.79
	占比/%	31.01	24.22	30.34	3.62	10.81

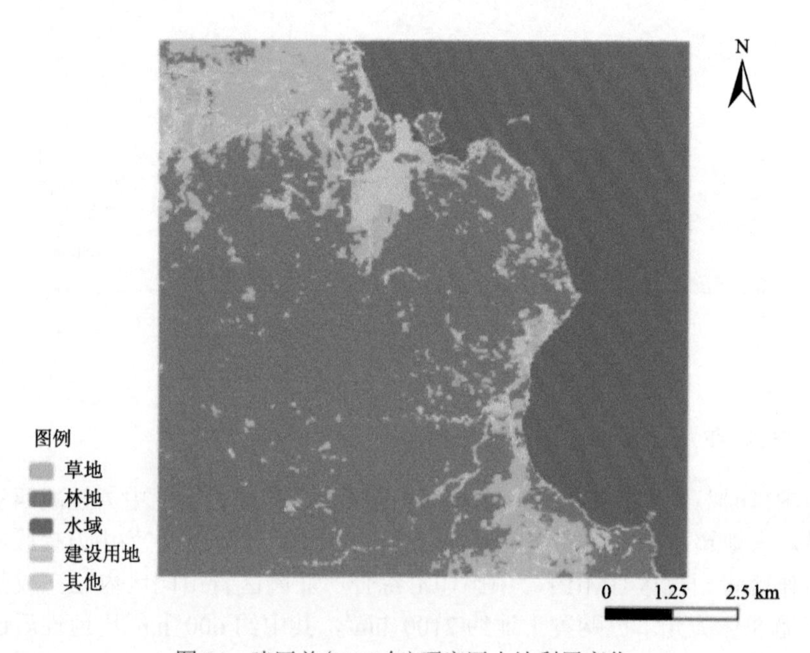

图 34　建区前(2013 年)研究区土地利用变化

2)园区内部土地利用变化监测

如表 10、图 36、图 37 所示，使用 0.598 m 分辨率 3 波段数据对开发区内部区域进行土地利用变化监测。该区域绿地面积占比约为，建区前(2012 年 11 月 9 日)为 90.45%，建区后(2016 年 8 月 16 日)为 65.48%。该区域绿地主要为林地，园区建筑及道路施工过程中的树木砍伐导致裸地面积增大，绿地面积减少。

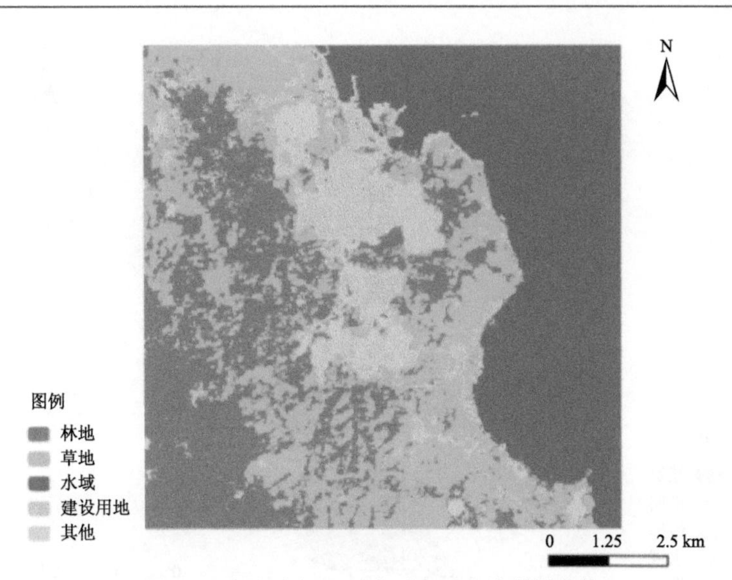

图 35　建区后(2017 年)研究区土地利用变化

表 10　2012 年与 2016 年园区内部土地利用情况

时间	面积及占比	绿地	裸地	水域	建筑	道路
2012/11/9	面积/km²	14.50	1.08	0.28	0.01	0.16
	占比/%	90.45	6.74	1.75	0.06	1.00
2016/8/16	面积/km²	10.49	4.29	0.24	0.54	0.46
	占比/%	65.48	26.78	1.50	3.37	2.87

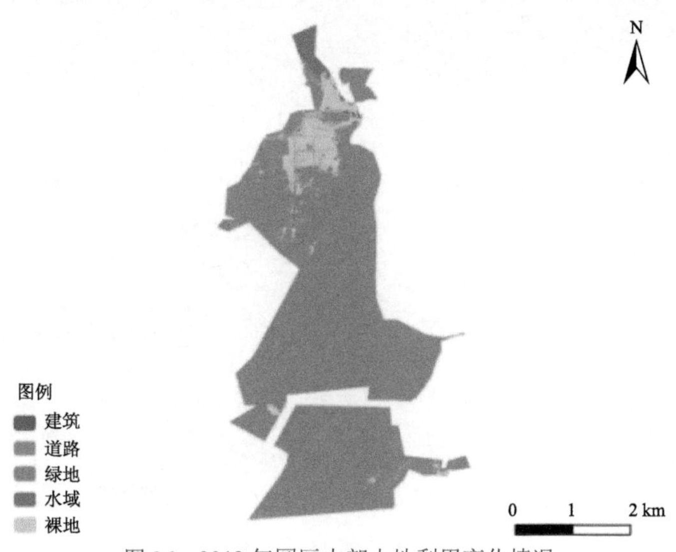

图 36　2012 年园区内部土地利用变化情况

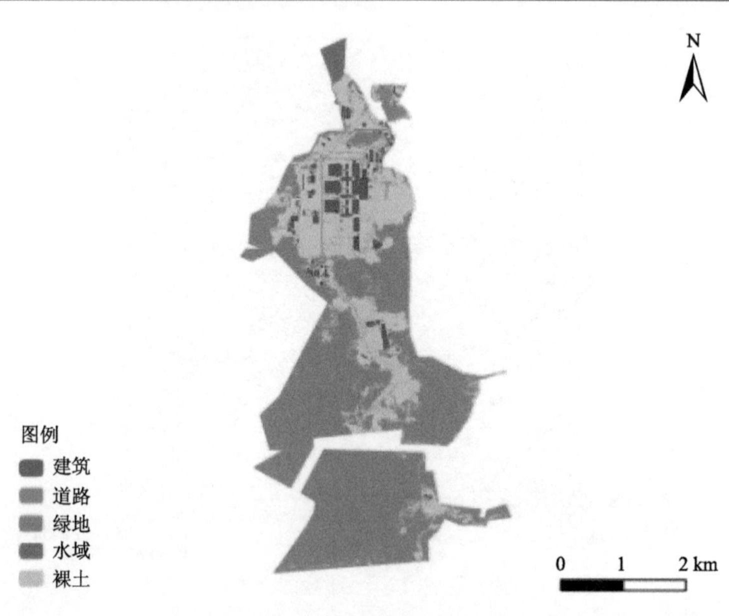

图 37　2016 年园区内部土地利用变化情况

3) 园区内部道路变化情况

如图 38、图 39 所示，园区周边(边长约 10 km 的方形区域) 以绿地为主，人

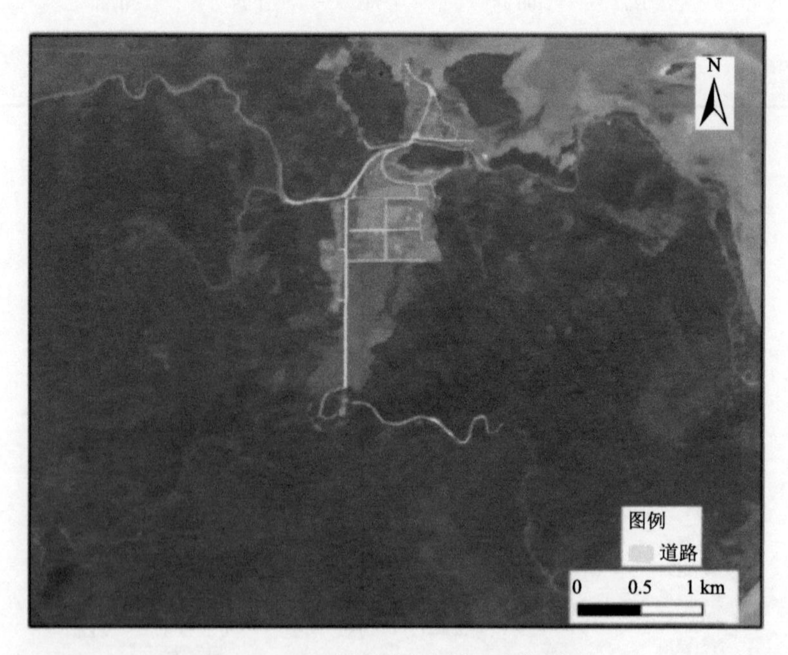

图 38　2012 年园区内部道路变化情况

图 39 2016 年园区内部道路变化情况

工设施较少，道路无明显变化，建区后无新增道路连接产业园区。园区内部建区前道路里程约 13.8 km，建区后道路增多，主要为连接多个施工点的运输道路。园区内道路依然以临时性土路为主，未进行水泥浇筑，道路里程约 43.5 km。

4) 园区内部建筑面积变化情况

如图 40、图 41 所示，园区内部建筑面积扩大，建区前园区内有少量建设用工棚，总面积为 1 km^2，占园区总面积的 0.06%。建区后建筑总面积为 54 hm^2，占园区总面积的 3.37%。园区北部临海区域、中部林区有建筑聚落出现，南部临海区域亦有新建工棚。

6. 马中关丹产业园

如图 42 所示，马来西亚(Malaysia)位于东南亚，国土被南中国海分隔成东、西两部分。西马来西亚位于马来半岛南部，北与泰国接壤，南与新加坡隔柔佛海峡相望，东临南中国海，西濒马六甲海峡。东马来西亚位于加里曼丹岛北部，与印尼、菲律宾、文莱相邻。全国海岸线总长为 4192 km。2013 年 2 月 5 日，马中关丹产业园举行了盛大的启动仪式，标志着“两国双园”模式的全面启动，这将进一步推进双边各领域全方位合作。

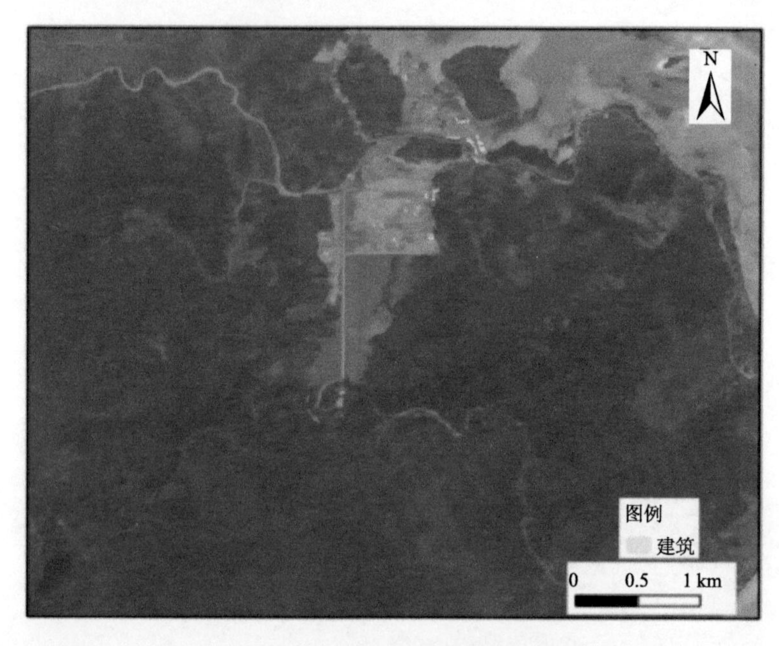

图 40　2012 年园区内部建筑变化情况

图 41　2016 年园区内部建筑变化情况

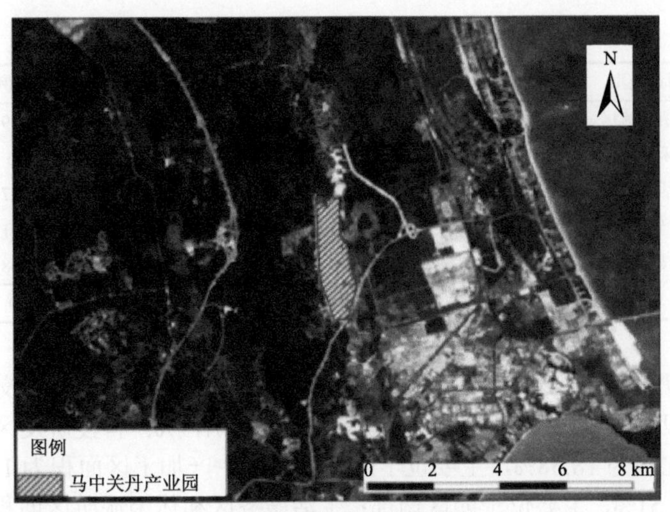

图 42　马中关丹产业园位置

1) 园区土地利用现状

马中关丹产业园规划面积为 8.18 km^2，分两期建设。园区功能区划初步分为生产加工区、科技研发区、商贸物流区、休闲旅游区和生活服务区，如图 43 所示。各类型面积及所占比例如表 11 所示。

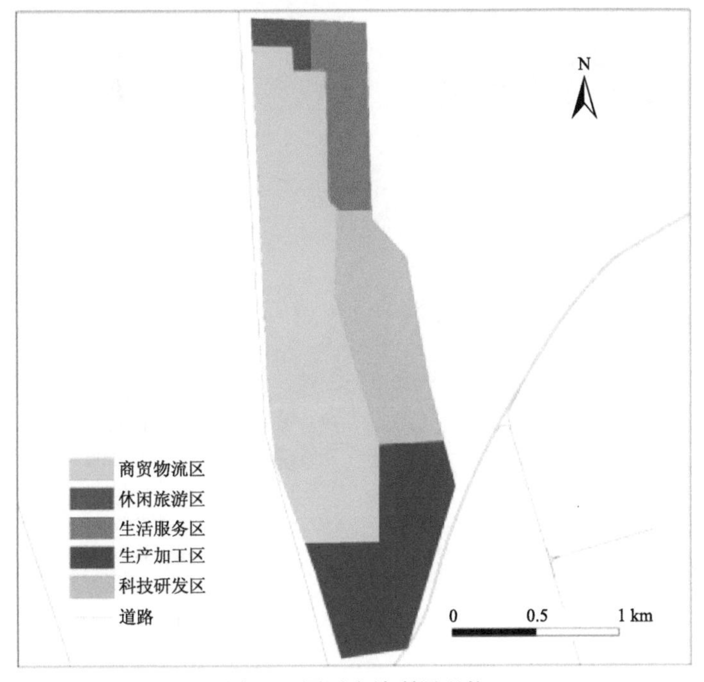

图 43　园区土地利用现状

表 11　园区土地利用类型及所占比例

用地类型	面积/km^2	所占比例/%
商贸物流区	3.86	47.19
休闲旅游区	0.20	2.45
生活服务区	0.84	10.27
生产加工区	1.76	21.51
科技研发区	1.52	18.58
总计	8.18	100

马中关丹产业园土地利用以商贸物流区为主，临近公路，便于交通运输，主要位于园区西部，面积为 3.86 km^2，所占比例为 47.19%；科技研发区面积为 1.52 km^2，所占比例为 18.58%，主要位于园区东部；生产加工区面积为 1.76 km^2，所占比例为 21.51%，主要位于园区南部；生活服务区和休闲旅游区面积较小，主要位于园区东北部和西北部，面积分别为 0.84 km^2 和 0.20 km^2，所占比例分别为 10.27%和 2.45%。

2) 园区周边土地利用状况

根据相关标准和本研究实际情况，土地利用类型共划分为 4 类：工业用地、居民地、农业用地、林业用地，如图 44 所示。各土地利用类型面积及所占比例如表 12 所示。

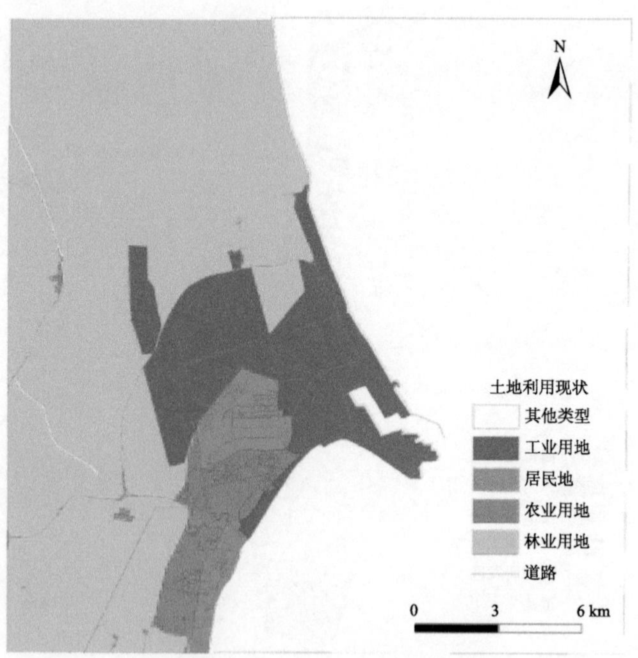

图 44　园区周边土地利用状况

表 12　马中关丹产业园区周边土地利用类型及所占比例

用地类型	面积/km^2	所占比例/%
工业用地	43.96	20.70
居民地	13.88	6.53
农业用地	10.76	5.07
林业用地	143.76	67.70
总计	212.36	100

马中关丹产业园周边土地利用以林业用地为主，面积为 143.76 km^2，所占比例为 67.70%；工业用地面积为 43.96 km^2，所占比例为 20.70%，主要为港口设施和重工业建设用地；居民地和农业用地所占比例较少，分别为 6.53%和 5.07%。马中关丹产业园建设用地原为林业用地，该地以重工业为主要产业，人口、社会和经济发展的用地矛盾较小，马中关丹产业园的建设对促进当地社会经济发展将会起到重要作用。

3) 道路建设

如图 45、表 13 所示，马中关丹产业园建设改善了当地的公路建设，如图 45 所示。根据 OpenStreetMap 公路数据，研究区内公路总里程为 319.1 km，其中高

图 45　马中关丹产业园周边道路分布状况

表 13 马中关丹产业园周边各等级道路里程及所占比例

道路等级	里程/km	所占比例/%
高速公路	132.3	41.46
一级公路	34.7	10.87
二级公路	8.9	2.79
三级公路	46.4	14.54
其他公路	96.8	30.34
总计	319.1	100

速公路 132.3 km，所占比例为 41.46%，一级公路 34.7 km，所占比例为 10.87%，二级公路 8.9 km，所占比例为 2.79%，三级公路 46.4 km，所占比例为 14.54%，其他公路 96.8 km，所占比例为 30.34%。关丹产业园到关丹港最近距离为 5 km，全部为高速公路，极为有利于物流运输。

4)保护区

马中关丹产业园周边无自然保护区分布。

5)灯光

马中关丹产业园周边 2015 年最大灯光指数为 221，灯光指数大于 10 的面积约为 40.76 km^2。其主要分布于工业用地和港口建设用地内(图 46)。

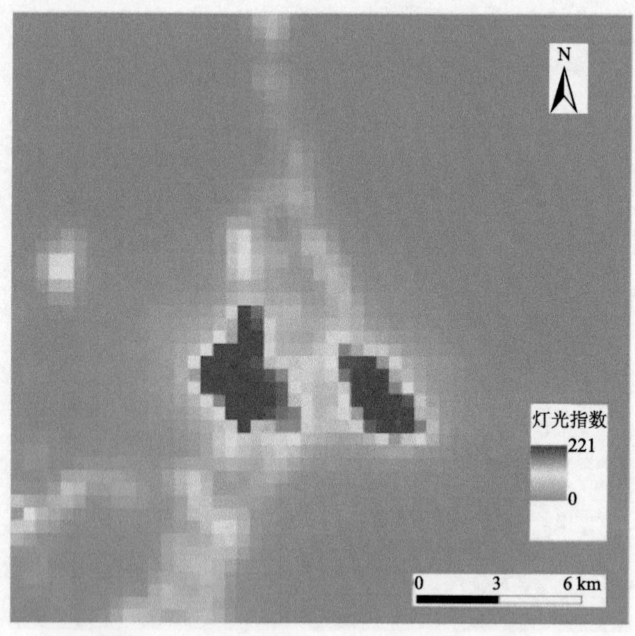

图 46 马中关丹地区 2015 年灯光分布现状

7. 恒逸文莱大摩拉岛一体化石化项目

恒逸文莱大摩拉岛一体化石化项目是由浙江恒逸石化有限公司(70%)和文莱政府(30%)合资建设的 800 万 t 炼化一体化项目。项目建设地点位于文莱大摩拉岛，总投资 34.5 亿美元，是文莱迄今最大的实业投资，也是中国民营企业海外最大的投资建设项目，项目计划 2018 年底完工，2019 年初投产。

1) 园区周边土地利用变化监测

如表 14、图 47、图 48 所示，使用 30 m 分辨率 7 波段 Landsat-8 数据对以开发区为中心、正南北向、边长约 8 km 的方形区域进行土地利用变化监测。建区前/后区域内主要土地利用类型为水域和裸地(其他)；伴随园区建设，建设用地面积扩大，林地面积减小。

表 14　恒逸文莱大摩拉岛一体化石化项目园区建设前后各地类面积及占比

时间	面积和占比	其他	林地	水域	建设用地	草地
2017/3/17	面积/km²	9.34	1.74	51.00	1.96	0.35
	占比/%	14.51	2.70	79.21	3.04	0.54
2018/8/27	面积/km²	9.16	0.80	50.76	3.35	0.33
	占比/%	14.22	1.24	78.82	5.21	0.51

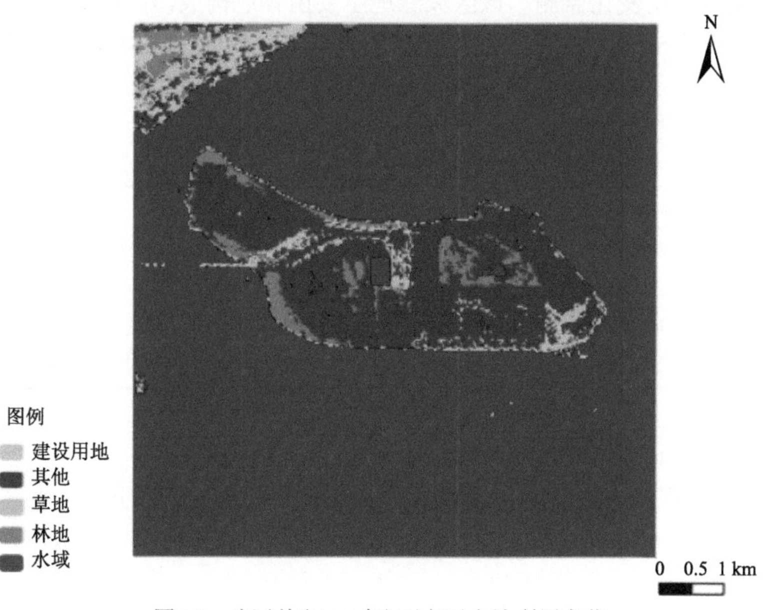

图 47　建区前(2017 年)研究区土地利用变化

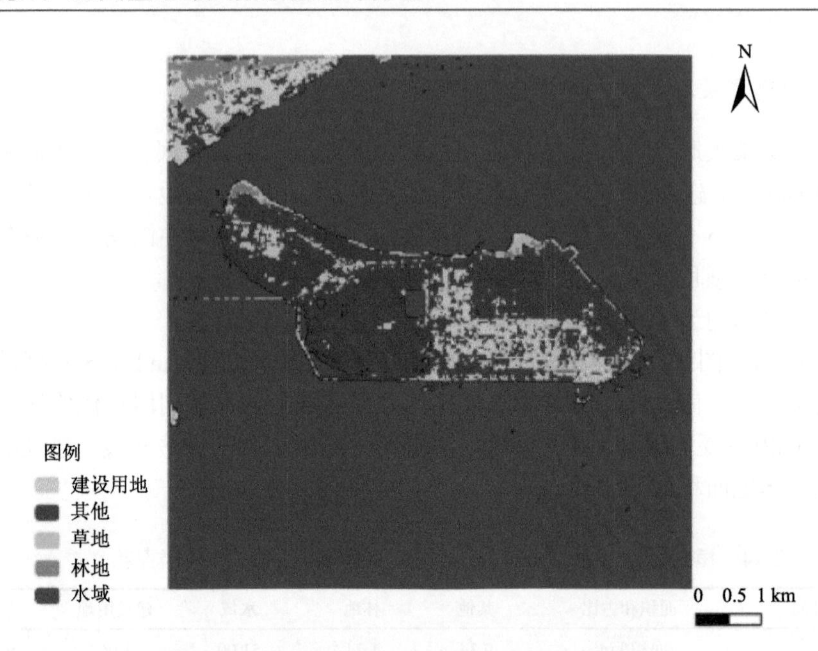

图 48　建区后(2018 年)研究区土地利用变化

2)园区内部土地利用变化监测

如表 15、图 49、图 50 所示，使用 0.598 m 分辨率 3 波段数据对开发区内部区域进行土地利用变化监测。该区域绿地主要由林地构成，面积占比约为，建区前(2016 年 6 月 5 日)18.39%，建区后(2018 年 6 月 19 日)14.51%，受园区建设影响，面积大幅减小。

表 15　2016 年与 2018 年园区内部土地利用情况

时间	面积和占比	绿地	建筑	水泥路	土路	水域	其他
2016/6/5	面积/km²	1.99	0.01	0	0.24	0.14	8.44
	占比/%	18.39	0.09	0	2.22	1.29	78.01
2018/6/19	面积/km²	1.81	0.44	0.09	0.63	0.34	9.16
	占比/%	14.51	3.53	0.72	5.05	2.73	73.46

3)园区内部道路变化情况

如图 51、图 52 所示，建区后园区内部道路增多，主要位于石化生产核心区。建区前土路里程 15.84 km，未进行水泥浇筑；建区后土路里程 54.08 km，水泥路 3.33 km。

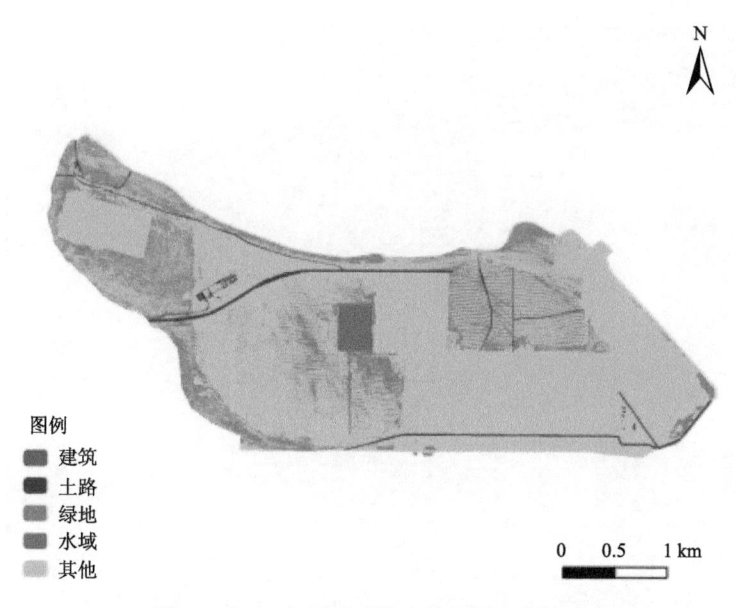

图 49　2016 年园区内部土地利用变化情况

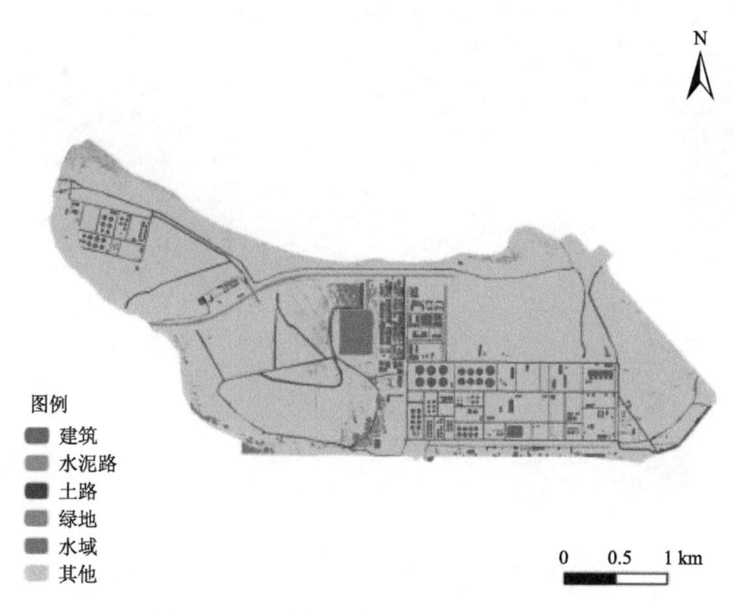

图 50　2018 年园区内部土地利用变化情况

图 51　2016 年园区内部道路变化情况

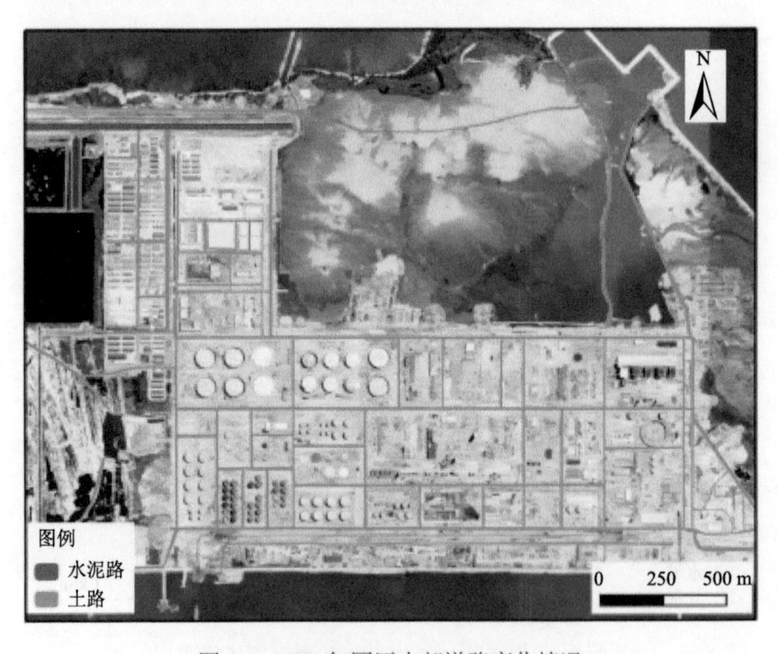

图 52　2018 年园区内部道路变化情况

4) 园区内部建筑面积变化情况

如图 53、图 54 所示，园区内部建筑面积显著扩大，主要位于石化生产核心区。建区前建筑总面积约 1 hm^2，建区后建筑总面积约 44 hm^2，主要新增大量厂房、仓储建筑和化工塔。

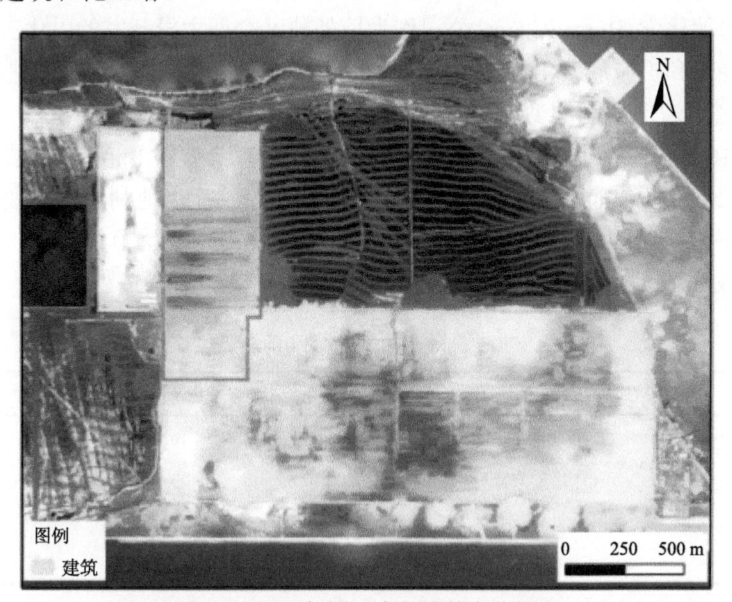

图 53　2016 年园区内部建筑变化情况

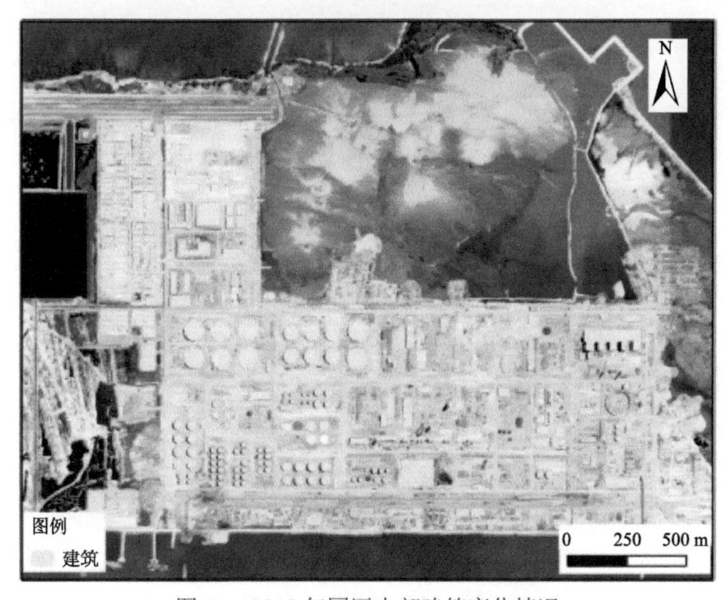

图 54　2018 年园区内部建筑变化情况

8. 中匈宝思德经贸合作区

中匈宝思德经贸合作区是在我国商务部的指导下，由全球最大的异氰酸酯制造企业——万华实业集团有限公司作为境内实施企业，以万华收购的匈牙利最大的化工公司宝思德化学(BorsodChem)公司作为境外建区企业主导开发的以化工为主导产业、配套轻工和机械加工、节能环保产业等绿色产业于一体的加工制造型合作区。

1)园区周边土地利用变化监测

如表16、图55、图56所示，使用30 m分辨率7波段Landsat-8数据对以开发区为中心、正南北向、边长约3.3 km的方形区域进行土地利用变化监测。建区前/后区域内主要土地利用类型为林地、草地，水域面积呈季节性变化；园区收购前建设已较完善，土地利用无明显变化。

表16 中匈宝思德经贸合作区园区建设前后各地类面积及占比

时间	面积及占比	林地	草地	建设用地	水域	其他
1996/8/1	面积/km²	6.40	7.90	6.11	1.08	4.30
	占比/%	24.82	30.63	23.69	4.19	16.67
2018/5/10	面积/km²	7.68	9.55	6.17	0.87	1.52
	占比/%	29.78	37.03	23.92	3.37	5.90

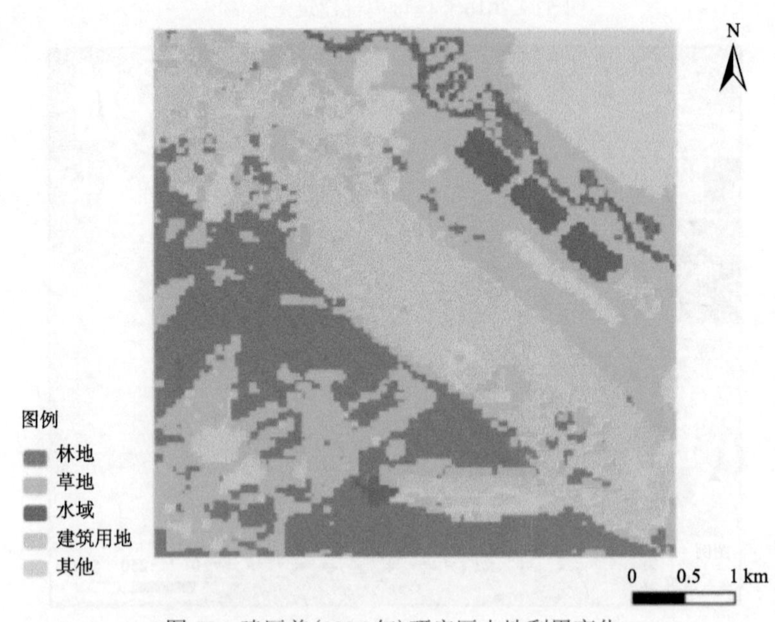

图55 建区前(1996年)研究区土地利用变化

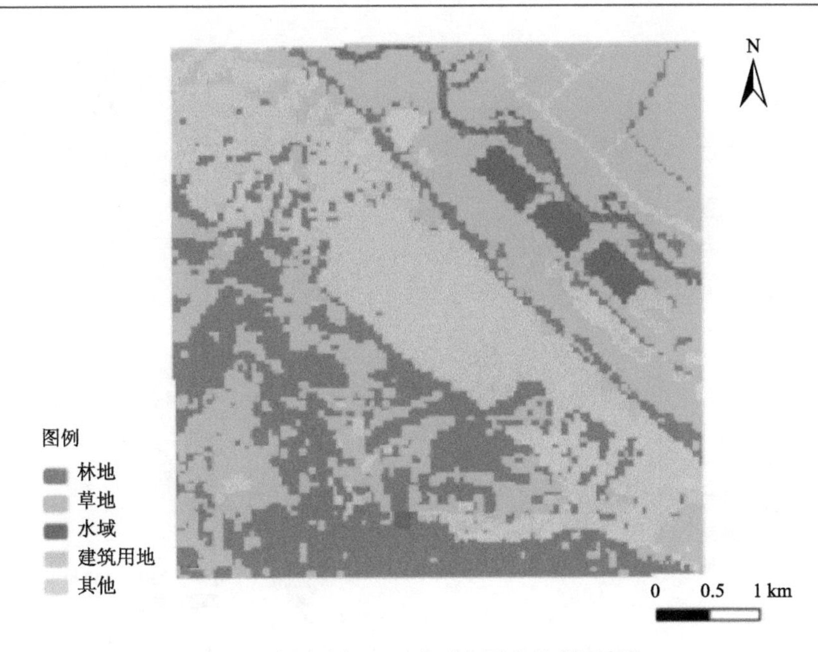

图 56　建区后(2018 年)研究区土地利用变化

2)园区内部土地利用变化监测

如表 17、图 57、图 58 所示，使用 0.732 m 分辨率 3 波段数据对开发区内部区域进行土地利用变化监测。该区域绿地面积占比约为，建区前(2010 年 6 月 12 日)10.37%，建区后(2016 年 9 月 10 日)10.77%。

表 17　2010 年与 2016 年园区内部土地利用情况

时间	面积和占比	绿地	裸地	道路	建筑
2010/6/12	面积/km²	0.23	1.23	0.22	0.53
	占比/%	10.37	55.68	9.96	23.99
2016/9/10	面积/km²	0.24	1.18	0.22	0.57
	占比/%	10.77	53.42	9.96	25.85

3)园区内部道路变化情况

如图 59、图 60 所示，建区前后园区内部道路无明显变化，道路里程约 25.3 km。

4)园区内部建筑面积变化情况

如图 61、图 62 所示，园区内部建筑面积略有增加：建区前总面积为 53 hm^2，建区后总面积为 57.1 hm^2，新增几栋厂房。

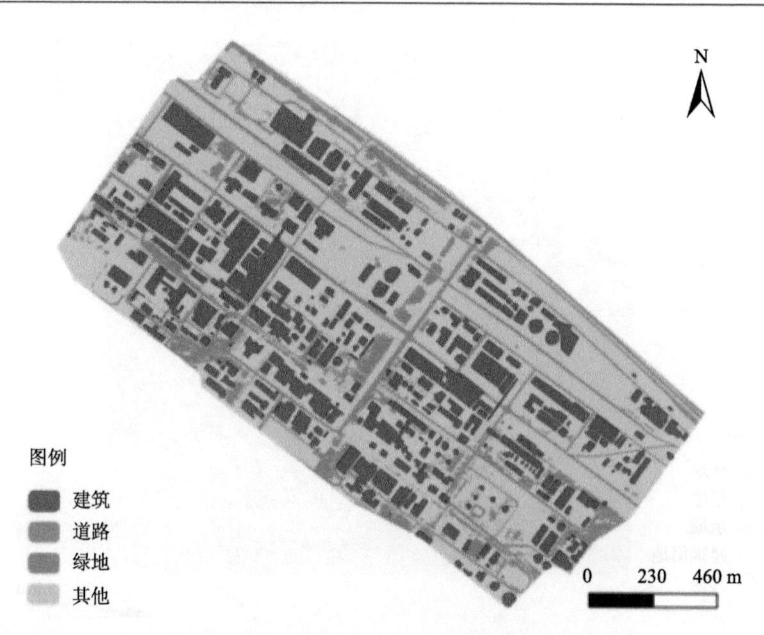

图 57 2010 年园区内部土地利用变化情况

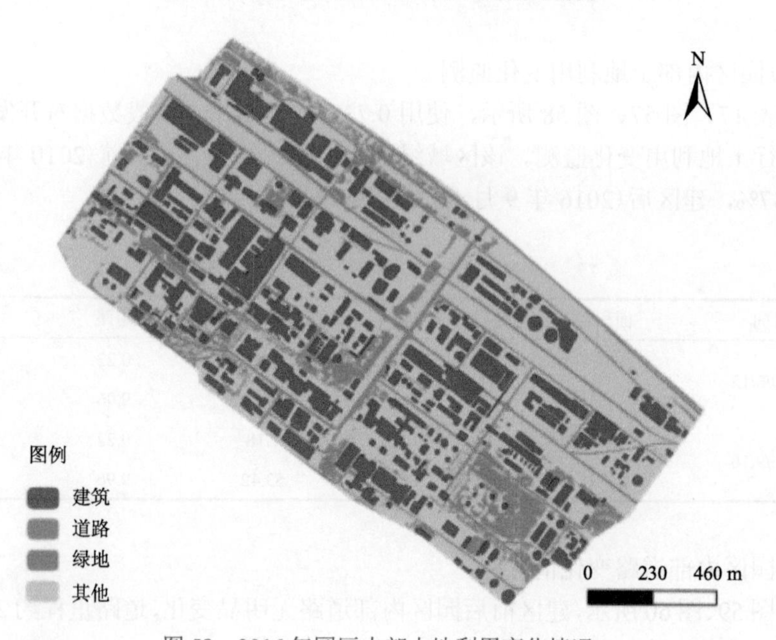

图 58 2016 年园区内部土地利用变化情况

图 59　2010 年园区内部道路变化情况

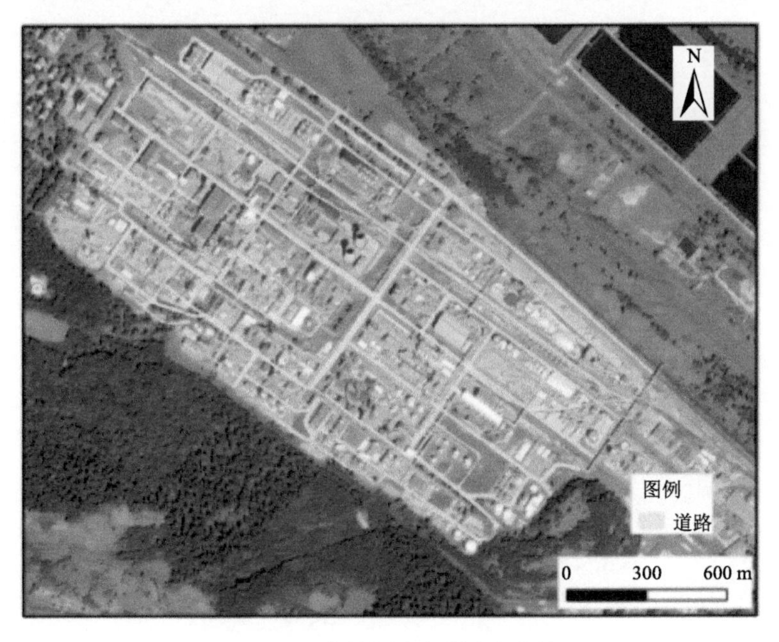

图 60　2016 年园区内部道路变化情况

图 61　2010 年园区内部建筑变化情况

图 62　2016 年园区内部建筑变化情况

9. 不来梅产业园

不来梅产业园位于德国北部城市。

1) 不来梅产业园周边土地利用变化监测

如表18、图63、图64所示，使用30 m分辨率7波段Landsat-5和Landsat-8数据对以开发区为中心、正南北向、边长约5 km的方形区域进行土地利用变化监测。建区前/后区域内主要土地利用类型为建设用地；无明显海岸线变化，水域面积基本不变；建设用地扩大；林地砍伐导致裸地面积略有扩大。

表18 不来梅产业园区建设前后各地类面积及占比

时间	面积和占比	建设用地	水域	林地	耕地
2010/5/6	面积/km²	9.97	4.27	8.93	6.31
	占比/%	33.83	14.49	30.29	21.39
2016/6/8	面积/km²	12.62	4.20	7.26	5.41
	占比/%	42.80	14.23	24.61	18.36

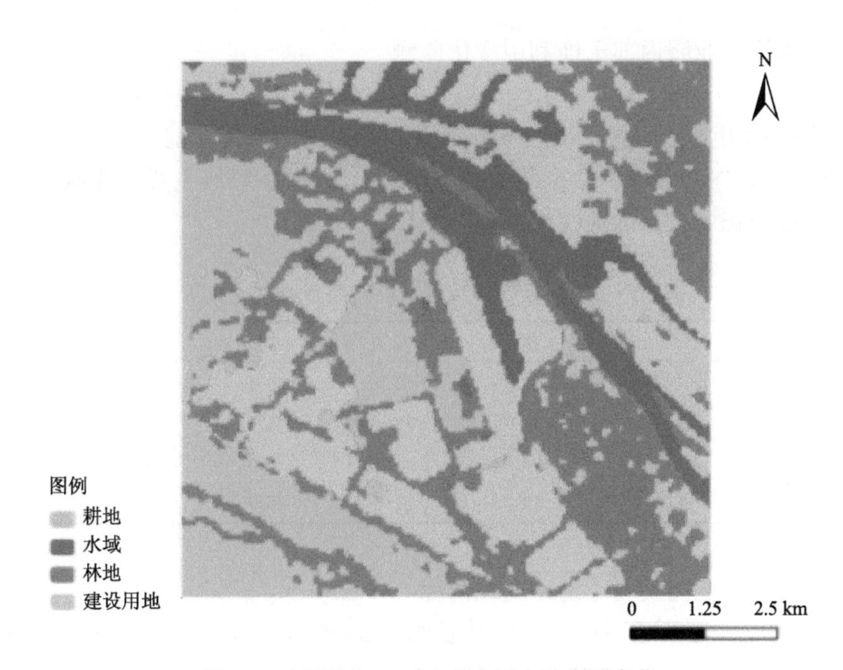

图63 建区前(2010年)研究区土地利用变化

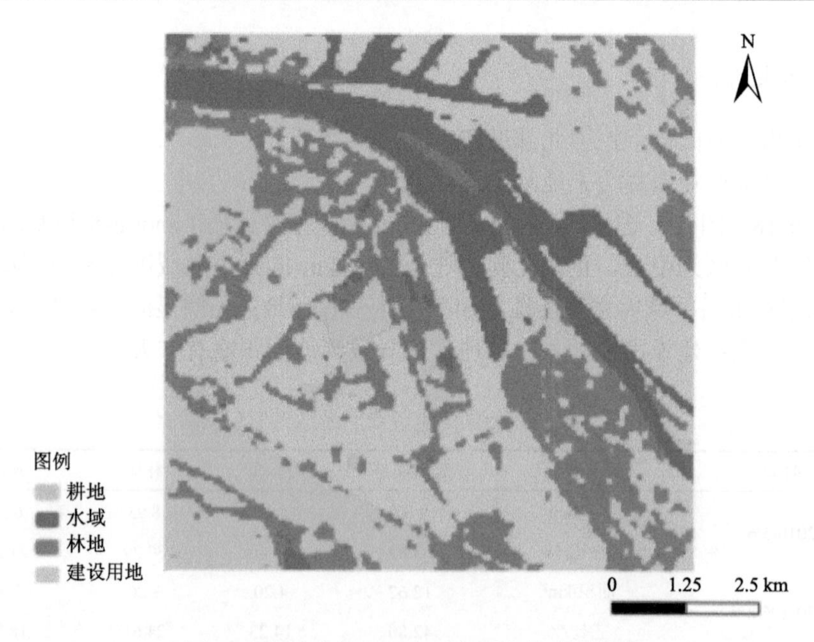

图 64　建区后(2016 年)研究区土地利用变化

2)不来梅产业园内部土地利用变化监测

如表 19、图 65、图 66 所示，使用 0.77 m 分辨率 3 波段数据对开发区内部区域进行土地利用变化监测。该区域绿地面积占比约为，建区前(2010 年 5 月 6 日)38.60%，建区后(2016 年 5 月 8 日)21.99%。该区域绿地主要为林地，园区施工导致裸地面积增大，绿地面积减少。

表 19　2010 年与 2016 年园区内部土地利用情况

时间	面积和占比	建筑	绿地	水域	裸地	道路
2010/05/06	面积/km²	0.2220	0.2508	0.0013	0.0163	0.1594
	占比/%	34.16	38.60	0.20	2.51	24.53
2016/05/08	面积/km²	0.2280	0.1429	0.0005	0.1209	0.1576
	占比/%	35.08	21.99	0.08	18.60	24.25

3)不来梅产业园及周边道路变化情况

如图 67、图 68 所示，园区周边(边长约 5 km 的方形区域)以绿地和建筑为主，人工设施较多，道路无明显变化，建区后无新增道路连接产业园区。园区内部道路以水泥路为主，建区前后基本无变化，道路里程约 0.9 km。

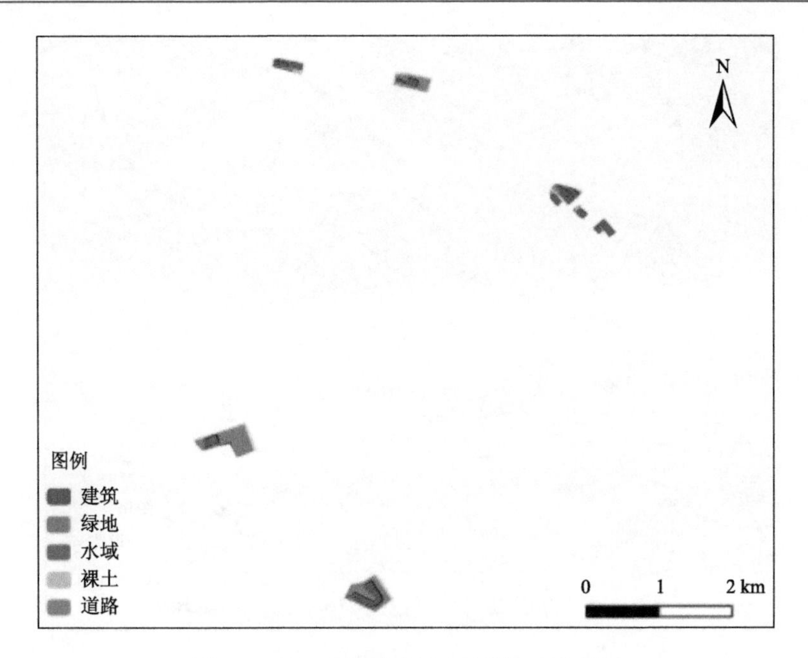

图 65　2010 年园区内部土地利用变化情况

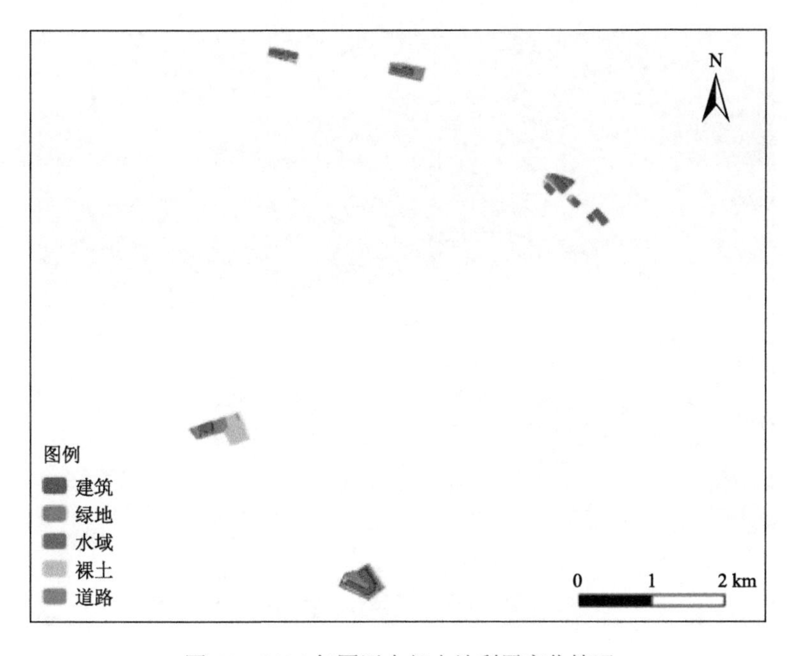

图 66　2016 年园区内部土地利用变化情况

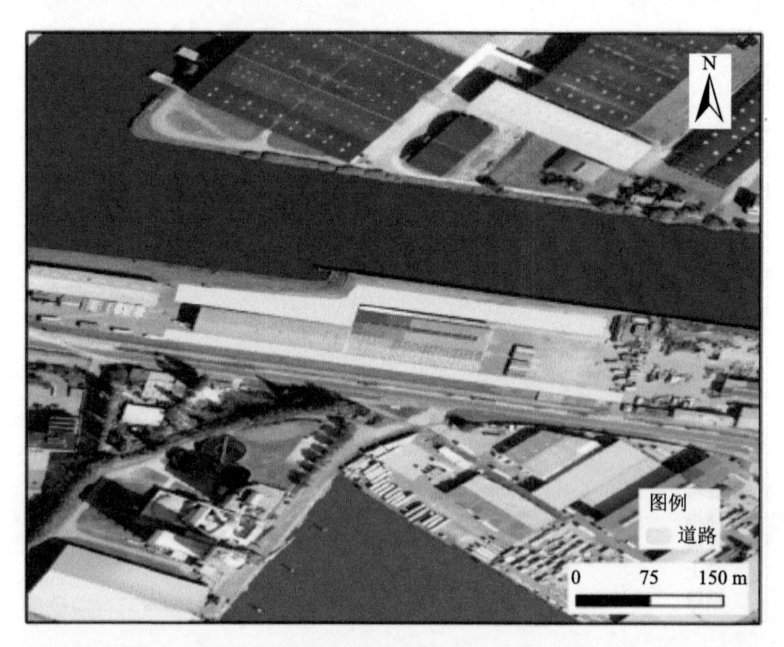

图 67　2010 年园区内部道路变化情况

图 68　2016 年园区内部道路变化情况

4) 不来梅产业园内部建筑面积变化情况

如图 69、图 70 所示，建区前后园区内部无明显新增建筑，建筑面积变化不大，为 22.8 hm^2。

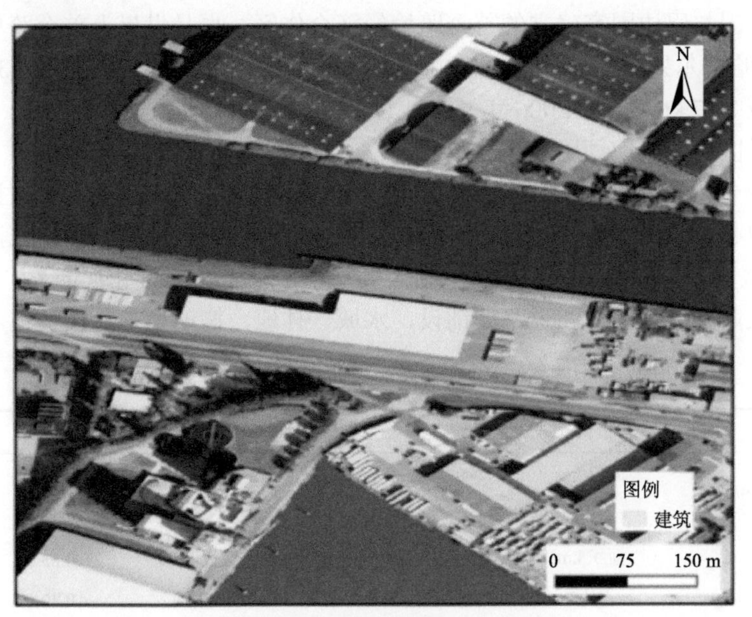

图 69　2010 年园区内部建筑变化情况

图 70　2016 年园区内部建筑变化情况

10. 中哈霍尔果斯国际边境合作中心

中哈霍尔果斯国际边境合作中心是中国和哈萨克斯坦两国领导人达成的项目，是我国与周边国家建立的首个跨境经济合作区，也是世界上首个跨境自由贸易区。中哈霍尔果斯国际边境合作中心总面积为5.6 km^2，其中中方区域3.43 km^2，哈方区域2.17 km^2，于2006年开工建设，2012年4月正式封关运营。

1) 园区周边土地利用变化监测

如表20、图71、图72所示，使用30 m分辨率7波段Landsat-8数据对以开发区为中心、正南北向、边长约10.2 km的方形区域进行土地利用变化监测。建区前/后区域内主要土地利用类型为耕地和裸地；建区后建筑用地显著扩大，主要表现为工业园区的建设和道路的铺设，水域、林地、耕地呈季节性变化。

表20 中哈霍尔果斯国际边境合作中心园区建设前后各地类面积及占比

时间	面积和占比	耕地	林地	建设用地	水域	其他
2006/10/8	面积/km²	92.00	9.87	6.11	0	88.23
	占比/%	46.89	5.03	3.11	0	44.97
2017/10/13	面积/km²	90.22	8.42	16.17	0.83	81.06
	占比/%	45.87	4.28	8.22	0.42	41.21

图71 建区前(2006年)研究区土地利用变化

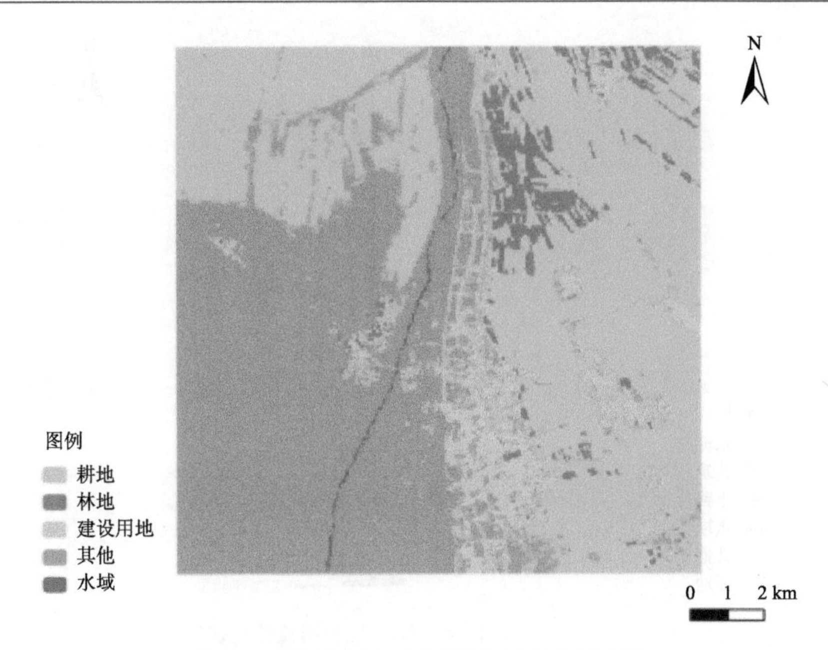

图 72 建区后(2017 年)研究区土地利用变化

2) 园区内部土地利用变化监测

如表 21、图 73、图 74 所示，使用 0.705 m 分辨率 3 波段数据对开发区内部区域进行土地利用变化监测。建区前后该区域绿地占比约为，2004 年 50.00%，2016 年 35.40%，呈季节性变化。

表 21 2004 年与 2016 年园区内部土地利用情况

时间	面积和占比	绿地	裸地	水泥路	土路	建筑	水域
2004/6/28	面积/km²	5.18	4.93	0.12	0.10	0.01	0.02
	占比/%	50.00	47.59	1.16	0.96	0.10	0.19
2016/2/29	面积/km²	3.94	5.48	0.90	0.05	0.66	0.10
	占比/%	35.40	49.23	8.09	0.45	5.93	0.90

3) 园区内部道路变化情况

如图 75、图 76 所示，园区内部道路变化主要表现为，2004 年水泥路里程约 9.74 km，土路里程约 14.84 km；2016 年水泥路里程约 46.24 km，土路里程约 2.85 km；随着园区的建设，逐步对土路进行水泥浇筑，并增加园区有建筑区域的道路、连接建设区域的主干道等。

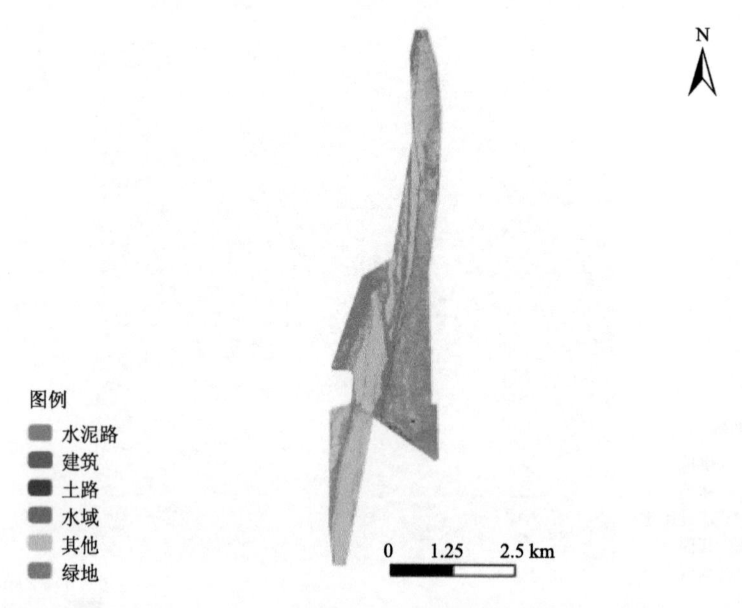

图 73　2004 年园区内部土地利用变化情况

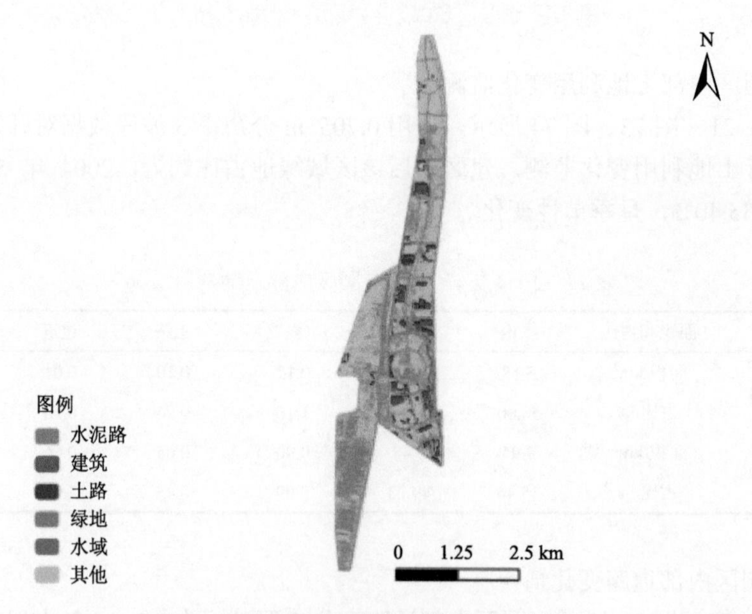

图 74　2016 年园区内部土地利用变化情况

图 75　2004 年园区内部道路变化情况

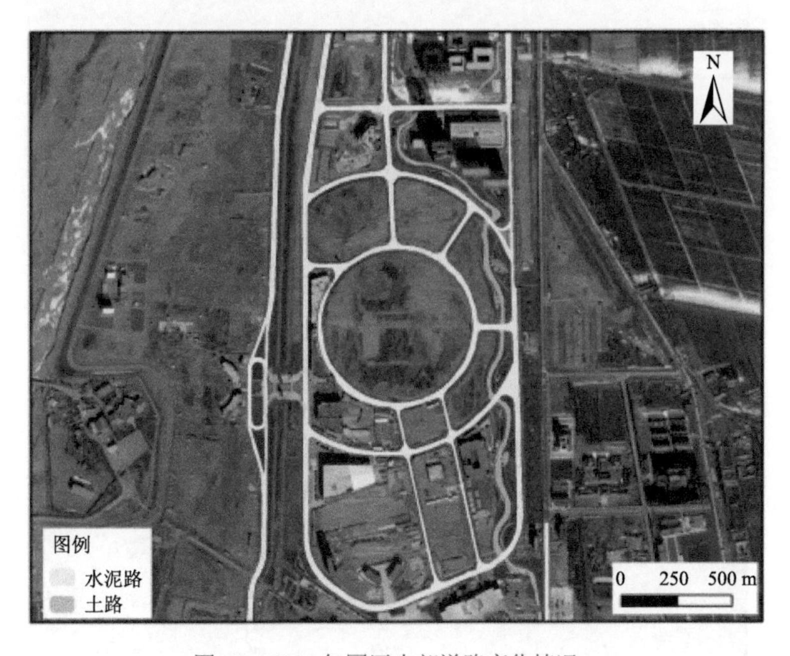

图 76　2016 年园区内部道路变化情况

4)园区内部建筑面积变化情况

如图 77、图 78 所示，园区内部建筑面积明显增加，2004 年建筑用地总面积为 1 hm^2，2016 年建筑用地总面积为 66 hm^2，园区新增大量建筑。

图 77 2004 年园区内部建筑变化情况

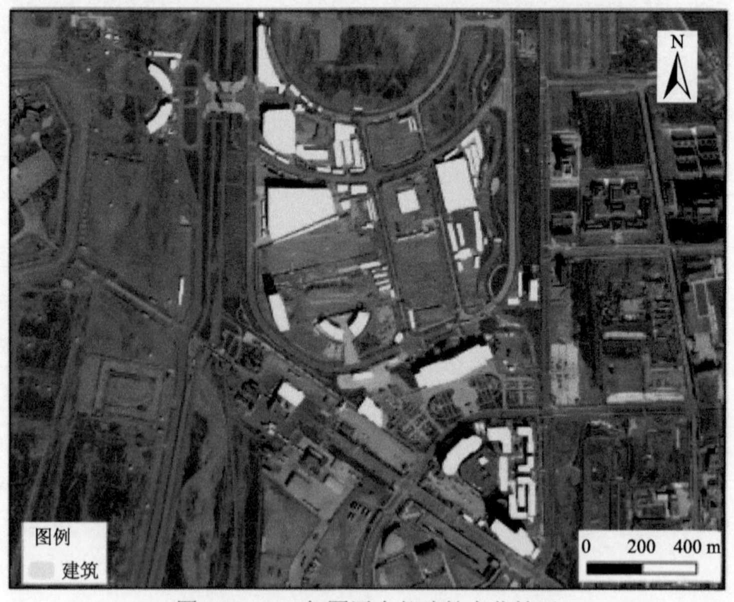

图 78 2016 年园区内部建筑变化情况

11. 柬埔寨西哈努克港经济特区

柬埔寨西哈努克港经济特区成立于2007年，是由红豆集团主导，联合中柬四家企业在柬埔寨唯一的国际港口城市——西哈努克市郊共同开发建设的国家级境外经贸合作区，致力于为中国企业搭建“投资东盟、辐射世界”的投资贸易平台，是中柬两国政府认定的唯一中柬国家级经济特区，也是首个签订双边政府协定、建立双边政府协调机制的合作区。柬埔寨西哈努克港经济特区总体开发面积为11.13 km^2，首期开发面积为5.28 km^2。

1) 园区周边土地利用变化监测

如表22、图79、图80所示，使用30 m分辨率7波段Landsat-8数据对以开

表22 柬埔寨西哈努克港经济特区园区建设前后各地类面积及占比

时间	面积和占比	耕地	林地	草地	建设用地	水域	其他
2007/1/25	面积/km^2	15.86	48.37	24.86	1.96	3.49	7.06
	占比/%	15.61	47.61	24.47	1.93	3.43	6.95
2017/1/27	面积/km^2	10.67	58.35	6.23	5.49	4.50	16.36
	占比/%	10.51	57.43	6.13	5.40	4.43	16.10

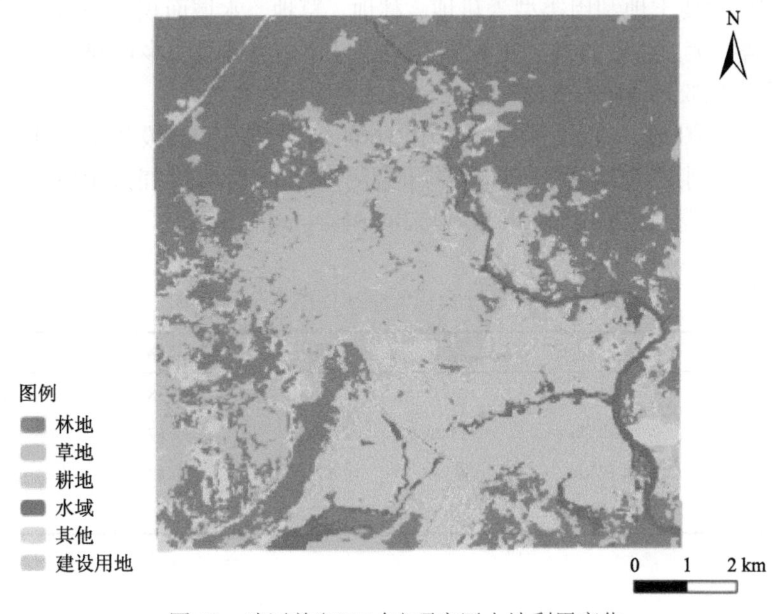

图79 建区前(2007年)研究区土地利用变化

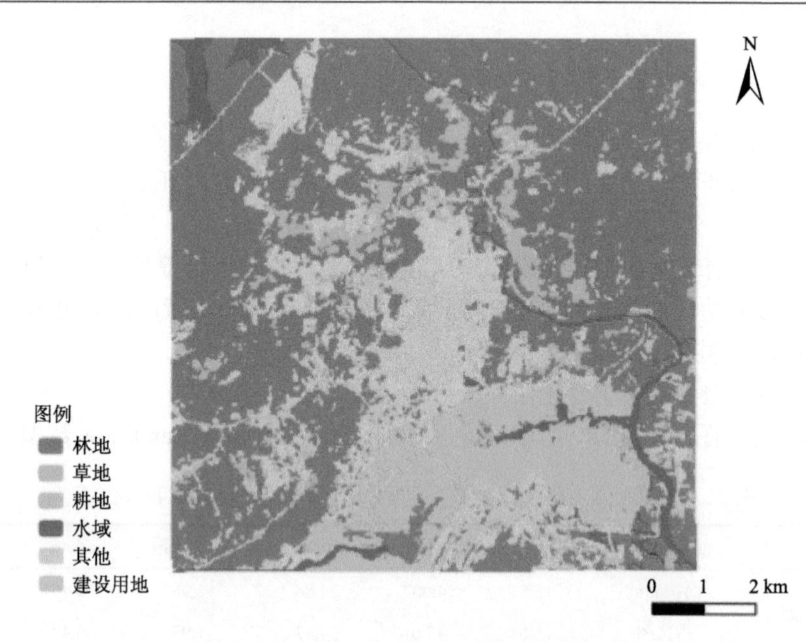

图 80 建区后(2017 年)研究区土地利用变化

发区为中心、正南北向、边长约 10 km 的方形区域进行土地利用变化监测。建区前/后区域内主要土地利用类型为耕地、林地、草地，水域面积呈季节性变化；建设用地显著扩大，主要表现为工业园区的建设、道路铺设及乡镇建设。

2)园区内部土地利用变化监测

如表 23、图 81、图 82 所示，使用 0.604 m 分辨率 3 波段数据对开发区内部区域进行土地利用变化监测。该区域绿地面积占比约为，建区前(2013 年 12 月 29 日)43.08%，建区后(2016 年 1 月 3 日)20.00%。

表 23 2013 年与 2016 年园区内部土地利用情况

时间	面积和占比	绿地	裸地	道路	建筑
2013/12/29	面积/km²	1.71	1.61	0.38	0.27
	占比/%	43.08	40.55	9.57	6.80
2016/1/3	面积/km²	0.80	2.10	0.43	0.67
	占比/%	20.00	52.50	10.75	16.75

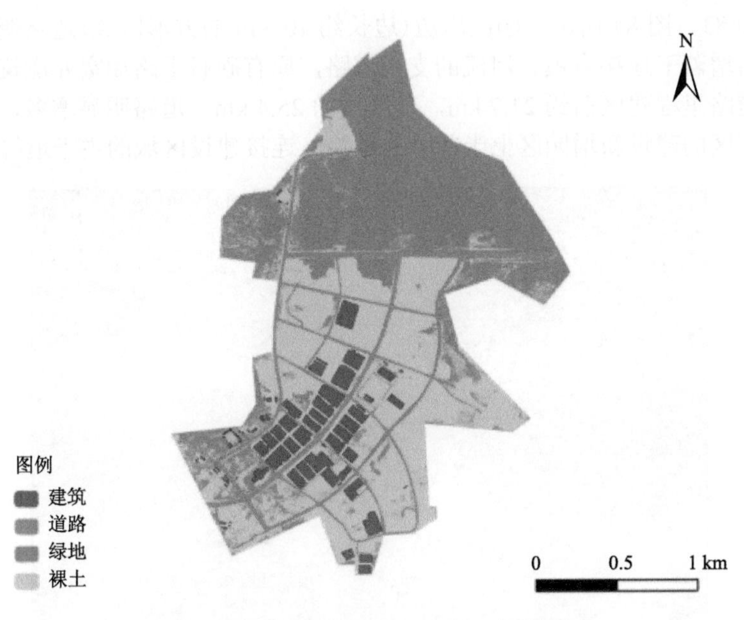

图 81　2013 年园区内部土地利用变化情况

图 82　2016 年园区内部土地利用变化情况

3)园区内部道路变化情况

如图 83、图 84 所示，园区周边(边长约 10 km 的方形区域)道路变化主要表现为，新增若干连接乡镇、河流的支线道路，原有砂石土路加宽并浇筑水泥。园区内部道路里程建区前约 21.7 km，建区后约 25.4 km，道路明显增多，主要表现为随着园区的建设新增园区上半部分的道路、连接建设区域的主干道等。

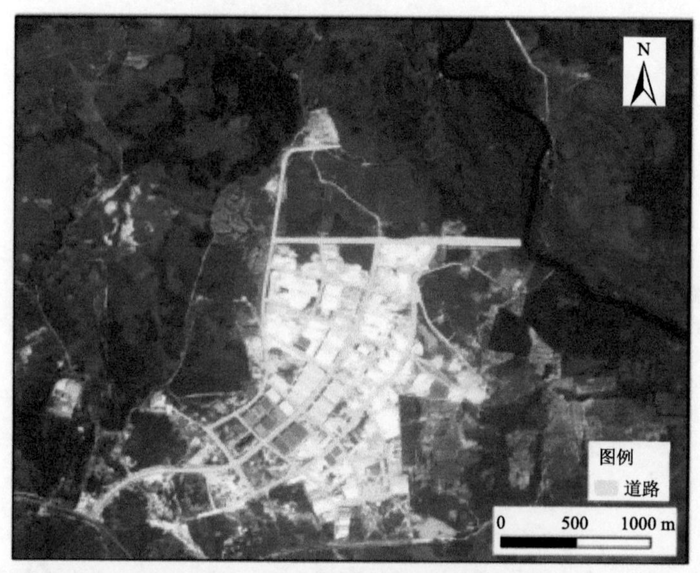

图 83　2013 年园区内部道路变化情况

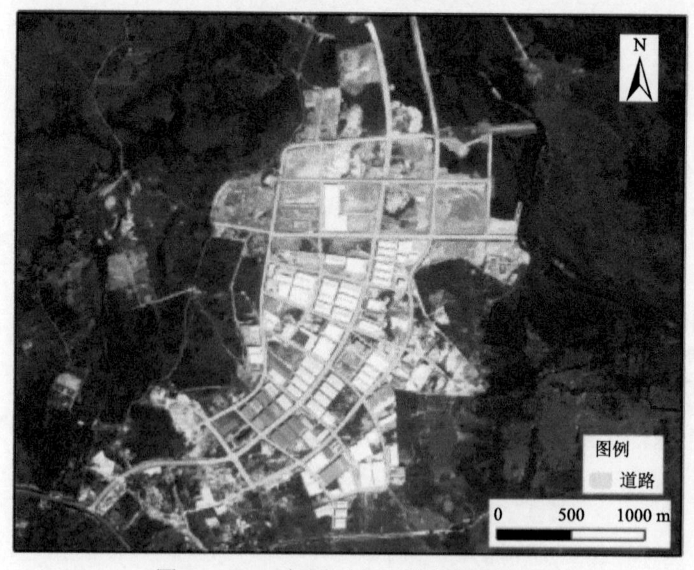

图 84　2016 年园区内部道路变化情况

4) 园区内部建筑面积变化情况

如图 85、图 86 所示，园区内部建筑面积明显增加，建区前总面积为 27 hm^2，区域内仅有若干分散农宅；建区后总面积为 67 hm^2，中心建设区新增许多房屋。

图 85　2013 年园区内部建筑变化情况

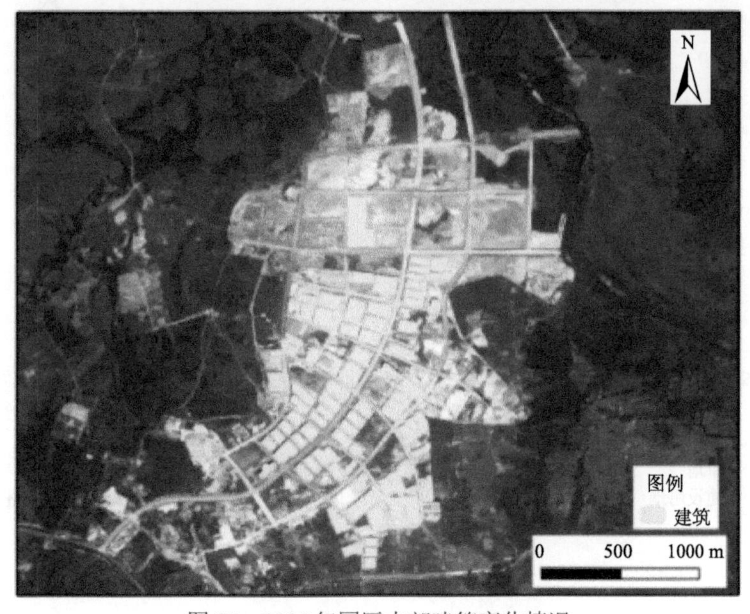

图 86　2016 年园区内部建筑变化情况

12. 中法经济贸易合作区

2012 年，首创置业与法国地方政府签订土地协议，投资建设中法经济贸易合作区(EUROSITY)，项目总面积为 470 hm^2，投资总额约 20 亿欧元，是中国第一个位于发达国家的大型综合型产业园区。

1)园区周边土地利用变化监测

如表 24、图 87、图 88 所示，使用 30 m 分辨率 7 波段 Landsat-5/8 数据对以开发区为中心，正南北向，边长约 10 km 的方形区域进行土地利用变化监测。建区前/后区域内主要土地利用类型为耕地；各地类面积变化较小，主要受季节影响。

表 24　中法经济贸易合作区园区建设前后各地类面积及占比

时间	面积和占比	耕地	林地	水域	建设用地	草地
2011/4/25	面积/km^2	129.70	33.00	0.34	28.10	24.50
	占比/%	60.15	15.30	0.16	13.03	11.36
2018/7/1	面积/km^2	142.20	25.60	0.12	28.80	19.00
	占比/%	65.39	11.86	0.06	13.88	8.81

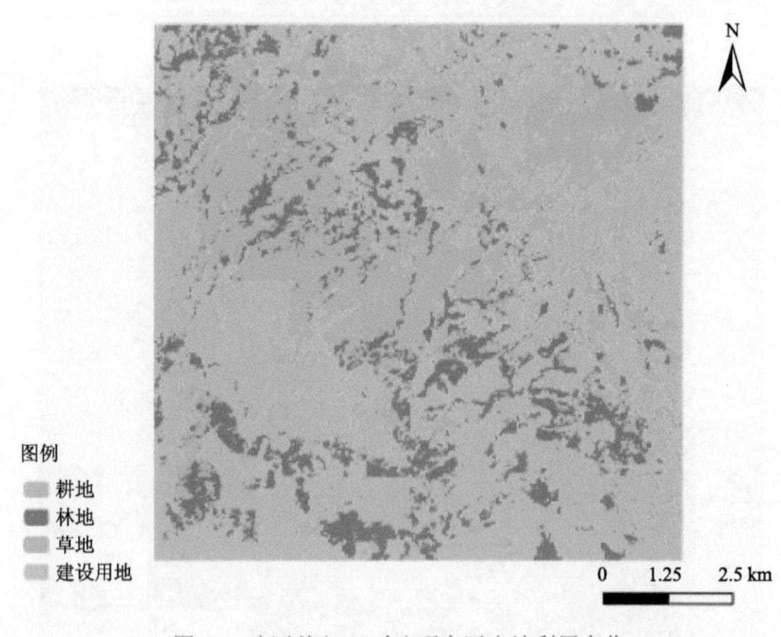

图 87　建区前(2011 年)研究区土地利用变化

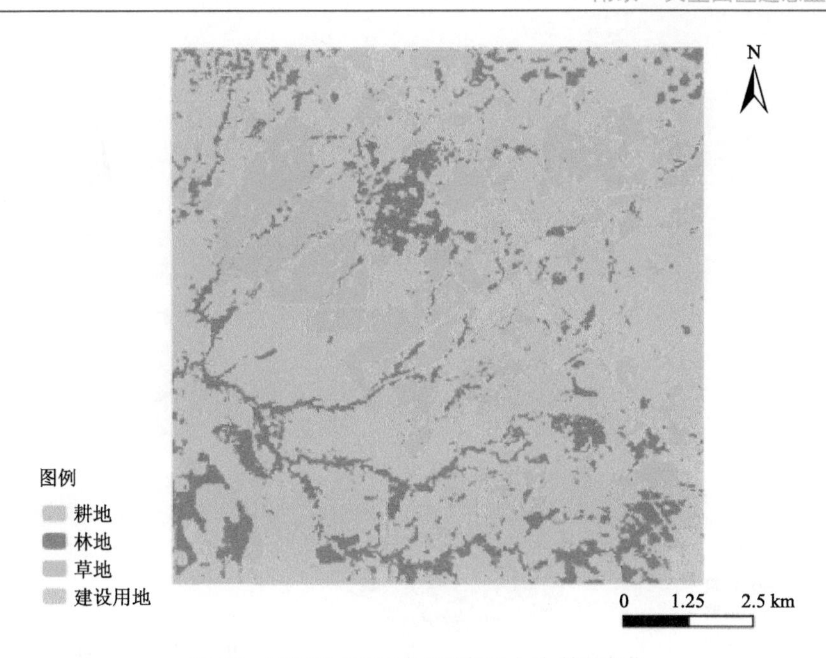

图 88 建区后(2018 年)研究区土地利用变化

2)园区内部土地利用变化监测

如表 25、图 89、图 90 所示，使用 0.536 m 分辨率 3 波段数据对开发区内部区域进行土地利用变化监测。该区域绿地主要由耕地构成，面积占比约为，建区前(2008 年 1 月 1 日)87.13%，建区后(2015 年 6 月 8 日)92.56%，呈季节性变化。

表 25 2008 年与 2015 年园区内部土地利用情况

时间	面积和占比	绿地	建筑	水泥路	土路	水域	其他
2008/1/1	面积/km²	51.19	0.12	0.11	0.13	0.05	7.15
	占比/%	87.13	0.20	0.19	0.22	0.09	12.17
2015/6/8	面积/km²	54.52	0.13	0.17	0.22	0.05	3.81
	占比/%	92.56	0.22	0.29	0.37	0.09	6.47

3)园区内部道路变化情况

如图 91、图 92 所示，园区周边(边长约 10 km 的方形区域)以耕地为主，有大型城市及若干城镇聚落，道路无明显变化，建区后无新增道路连接产业园区。园区内部道路增多，主要位于园区中部商品博览园及南部创新研发园。建区前土路里程 9.7 km，水泥路里程 9.5 km；建区后土路里程 16.2 km，水泥路里程 15 km。

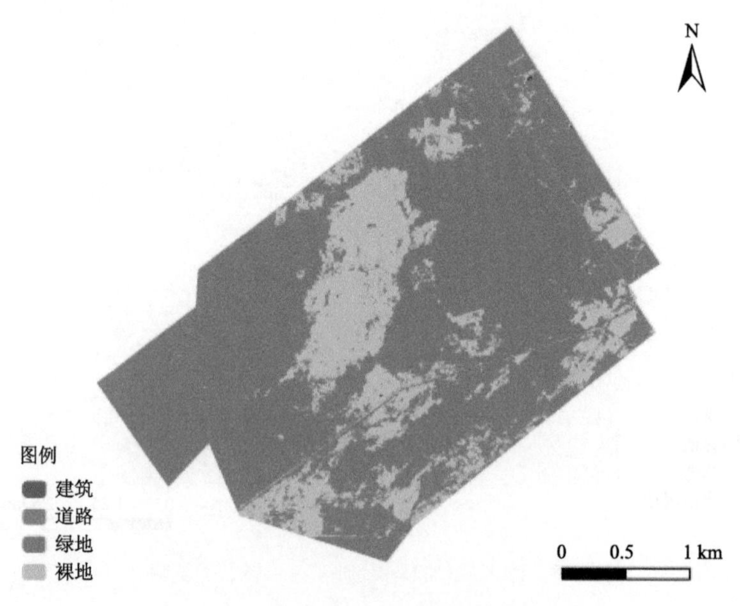

图 89　2008 年园区内部土地利用变化情况

图 90　2015 年园区内部土地利用变化情况

图 91　2008 年园区内部道路变化情况

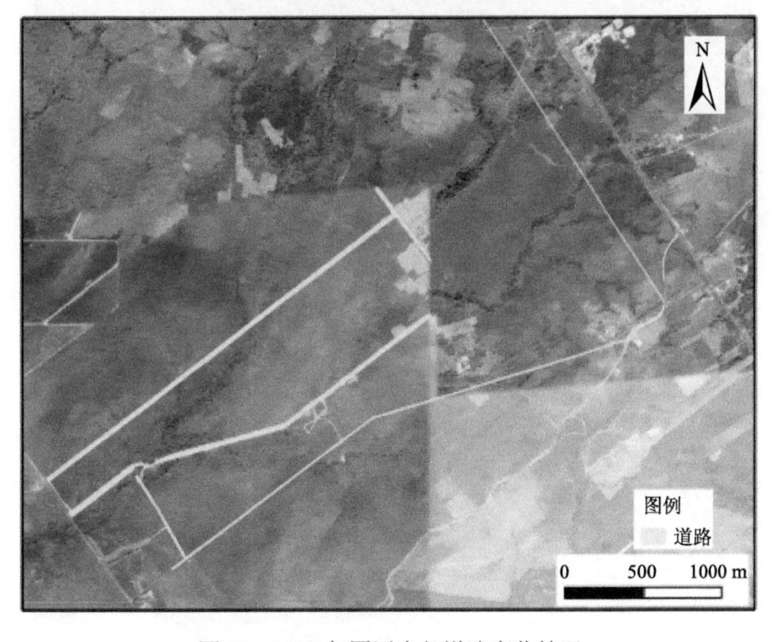

图 92　2015 年园区内部道路变化情况

4) 园区内部建筑面积变化情况

如图 93、图 94 所示，园区内部建筑面积略有扩大，建区前建筑总面积为 12 hm^2，建区后建筑总面积为 13 hm^2，主要新增建筑为创新研发园一期 1 号楼。

图 93　2008 年园区内部建筑变化情况

图 94　2015 年园区内部建筑变化情况

13. 亚洲之星农业产业合作区

亚洲之星农业产业合作区位于吉尔吉斯斯坦楚河州楚河区伊斯克拉镇，河南贵友实业集团有限公司 2011 年 11 月在吉尔吉斯斯坦投资的农业产业型园区通过收购固定资产获得 100%股权，由亚洲之星控股有限公司作为建区企业。园区于 2016 年 8 月被商务部、财政部确定为国家级“境外经济贸易合作区”。2017 年 7 月 31 日，园区成为农业部首批“境外农业合作示范区”建设试点单位，是我国目前唯一获得三部委确认的境外经贸合作区，合作区总面积为 5.67 km^2，建筑面积为 19 万 m^2。

1) 园区周边土地利用变化监测

如表 26、图 95、图 96 所示，使用 30 m 分辨率 7 波段 Landsat-8 数据对以开发区为中心、正南北向、边长约 15 km 的方形区域进行土地利用变化监测。建区前/后区域内其他各土地利用类型基本无变化，由于河道干涸，水域和裸地面积有所变化。

表 26　亚洲之星农业产业合作区园区建设前后各地类面积及占比

时间	面积和占比	林地	耕地	水域	建设用地	其他
2011/9/25	面积/km^2	5.45	180.49	0.08	22.89	209. 87
	占比/%	1.30	43.10	0.02	5.47	50.11
2017/8/21	面积/km^2	5.45	183.24	2.85	25.37	201.83
	占比/%	1.30	43.76	0.68	6.06	48.20

2) 园区内部土地利用变化监测

如表 27、图 97、图 98 所示，使用 0.697 m 分辨率 3 波段数据对开发区内部区域进行绿地面积变化监测。该区域绿地面积占比约为，建区前(2014 年 4 月 8 日)73.71%，建区后(2017 年 8 月 21 日)72.72%。该区域绿地主要为草地和耕地，园区施工导致裸地面积增大，绿地面积减少。

表 27　2014 年与 2017 年园区内部土地利用情况

时间	面积和占比	绿地	裸地	水域	建筑	道路
2014/4/8	面积/km^2	7.85	2.12	0	0.41	0.27
	占比/%	73.71	19.91	0	3.85	2.53
2017/8/21	面积/km^2	7.74	2.04	0.003	0.44	0.42
	占比/%	72.72	19.17	0.03	4.13	3.95

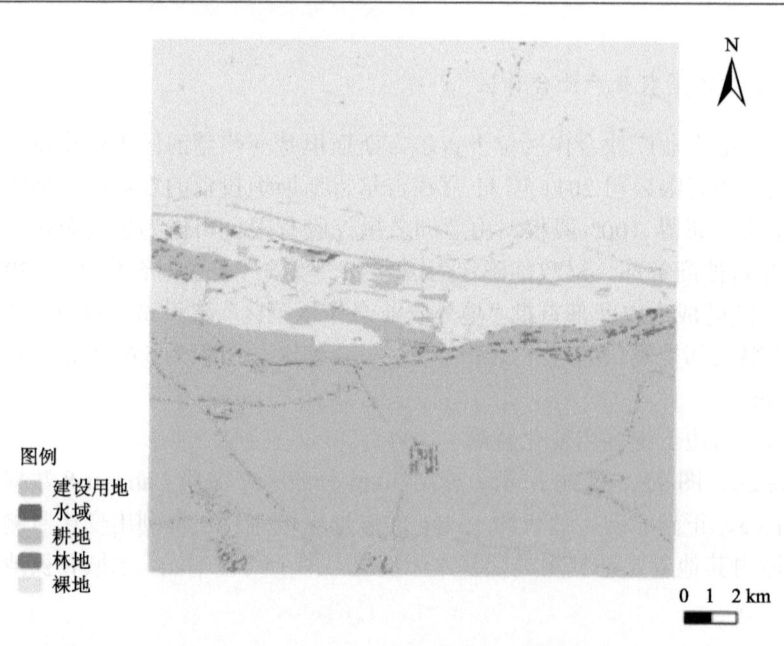

图 95 建区前(2014 年)研究区土地利用变化

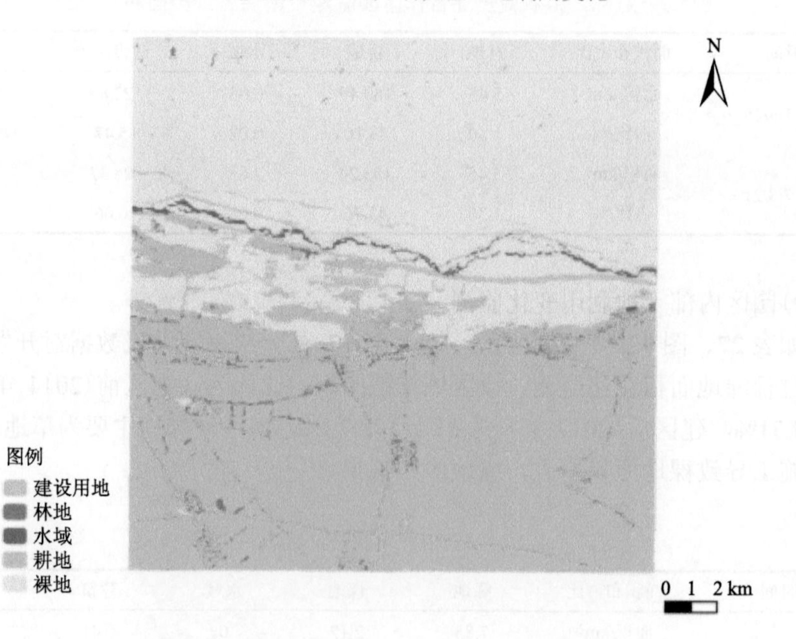

图 96 建区后(2017 年)研究区土地利用变化

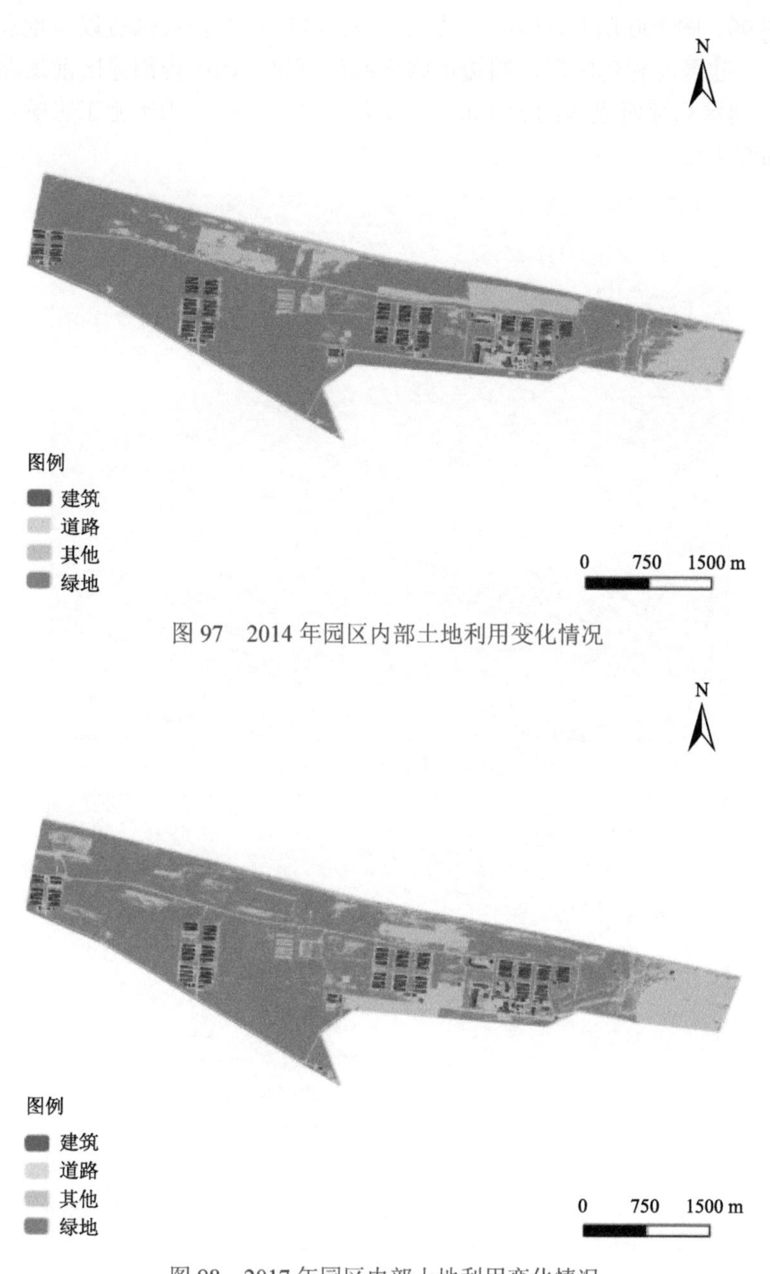

图 97　2014 年园区内部土地利用变化情况

图 98　2017 年园区内部土地利用变化情况

3）园区内部道路变化情况

如图 99、图 100 所示，园区周边（边长约 15 km 的方形区域）以耕地和散布的村落为主，建区前和建区后，周边道路无明显变化。园区内部建区前道路里程约 44.5 km，建区后道路里程约 56 km，新增部分道路，以及由于施工影响，部分区域新增临时土路。

图 99　2014 年园区内部道路变化情况

图 100　2017 年园区内部道路变化情况

4）园区内部建筑面积变化情况

如图101、图102所示，园区内部建筑面积建区前为41 hm^2，建区后为44 hm^2，只有少量新建的工棚，总体建筑面积变化不大。

图101　2014年园区内部建筑变化情况

图102　2017年园区内部建筑变化情况

14. *苏伊士经贸合作区*

苏伊士经贸合作区位于埃及苏伊士湾西北经济区内，由中非泰达投资股份有限公司于2008年开始规划建设。紧邻因苏哈那港和苏伊士省城，距离开罗12 km，与高速公路、铁路相通。规划面积为10 km^2，起步区面积为1.34 km^2，扩展区面积为6 km^2。

1) 园区周边土地利用变化监测

如表28、图103、图104所示，使用30 m分辨率7波段Landsat-5数据和Landsat-8数据对以开发区为中心、正南北向、边长约10 km的方形区域进行土地利用变化监测。建区前/后区域内主要土地利用类型为裸地(其他)。林地面积呈季节性变化；建设用地显著扩大，主要表现为包括苏伊士经贸合作区在内的工程建设、道路铺设。

表28　苏伊士经贸合作区园区建设前后各地类面积及占比

时间	面积及占比	林地	草地	建设用地	其他
2008/3/30	面积/km²	2.51	0	17.96	115.55
	占比/%	1.8	0	13.2	85.0
2018/3/26	面积/km²	1.61	2.07	28.01	104.33
	占比/%	1.2	1.5	20.6	76.7

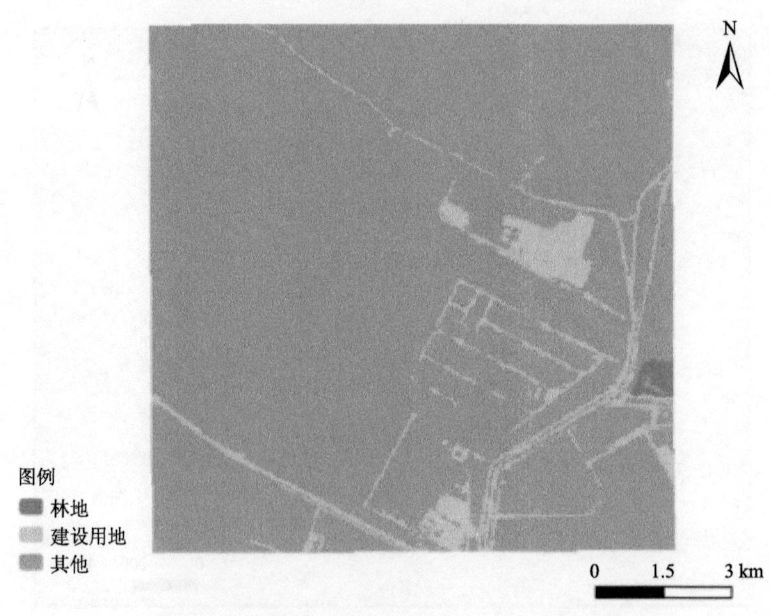

图103　建区前(2008年)研究区土地利用变化

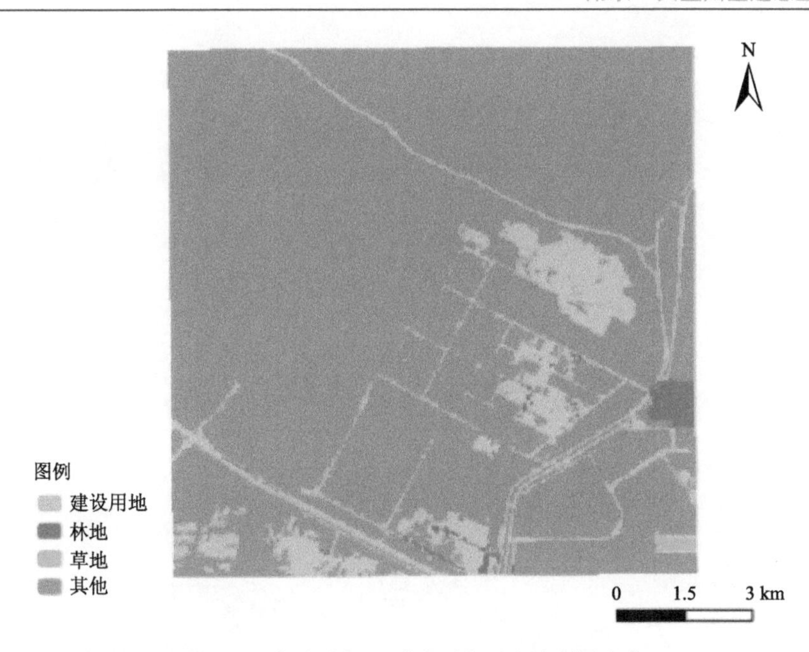

图 104　建区后(2018 年)研究区土地利用变化

2)园区内部土地利用变化监测

如表 29、图 105、图 106 所示，使用 0.604 m 分辨率 3 波段数据对开发区内部区域进行土地利用变化监测。该区域绿地面积占比约为，建区前(2005 年 3 月 5 日)0.07%，建区后(2017 年 6 月 4 日)0.03%。该园区位于沙漠地区，绿地主要为人工栽植草坪、绿化林。

表 29　2005 年与 2017 年园区内部土地利用情况

时间	面积和占比	其他	建筑	道路	水体	绿地
2005/3/5	面积/km²	19.0508	0.0065	0.0122	0.2564	0.0140
	占比/%	98.51	0.03	0.06	1.33	0.07
2017/6/4	面积/km²	18.3396	0.3335	0.6612	0	0.0056
	占比/%	94.83	1.72	3.42	0	0.03

3)园区内部道路变化情况

如图 107、图 108 所示，园区内部道路变化主要表现为，建区前(2005 年 3 月 5 日)道路里程为 16.63 km；建区后(2017 年 6 月 4 日)道路里程为 32.66 km，贯穿园区、连接建设区域的支线道路明显增多。

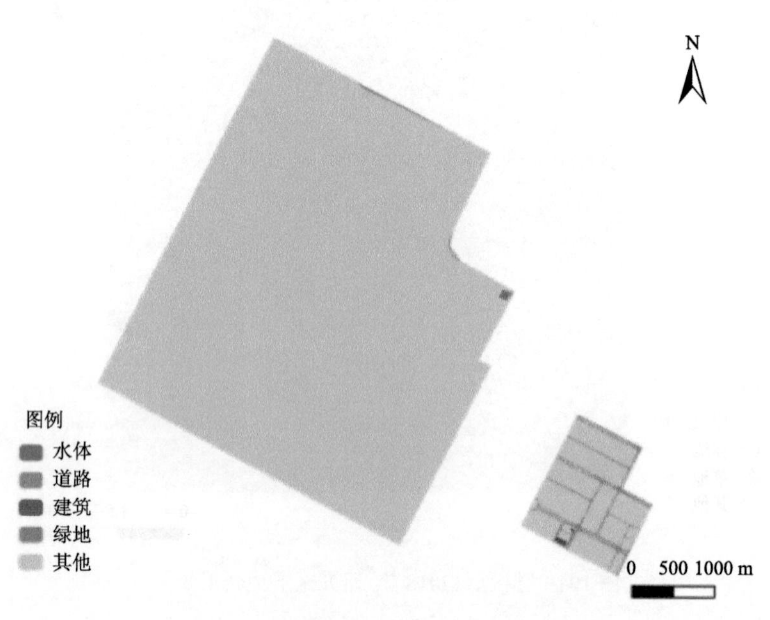

图 105　2005 年园区内部土地利用变化情况

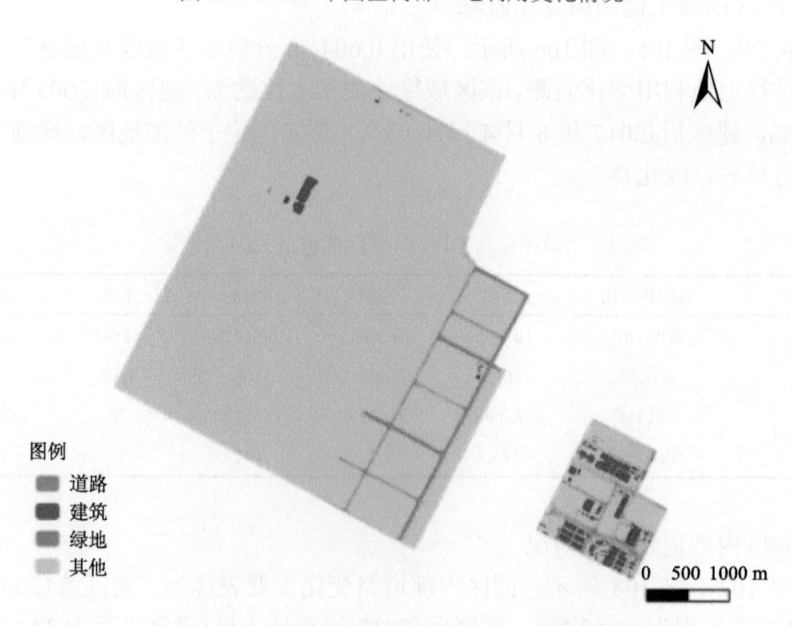

图 106　2017 年园区内部土地利用变化情况

图 107　2005 年园区内部道路变化情况

图 108　2017 年园区内部道路变化情况

4)园区内部建筑面积变化情况

如图109、图110所示，园区内部建筑面积变化较大：建区前(2005年3月5日)总面积为0.65 hm^2，区域内仅有少量建筑；建区后(2017年6月4日)总面积为33.35 hm^2，建筑明显增多。

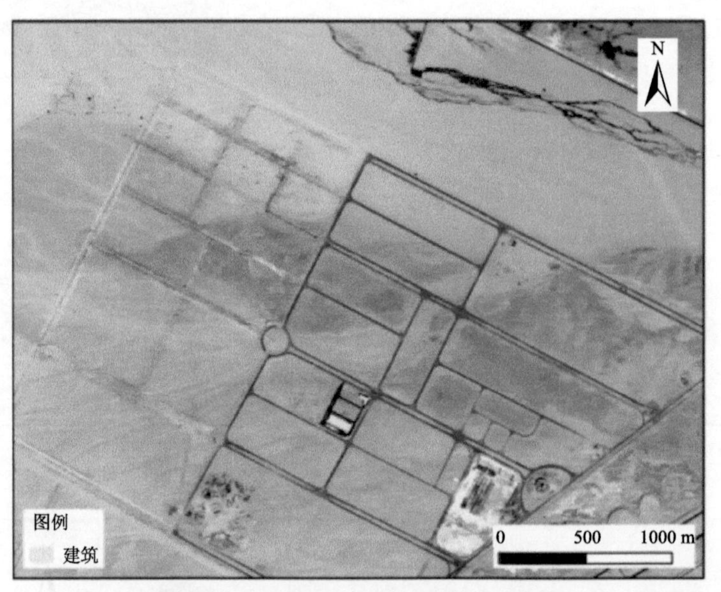

图109　2005年园区内部建筑变化情况

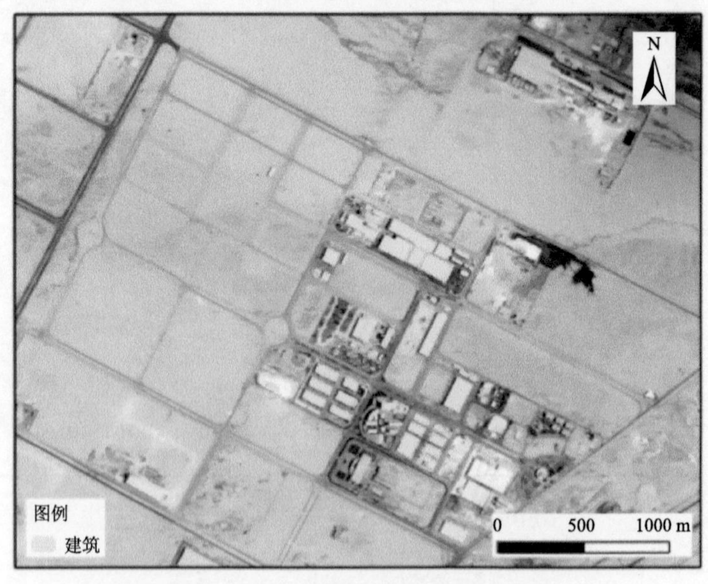

图110　2017年园区内部建筑变化情况